水源型水库富营养化自动监测与控制技术研究

纪鸿飞　郑西来　著

中国海洋大学出版社
·青岛·

图书在版编目(CIP)数据

水源型水库富营养化自动监测与控制技术研究 / 纪鸿飞,郑西来著. —青岛:中国海洋大学出版社,2017. 8

ISBN 978-7-5670-1539-5

Ⅰ. ①水… Ⅱ. ①纪… ②郑… Ⅲ. ①水库—富营养化—水质监测②水库—富营养化—水质控制 Ⅳ. ①X524

中国版本图书馆 CIP 数据核字(2017)第 204803 号

出版发行	中国海洋大学出版社		
社　　址	青岛市香港东路 23 号	邮政编码	266071
出 版 人	杨立敏		
网　　址	http://www.ouc-press.com		
电子信箱	1193406329@qq.com		
订购电话	0532-82032573(传真)		
责任编辑	孙宇菲	电　　话	0532-85902342
印　　制	青岛海大印务有限公司		
版　　次	2017 年 11 月第 1 版		
印　　次	2017 年 11 月第 1 次印刷		
成品尺寸	185 mm × 260 mm		
印　　张	14. 5		
字　　数	335 千		
印　　册	1～1000		
定　　价	46. 00 元		

发现印装质量问题,请致电 17763319178,由印刷厂负责调换。

前言
PREFACE

本书在区域自然环境概况调查的基础上，自主设计了环境监测数据采集器，并基于Arc Engine软件建立了水库水质自动监测及预警系统；根据系统的水质监测资料，对产芝水库及其支流的污染现状进行了综合评价；采用AQUASEA二维模型，预测了产芝水库的富营养化变化趋势；采用不同模拟试验，深入研究了两级垂直流土地系统处理入库河水的最佳工况和去除效果，建立了不同温度和不同扰动条件下底泥氮磷释放通量与释放时间之间关系，预测了多污染源共同影响下不同水文年水库的水质分布，优化了聚硅硫酸铝铁抑制底泥磷释放的内部配比和投加量，揭示了各因素对生态调度对底泥氮磷污染治理的影响机制。

本书共11章及附录。纪鸿飞博士撰写了大部分的章节，郑西来教授负责本书的整体构思和结构设计，并撰写了部分章节。具体分工如下：

第1章“绪论”，由郑西来撰写；

第2章“研究区环境概况”，由纪鸿飞、郑西来撰写；

第3章“产芝水库及其支流污染现状”，由纪鸿飞撰写；

第4章“原位水质自动监测系统设计”，由纪鸿飞撰写；

第5章“基于GIS的水质预警软件设计”，由纪鸿飞撰写；

第6章“地表水水质评价和预测方法”，由纪鸿飞撰写；

第7章“水库富营养化预测”，由纪鸿飞撰写；

第8章“入库河流污染垂直流处理技术研究”，由纪鸿飞撰写；

第9章“底泥氮磷释放规律试验研究”，由纪鸿飞撰写；

第10章“底泥中氮磷释放的控制技术研究”，由纪鸿飞撰写；

第11章“结论”，由郑西来、纪鸿飞撰写。

附录由纪鸿飞编写。

课题组的博士生张博、刘杰、宋帅、陈蕾参与了项目研究和资料整理工作，在此一并表示感谢。

本书适用于环境科学、环境工程、水文水资源、水利工程、地质工程等专业的广大科技人员、管理干部、大学生和研究生阅读和参考。

由于作者水平有限，书中不足之处在所难免，恳请专家和读者不吝指教。

目 录
CONTENTS

第1章

绪 论

1.1 水体富营养化及其危害

1.1.1 水体富营养化

“富营养化”一词来自于希腊文，意即“富裕”。只从字面上来看，“富营养化”的意思是“喂养状态变好的过程”。本书中“富营养化”衍用于湖泊水库分类与演化的概念，基本含义是湖泊、水库等相对封闭，水流缓慢的水体中氮、磷等植物性营养元素的严重超标（氮的含量超过 0. 2～0. 3 mg/L，磷的含量大于 0. 0l～0. 02 mg/L）[1]，从而引起水体植物，如藻类及大型植物的大量生长，使得大面积的水域被藻类覆盖，严重阻碍了水体与大气的正常接触，导致水中溶解氧含量大大降低，而藻类的代谢死亡、微生物分解藻体及其他有机物也要耗去水中大量的溶解氧。

我国是一个多水库湖泊国家，天然水库湖泊遍布全国，面积为 70 988 km^2。水库湖泊在防洪、供水、航运、旅游及维系区域生态平衡方面发挥着巨大作用。近 20 年来，我国的水库湖泊富营养化日益严重。从全国范围来看，城市的湖泊水库目前已处于中富营养或异常营养状态，绝大部分的大中型水库湖泊已具备发生富营养化的条件或处于富营养化状态。随着湖泊水库富营养化的加剧，水华爆发频繁发生，将成为制约我国社会和国民经济持续发展的重大环境问题[2]。

1.1.2 水体富营养化的危害

水体富营养化的危害主要表现在以下几个方面：① 破坏水体生态平衡；② 水体透明度降低；③ 影响水体的溶解氧；④ 向水体释放有毒物质；⑤ 散发腥臭异味；⑥ 增加供水成本；⑦ 影响水产养殖；⑧ 影响旅游和航运。

1.2 国内外研究进展

1.2.1 水库富营养化评价

（1）评价指标。选择正确的评价指标是对富营养化现象进行确切、快速评价的必要条件。与水质富营养化有密切关系的指标很多，主要分为物理、化学和生物学指标。

透明度是物理指标中最为常用的一种，它能够体现水体中光的辐射强度。化学指标中最常用的是COD、TN和TP。藻类的生物量与COD的相关性较为显著，因此，COD是比较方便有效的评价指标。不过，在水体中真正限制藻类生长的是氮磷，只有准确测定水体中的氮磷含量才能正确反映出水体中生物的生产力水平，才能对水体的富营养化状态做出正确的判断，进而为富营养化的防治起到很好的预警作用。

生物学指标主要是指由于富营养化而出现的优势生物的种类和数量，根据浮游藻类优势种群的变化可以评价富营养化的状态，常采用叶绿素-a（Chl-a）作为表征藻类生长的指标。

（2）评价标准。富营养化评价的标准很多，国外比较成熟的有捷尔吉森判别标准、沃伦威德负荷量标准等。表1-1为1996年Nurnberg研制的湖泊水库富营养化标准和1994年Hakanson研制的海洋富营养化标准[3,4]。国内有滇池的评价标准、太湖的评价标准、巢湖的评价标准、武汉东湖的评价标准和杭州西湖的评价标准等，各个标准相差不大。表1-2为我国滇池的富营养化评价标准。

表1-1 湖泊富营养化标准（Nurnberg）和海洋富营养化标准（Hakanson）

Table 1-1 Standards of lake eutrophication (Nurnberg) and standards of sea eutrophication (Hakanson)

	营养状态	TN（mg/m³）	TP（mg/m³）	Chl-a（mg/m³）	SD（m）
湖泊（水库）	贫营养	<350	<10	<3.5	>4.0
	中富营养	350～650	10～30	3.5～9.0	2.0～4.0
	富营养	650～1 200	30～100	9.0～25.0	1.0～2.0
	超富营养	>1 200	>100	>25.0	<1.0
海洋	贫营养	<260	<10	<1.0	>6.0
	中富营养	260～350	10～30	1.0～3.0	3.0～6.0
	富营养	350～400	30～40	3.0～5.0	1.5～3.0
	超富营养	>400	>40	>5.0	<1.5

表1-2 中国滇池的富营养化评价标准

Table 1-2 Standards of eutrophication of Dianchi in China

营养状态	SD（m）	TP（mg/L）	TN（mg/L）	Chl-a（mg/m³）	BOD_5（mg/L）	COD_{Mn}（mg/L）
贫营养	2.0	0.010	0.12	5.0	1.5	2.0
中营养	1.5	0.025	0.30	10.0	2.0	3.0
中富营养	1.0	0.050	0.60	15.0	3.0	4.0

续表

营养状态	SD (m)	TP (mg/L)	TN (mg/L)	Chl-a (mg/m^3)	BOD_5 (mg/L)	COD_{Mn} (mg/L)
富营养	0.7	0.100	1.20	25.0	5.0	7.0
重富营养	0.4	0.500	6.00	100.0	15.0	20.0
异常富营养	<0.1	>0.500	>6.00	>100.0	>15.0	>20.0

本书根据产芝水库的水质特征，对富营养化的评价指标进行了深入分析，最后，决定以中国滇池的富营养化评价标准为基础建立一个适合产芝水库的富营养化评价标准。表1-3为本书提出的产芝水库富营养化状态评价标准。

表 1-3 产芝水库富营养化评价标准

Table 1-3 Evaluation standards of eutrophication in the Chanzhi Reservoir

营养状态	TN (mg/L)	TP (mg/L)	COD_{Mn} (mg/L)	叶绿素-a (mg/m^3)	SD (m)
贫营养	0.12	0.01	2.00	5.00	2.00
中营养	0.30	0.025	3.00	10.00	1.50
中-富营养	0.60	0.05	4.00	15.00	1.00
富营养	1.20	0.10	7.00	25.00	0.70
重富营养	6.00	0.50	20.00	100.00	0.40
异常富营养	9.00	1.23	27.00	400.00	0.10

（3）评价方法。自从20世纪起，国内外学者对水体富营养化评价方法进行了深层次的研究，并且提出了很多切实可行、形式多样的方法。根据其理论不同，主要分为以下几种：特征法[5]、参数法[6]、营养状态指数法[7]、生物指标评价法[8]、数学分析法[9]以及基于3S技术的评价方法[10～12]等。最常用的方法有参数法、模糊数学评价法[13～17]、灰色理论评价法[18～21]、人工神经网络法[22～23]等。

根据产芝水库具体情况的不同，在对其他同类型水库的评价方法进行了比较分析的基础上，经研究决定本书采用改良模糊综合评判法对产芝水库富营养化进行综合评价。

1.2.2 水质自动监测系统

水质自动监测在国外起步较早。1959年美国开始对俄亥俄河进行水质自动监测；1960年纽约州环保局开始着手对本州的水系建立自动监测系统；1966年安装了第一个水质监测自动电化学监测器；1973年全国水质监测系统有12个自动监测网，每个自动监测网由4～15个自动监测站组成；1975年在全国各州共有13 000个监测站建成为水质自动监测网。在这些流域和各州（地区）分布设置的监测网中，由111 150个站组成联邦水质监测站网——国家水质监测网。连续多参数水质测定仪是在20世纪80年代才开始使用的。在监测设备方面，广泛应用现代尖端的微电子技术、嵌入式微控制器技术，并做到智能化的数据采集、分析和运算，水质监测完全实现了自动化。目前，世界上已建成的自动监测系统，既有全自动联机系统，也有半自动脱机系统，例如澳大利亚GREENSPAN公司、德国GIMAr公司、美国ISOC HYDROLAB等公司、日本日立制作所和卡斯米国际株式会社等都生产技术成熟的在线水质自动监测系统，但大部分是以监测水质污染的综合指标为基础的，包括水温、混浊度、pH、电导率、溶解氧、化学需氧量、生化需氧量、总需氧量和总有机碳等。

在我国，水利系统的水质监测工作大概经历了三个阶段[24]：第一阶段为1956～1970年，主要任务是收集江河天然水质资料，监测天然水化学成分；第二阶段为1970～1985年，这是我国水质监测工作步入全面发展的初期，水污染监测工作在水利部门开始全面展开，水利部增设了水质监测中心，1984年又成立了水利部水质试验研究中心，同年颁发了《水质监测规范》，为水质监测工作的规范化管理奠定了基础；第三阶段为1985年至今，这是水质监测工作相对快速发展的阶段，监测项目涵盖污染状况的绝大部分，实现了对水质的有效监测，同时，注重保证监测数据的可靠性。对于水质在线监测系统的研究，国内外都进行了较多的研究[25～32]。卢文华等[33]利用MCS-51系列89C51单片机组成单片机主机和数据采集从机，并在检测中心设有一台Pentium11的PC机，负责将所收集的数据进一步处理并以丰富的图表显示输出。李欣等[34]开发出基于Labview的水质监测虚拟仪器，通过系统设置了采样点数、采样频率等，可以同时对氟离子、氯离子、溶解氧、COD或BOD进行监测。郭小青等[35]提出一种基于CAN总线的水质参数在线监测系统。该水质参数在线监测以PC机为主机，以具有CAN总线控制功能的80C592单片机及外围电路和各类参数监测仪表为分机，以CAN总线通信接口适配卡连接构成系统结论认为，该系统能够实时监测pH、氧化还原电势、浊度、电导率、溶解氧、余氯等水质参数。

1.2.3 水库富营养化预测

随着对水体富营养化形成机理认识的不断深入，富营养化模型无论在理论上还是实践上都取得了较大的发展，截至目前，建立了大量复杂程度不同的水库富营养化模型[36]，主要包括营养盐模型[37～47]、浮游植物生态模型[48～54]、生态-动力学模型[55～60]等。

随着科学技术的发展，国外自20世纪60年代起，一些大型的综合模型已经开发成软件，现将部分列于表1-4中。

表1-4 国外常用的富营养化模型及其特征

Table 1-4 Foreign eutrophication models and their characters

名　称	维　数	类　型	含生物组分	与水动力模型连接	与GIS连接
AESOP	1-3	物理	√	×	×
BATHUB	1	物理	√	×	×
CEQUALR1	1	物理	√	×	×
EFDC	1-3	物理	√	√	×
EUTROMOD	1	物理	√	×	×
HEM	1-3	物理	×	√	×
MIKE	1-3	物理	×	√	√
PHOSMOP	1	物理＋经验	√	×	×
WASP	1-3	物理	√	√	×

续表

名　称	维　数	类　型	含生物组分	与水动力模型连接	与GIS连接
WQMAP	1-3	物理	√	√	×
WQRRS	1-3	物理	√	√	√
AQUASEA	2	物理＋经验	√	√	×

注:"√"相关,"×"不相关。

结合产芝水库的自身特点,本研究采用AQUASEA模型对产芝水库的水质进行预测。AQVASEA是用于解决水流和污染物运移问题的软件包,采用Galerkin有限元方法求解。开发始于1983年,用于求解二维的水流水质问题。从1992年起,软件不断地升级,并用世界范围最难问题来进行测试。模型包含水动力水流动模型和运移-扩散模型。前者能模拟湖泊、水库、河口、海湾和滨海地区,不同动力场作用下的水位变化和水流流动。软件用数值有限元法近似法,依据测深、基底阻力系数(Chezy系数或曼宁数)和风力场的基础信息,计算水位和水流。模型单元可以随潮汐的变化,多次饱和或疏干。

1.2.4　水质预警系统

目前环境数学模型的研究和应用已经比较成熟,集成到系统中也已经有一些尝试。如广西桂江的水质预警预报系统,是由广西壮族自治区水文水资源局与广西壮族自治区水环境监测中心于1996年8月开始进行并于1998年6月结束,现在系统已投入运行。这个系统对桂江进行了水质监测和污染源调查及综合分析评价,查明主要的入河污染源及污染物,建立了以广西水环境监测中心为中心,桂林、梧州水环境监测中心为分中心,辐射桂江流域的水质、水量监测网及信息传输网络;建立了一维稳态、一维非稳态的防污水质预警预报模型及其管理系统;提出了污染物总量控制方案和动态水环境容量控制方法。这个系统模型库比较充实,但与信息数据量越来越大的实际情况不能很好地对接。没有应用GIS软件来处理海量数据及空间分析[61～65]。在国外,基于GIS区域预测研究也做了大量工作[66～68],例如基于GIS的水质系统有爱尔兰国立大学都柏林学院水资源研究中心研究开发的流域水管理决策支持系统,该系统采用GIS与各种信息和信息处理方式相结合,用于区域水环境管理的模式;在国内,朱振卿[69]等开发的汉江流域水污染防治规划GIS系统实用性较广,但仍然限于信息管理的模式,在应用GIS与模型结合方面还需改进;侯国祥[70～72]等利用组件MapObjects开发汉江水污染控制信息系统,该系统综合运用计算机信息技术,实现了汉江流域的水环境信息的集中、高效管理。

1.2.5　水库富营养化控制技术

水库富营养化已成为全球面临的主要环境难题之一。目前,治理水库富营养化,主要从两个方面来进行:一是控制外源性营养物质的输入,如截污分流和污水集中处理,主要用于控制点源污染;二是减少内源性营养物质的负荷,如微生物修复、底泥疏浚、化学法、人工湿地、水生植被恢复等,其目的是控制面源污染和加快湖泊水库的恢复速度[73～76]。依据目前的技术条件,点源污染通过截污和污水的集中处理已经能够得到很好的治理;内源污染和面源污染成为水库富营养化控制的两大难题,这也是近年来水领域的研究热点。

（1）面源污染治理技术。面源污染已成为水环境的最大污染源[77]，而来自农田的氮、磷在面源污染中占有最大份额[78]，研究表明，水体中的TP与流域内农业用地的比例呈正相关关系[79]。在众多入库污染途径中，入库河流是水库的“咽喉”，很多污染物从入库河道流入水库。经地表径流汇集后，入库河流可以携带水库流域内的各种工业废水、居民生活污水、养殖废水和库区周围土壤中残留的化肥、农药、垃圾杂物等污染物形成入库污染[80]。

截至目前，国内外针对入库河流污染治理进行多方面研究，主要有化学氧化法，采用的氧化剂有高锰酸钾[81]、氯气[82]、臭氧[83～85]、过氧化氢[86]、过碳酸钙[87]、氧化耦合絮凝剂[88]等，该方法对去除水中的污染物有很好的效果，但运行费用昂贵；生物氧化法，是一种借助微生物群体的新陈代谢作用，有效去除或者减少污染物的处理技术，主要有生物接触氧化法[89]、生物陶粒滤池法[90]、生物流化床[91]和粗滤慢滤去除氨氮工艺[92]等，虽然生物氧化法能够有效去除污染物，运行费用低，但是在工艺运行过程中影响因素较多，操作管理难以规范；吸附法，是采用活性炭[93]、沸石[94]、活化硅藻土[95]等吸附水中的污染物质，进而净化水质，此技术对水中有机物有良好的吸附效果，但尚处于研发阶段；另外生物活性炭法[96]、混凝法[97]等研究取得了良好的效果，但是在实际应用中还存在一些问题，需要进一步研究。湿地系统，美国科学家很早就利用湿地生态系统作为水库周边流域和库区之间化学和水文的缓冲器，提出了保护库区水质的湿地生态工程[98]。但由于天然湿地净化容量的效率差，现在不鼓励采用天然湿地处理入库河水。我国学者金相灿等提出了非点源前置库和非点源污染河流控制工程模式，戴金裕[99]等对太湖入湖河道污染物的控制做了生态工程动态模拟研究。刘文祥等[100]用滇池边低洼弃耕地改建了1 257 m^2的人工湿地，该湿地正常运行时对TN、TP去除率分别为60%、50%。

目前，人工湿地成为治理入库河流污染的主流技术，人工湿地类型主要有表面流人工湿地、潜流人工湿地及组合人工湿地系统三类。其中潜流人工湿地根据水流形态又分为平流和垂直流两类。张冬青等人比较了国内表面流、水平潜流、垂直流和组合系统的人工湿地运行数据，指出垂直流对于人工湿地的TSS、BOD_5、COD和TP的去除率最高。

垂直流土地系统根据水流方向分为下行垂直流和上行垂直流。如下行垂直流系统，水流在填料床中基本呈由上向下的垂直流动，水流经床体后被铺设在出水端底部集水管收集而排出。这种土地系统节约建设面积，利于脱氮除磷，而且处理效果稳定。但考虑到除污效率，在以往的研究中，很少单独采用上行或下行垂直流土地系统，而采用复合垂直流的方式。近几年对于复合垂直流的研究日益兴起，且应用于处理污水的研究很多，本书将采用改进的复合垂直流土地系统（两级垂直流系统）对入库河水进行治理。两级垂直流土地系统由上行池和下行池组成，中间设有隔板，上行池和下行池中间有生物填料，与普通复合垂直流的不同之处在于上行池和下行池之间通过集水管连通，具体装置见第6章。

（2）内源污染治理技术。当水库的点源性污染和面源性污染得到有效地控制后，内源污染就成为水库污染治理的重点，也是治理的难点。在生物、化学和物理的相互作用下，沉积物在泥水界面之间互相转化迁移，污染物质对上层水体继而构成严重威胁，在富营养化程度越轻的水库，这种现象越不明显，在富营养化程度越重的水库，这种现象越是显著[101～104]。据南湖和滇池的相关报道可知，当外源污染得到有效控制后，沉积物中释放的总磷可以使得库体或者湖体中磷的水平保持现状达几十年之久[105]。

到目前为止，沉积物污染的治理技术已有了明显的分化，主要有原位处理和异位处理两种技术，实践表明，这两种技术均得到很好的发展。沉积物异位处理技术主要包括疏浚和疏浚后的处理，主要通过对水库沉积物进行机械挖除来转移或者减少沉积物中污染物的释放[106]。国内采用疏浚技术的湖泊水库有滇池、巢湖、西湖等[107]。

疏浚技术具有很多优点，也有很多的缺点，其最显著的缺点是转移以后的次生污染[108～112]。

原位治理技术指运用物理、化学或者生物方法减少沉积物的迁移、释放，降低其对上覆水体的污染。按照治理技术的方法不同可以分为物理法、化学法、生物法和生态法。物理法一般都是采用曝气的方法来破坏水体的分层，加强水体上下层中温度和溶解氧的对流，使得水体中的污染物得到充分的降解，进而去除底泥污染。此技术治理效果较好，但其成本较高、对水体生态系统破坏严重，进而带来新的次生污染。

生物法是通过沉积物中生物的降解功能，使得沉积物中的污染物质改变其自身的结构和功能，进而降低其毒性、活性，阻止污染物在水泥界面的迁移和转化，从而使沉积物污染得到治理。在实际工程中，通常会根据需求不同选择不同的生物，如植物、动物、微生物和综合组合。由于生物的生长需要较长的周期和较适宜的环境，培养起来比较困难，现阶段，对植物和动物的研究还相对较少，只有少量关于芦苇、蚯蚓等对沉积物中重金属的处理的研究[113,114]。生物法中处于主导地位的还是微生物，微生物的生长周期较短，对于水体来说也相对比较安全，而且比动物或者植物的成本都要低，这些优点使得其成为生物治理的一个热点。但是由于水库中泥水界面物质转换迁移相当复杂，在实际操作中具有很大的难度，实例很少，在发达国家中也是仅处于中试的阶段[115]。化学法是通过投加抑制剂、覆盖剂或者其他化学药剂等方式，进而使得沉积物中的污染物质得到固定或者抑制，阻止其向水体中释放。到目前为止应用较多的是硝酸盐（$Ca(NO_3)_2$ 和 $NaNO_3$）、铝盐（$Al_2(SO_4)_3$ 和 $NaAlO_2$）。硝酸盐能够把硫化氢迅速氧化，并且能被有机物利用，铝盐与磷的结合物比较稳定，即使在厌氧环境下磷也不会重新释放出来，另外磷铝絮凝剂还可以吸附胶体物质和水中的有机物质。美国学者 Welch 和 Cooke 研究了 21 个用铝盐治理沉积物污染的湖泊水库，研究表明，当水体中没有较大型的植物时，用铝盐治理水库底泥污染有效期达 10 年之久。运用化学方法治理沉积物污染，其优点是投资较少，能耗相对较低。但是其显著的缺点是化学物质的投加会对沉积物种的生物带来一定的影响，另外，化学药剂或多或少都会释放毒性，使水体的使用功能大大降低。因此，开发无毒、絮凝性好、凝聚力强、成本低、处理效果好的新型处理剂，成为当今原位处理的热点问题。

PSAFS 是以硅酸钠、硫酸铁和硫酸铝为原料制备的一种无机高分子絮凝剂。赵会明等[116]进行 PSAFS 除磷研究表明，PSAFS 是一种理想的除磷絮凝剂，其性能优于聚合硫酸铝铁等絮凝剂。同时 PSAFS 本身无毒、不含氯、低铝、高铁，由于硅的引入使其具有较强的吸附力、凝聚力、沉降性好和在水介质中稳定性好等特点，近年来其在环保领域中的应用日渐受到关注。目前却少有关于 PSAFS 在控制底泥磷释放的应用报道，本书通过优化 PSAFS 的内部配比和投加剂量抑制底泥磷释放，为有效控制水体内源磷释放提供新思路。

(3) 生态调度技术。投加化学药剂抑制底泥污染，虽然可以快速解决底泥污染的问题，但是对于水源型水库的污染治理，人们多少带有抵触心理。因此，寻求一种能从根本上治理内源污染、易于操作且又能被人们接受的技术，成为本研究的另一个创新点。

最初水库调度方式以防洪调度和兴利调度为主，从保护生态系统的观点来看，没有涉及生态因素。生态调度是伴随水利工程对河流生态系统健康如何补偿而提出的一个新概念。从生态安全的角度来讲，生态调度概念的提出具有现实意义。董哲仁提出了水库多目标生态调度方法[117]，其定义为在实现防洪、发电、供水、灌溉、航运等社会经济多种目标的前提下，兼顾河流生态系统需求的水库调度方法。蔡其芬[118]提出，在满足坝下游生态保护和库区水环境保护要求的基础上，充分发挥水库防洪、发电、灌溉、供水、航运、旅游等各项功能，使水库对坝下游生态和库区水环境造成的负面影响控制在可承受范围内，并逐步修复生态和环境系统。由此可见生态调度核心内容指将生态因素纳入水利调度中去，并将其提高到一定的高度，其自始至终贯穿着生态和环境问题。王远坤[119]提出了生态调度的专项调度，他根据调度目的不同，分为生态需水量调度、生态洪水调度、泥沙调度、水质调度、生态因子调度和综合调度。自 20 世纪 40 年代以来，美国、苏联、日本、澳大利亚等国家均开始了生态需水量、生态洪水和泥沙调度的研究和应用，并取得了良好的效果[120～127]。但是针对于水质和生态因子调度的研究和应用却极少。

水质调度是为防止或者减轻突发污染事故、水体富营养化和水华而进行的生态调度。为防止水库的富营养化，可以通过改变水库的调度运行方式[128,129]，在一定的时段降低水位，增大水体流速，从而破坏水体富营养化的条件。也可以考虑在一定时段内加大水库的下泄量和补给量，增强库区内水体流动和扰动强度，增大沉积物水界面的浓度梯度，进而增大内源污染物的释放量，有利于水库内源污染治理，缓解水库的富营养化现象。

生态因子调度是指对水温、流速、流量等生态因子调度。以水温为例，可根据水库水温的分布结构，结合水库的环境问题，通过在合适温度下加大水库的下泄量和补给量，从而能够更好地满足生态调度的要求。

本书创造性地将水质调度和生态因子调度相结合，通过室内模拟实验，研究了调水温度、调水周期和调水比例对治理底泥氮磷污染的影响，为有效控制内源氮磷污染提供新技术。

1.3 主要研究内容

(1) 产芝水库污染源调查和污染现状监测。调查水库流域周围的主要污染源(包括点源、面源和内源)以及污染物排放方式和排放规律等。调查入库和出库河流的水量水质变化特征、水库水位变化、水温分层情况、水团运动、水质时空变化特征，并根据现有水质监测资料，建立了模糊综合评判模型，对水库的富营养化现状进行了综合评价，进而识别出主要的污染因子。

(2) 水质自动监测系统的设计。自主设计环境监测数据采集器，该采集器能够链接 RBR600XR 系列和美国 YSI600 多系列多参数水质传感器，监测参数有温度、盐度、深度、

pH、浊度、DO、氨氮、硝酸盐氮、叶绿素-a。该设备通过移动GPRS无线传输网络将采集数据传输到服务器端自动监测数据库中；同时，服务器端可以控制各个点位的每个监测仪器参数。

（3）水库富营养化预测。在水质监测及现有资料的基础上，建立了内源释放耦合平面二维水流－水质模型，对不同水文年的水质进行了预测。

（4）基于GIS组件和DOTNET平台开发水质预警系统。该系统以信息技术为基础，综合运用水库水质、生物和水流监测资料，对产芝水库水文、水质等各种信息进行数字化存储、分析、评价、预报、查询和展示，为流域地表水体水质管理提供便利。

（5）底泥的污染特征分析。针对产芝水库独特的环境背景，选择了四个监测点，采集了底泥柱状样，分析了底泥中含水率WC、有机质中LOI含量的变化，底泥和间隙水中氮磷的分布特征及底泥和间隙水中氮磷含量的相关性。

（6）底泥中氮磷释放规律研究。通过室内柱状试验，研究了不同温度和不同水动力扰动条件下沉积物的氮磷释放通量和释放规律，并建立了氮磷释放通量与释放时间的定量表达式，然后结合产芝水库的实际情况，对氮磷释放量进行了估算。

（7）入库河流污染垂直流处理技术研究。研究了两级垂直流土地系统在不同填料、不同水力负荷和不同停留时间下对入库河流污染物的去除效果。

（8）聚硅硫酸铝铁抑制底泥磷释放的技术研究。选取无机高分子絮凝剂PSAFS作为水库底泥原位治理的抑制剂，研究了抑制剂内部配比和投加量对底泥磷释放的影响，并验证了在优化条件下抑制剂对底泥磷释放非常有效且具有较稳定的抑制效果。

（9）生态调度治理底泥氮磷污染的技术研究。通过室内试验，研究了不同培养温度、不同调水周期和不同调水比例对生态调度治理底泥氮磷污染的影响，验证了生态调度技术的可行性，并优化了运行参数，为水库富营养化治理提供新技术。

第 2 章

研究区环境概况

2.1 地理位置

产芝水库，又名莱西湖，地处东经 120°23′～120°28′，北纬 36°56′～37°01′，位于大沽河干流的中上游，距莱西市市区西北 10 km 处，是一座集防洪、灌溉、城市供水、养殖、旅游为一体的综合性水利枢纽工程。它是胶东半岛最大的水库，控制流域面积 879 km^2，流域内有招远市的东庄、齐山、毕郭、勾山四处镇，莱西市的南墅、日庄、马连庄、河头店四处镇，如图 2-1 所示。最大水面积 56 km^2，总库容 4. 02 亿立方米，兴利库容 2. 15 亿立方米。

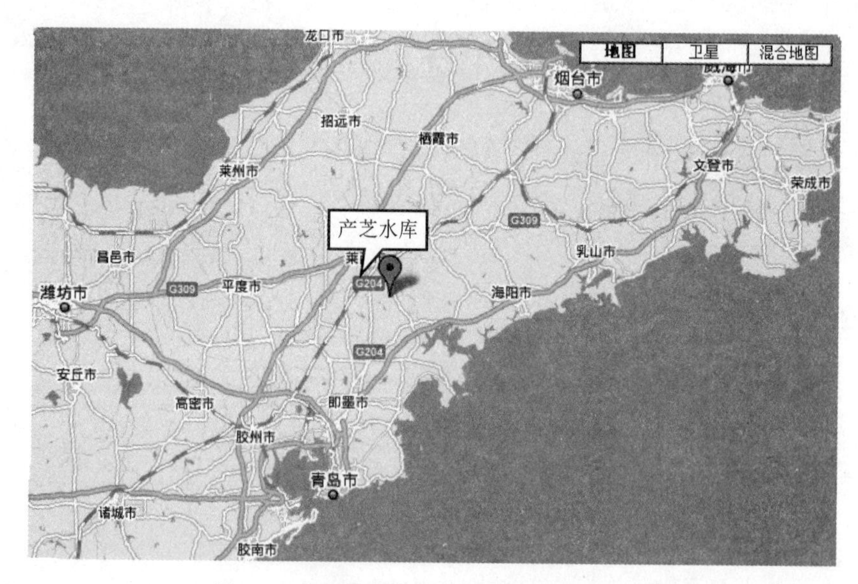

图 2-1　产芝水库地理位置(据宋帅等，2009)

Fig. 2-1　Location of Chanzhi reservoir

2.2 气象

产芝水库地处北温带，属季风区大陆性气候，空气湿润，四季分明，雨量较充沛，季风进退明显。春季多西南大风，空气干燥，气温回升快易春旱；夏季高温，雨水集中；秋季温和凉爽，日照充足，多发生秋旱；冬季干冷，雨雪稀少，多西北大风。多年平均气温 12. 6℃，最高气温 38. 2℃，最低气温 −21. 1℃。多年平均风速 3. 6 m/s，平均日照时数 2 656 h，平均无霜期 183 d。历年最大冻土深度 51 cm。流域内多年平均降水量 676. 5 mm，多年平均径流深 187. 4 mm。年内降水冬春少、夏秋多，汛期雨量集中，以 7 月、8 月最集中，尤以 7 月份最大，降水量多年变化的特点是丰、枯水段交替出现，连丰期偏丰程度和连枯期偏枯程度都比较严重，丰、枯年降水量变化幅度大。多年平均蒸发量为 1 043. 6 mm，5 月份水面蒸发最大，1 月份最小。

2.3 水文

产芝水库控制流域面积 879 km^2，流域形状大体呈扇形，流域平均宽度约为 16. 7 km，长度约为 53 km，干流平均坡降为 0. 001 4。流域地处浅山丘陵区，其中浅山区约占 20%，大部分分布在招远市境内；丘陵区约占 80%，多分布在莱西市境内，地势由北向南坡度逐渐变缓。产芝水库位于青岛市大沽河的中上游，芝河、马家河等支流汇入库中。流域内还有马连庄和李家洼这两座小型水库。马连庄水库和李家洼水库分别位于马连庄北面和南墅镇李家洼村东北，是大沽河一级支流石桥河的中游和芝河的上游，汇水面积分别为 11 km^2 和 9 km^2，总库容分别为 2.84×10^6 m^3 和 2.37×10^6 m^3。产芝水库流域如图 2-2 所示。

大沽河：大沽河是胶东半岛较大水系之一，干流发源于招远市阜山，总流域面积 4 631 km^2，干流全长 179. 9 km，境内长度 74. 4 km，自北向南流经莱西市。莱西市境内的小沽河、洙河、五沽河、长广河、芝河、小清河等 16 条一级支流，直接汇入大沽河道。

芝河：芝河发源于莱州市的马鞍山，干流全长 84. 01 km，境内长度 63. 5 km，总流域面积 1 002 km^2，入境后沿市境西北向南在院上镇大里村前汇入产芝水库。

芝河与大沽河为季节性河流，丰水期雨水集中，径流较大，枯水季节流量减少。2008 年 11 月～2010 年 4 月两条入库河流流量监测数据见表 2-1。

表 2-1　2008 年 11 月～2010 年 4 月两条入库河流的流量　　单位：m^3/s

Table 2-1　Rates of the two inflows to the Chanzhi Reservoir during the year of 2008 and 2010

监测时间	大沽河	芝　河
2008 年 11 月 28 日	1. 47	0. 62
2009 年 6 月 5 日	4. 97	3. 51
2009 年 8 月 11 日	24. 80	12. 07
2009 年 10 月 27 日	1. 87	0. 39
2010 年 4 月 1 日	2. 23	0. 97

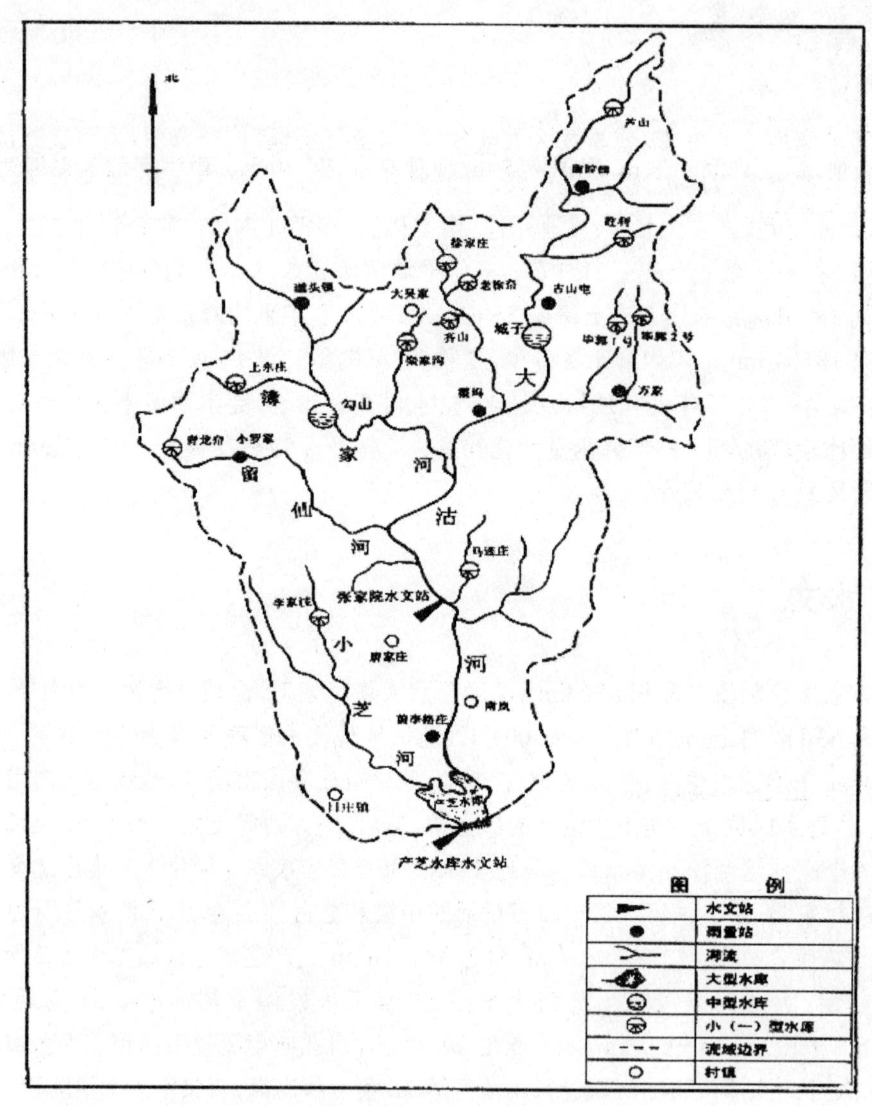

图 2-2　产芝水库流域图(据刘杰等,2012)

Fig. 2-2　Basin of Chanzhi reservoir

2.4 地形与地貌

产芝水库位于胶东丘陵山系南麓,地势北高南低,属低山丘陵区。流域内山丘区面积占 20%,丘陵区面积占 80%,流域形状为扇形,平均宽度为 16. 7 km,支流分布为单干多支型,干流平均坡降为 0. 001 4。

2.5 环境背景

产芝水库位于大沽河干流中上游,水库于 1958 年 11 月开工建设,1959 年 9 月基本建成，后经过几次加固改造达到现状规模，枢纽建筑主要由大坝、溢洪闸、放水洞、非常溢洪道和水电站五部分组成。大坝总长3 000 m，其中主坝长2 400 m，副坝长600 m。主坝为黏壤土、沙壳（背水坡）混合坝型，最大坝高20 m，坝顶宽7 m，坝顶高程77.50 m。副坝为均质土坝，最大坝高5.8 m，坝顶宽5 m，坝顶高程77.30 m。溢洪闸位于主坝西端，共5孔，闸底高程67.00 m。闸门为直升式平面钢门，尺寸（宽×高）10 m×6 m，设计泄量1 212 m^3/s，最大泄量为1 980 m^3/s。水库总库容4.02亿立方米，兴利库容2.15亿立方米，是胶东半岛最大的水库。水库多年平均来水量11 793.2万立方米，其中境外来水4 229万立方米，境内来水7 564.2万立方米。目前，产芝水库不同区域的平均水深为10 m，最大水深为13.6 m。

2.5.1 地表水开发利用现状

产芝水库是一座以防洪、城市供水为主，兼顾灌溉、水产养殖、旅游等综合利用的大（Ⅱ）型多年调节的水利枢纽工程。现状$P=50\%$、$P=75\%$和$P=95\%$时可利用水量分别为12 339万立方米、6 865万立方米和5 179万立方米（青岛市水资源调查评价），其中向青岛市供水8.6万立方米/天，向莱西城区供水5.4万立方米/天。产芝水库原设计灌溉面积3.4×10^8 m^2，现有灌区面积2.33×10^8 m^2，库区鱼池面积较大，养鱼面积可达1.67×10^7 m^2。

2.5.2 生态环境现状

近年来，青岛市各级政府加强了对生态环境建设的重视，当地水土保持工作有了较大进展。结合区内实际情况，以生物措施和工程措施、治理与开发相结合，开展水土流失治理工作。2007年，产芝水库除险加固过程中，在岭坡、河滩地种植水土保持林和经济林木，对坡度较大的田地进行坡改梯，沿沟谷兴建了拦、截、蓄等小型水保工程，提高了植被覆盖率，建立起较完善的水土保持防护体系，生态环境良好。

2.5.3 潜在污染源分析

莱西市为全国农业"百强县"之一，近几年，养殖业发展较为迅速，使水库周边污水排放量大大增加。本书在基础资料收集的基础上，进行了实地调研，水库的主要污染源有以下几个方面。

（1）面源污染。

① 农业面源。产芝水库流域内以农业种植为主，种植结构为一年两熟的麦（蔬菜）为主，农业生产为传统的粗放耕作方式，高投入，低产出，结构单一。肥料以化肥为主，兼施有机肥。产芝水库四周及入库支流共有耕地面积11.2×10^7 m^2，果园1×10^6 m^2，库周围主要为林地和耕地。农田中淋失的氮、磷元素随地表径流和地下径流进入水库中。

② 养殖废水。畜禽养殖场规模较小，一般为散户养殖，主要分布在水库周边村庄，共有26户，其中养牛22户，共1 600头左右，养鸭4户，共200只左右。畜禽粪便用干法收集后储存于自家粪池中，部分用来施肥，其余未做任何处理，废水随着降雨和生活污水一并流入水库。

③ 生活污水。入库河流及库周围的居民，其生活用水没有经过处理，最终也汇入产

芝水库。

（2）内源污染。进入水库的氮磷元素通过物理、化学或生物作用在水库底部不断沉积；同时，在温度、扰动、pH、溶解氧等因素适宜的条件下，他们又会在物理、化学或生物作用下从水库底部沉积物中释放出来。

第3章

产芝水库及其支流污染现状

3.1 样品的采集与分析

在产芝水库库中设了9个采样点，分别为A(37°01′10″N，120°26′06″E)；B(36°58′04″N，120°23′12″E)；C(36°59′10″N，120°25′12″E)；D(36°57′11″N，120°27′01″E)；E(36°56′05″N，120°28′06″E)；F(36°56′10″N，120°25′43″E)；G(36°56′06″N，120°26′18″E)；H(36°58′10″N，120°26′36″E)；I(36°56′06″N，120°26′18″E)。并在水库的两条主要入库河流上各设置一个采样点，分别为J(37°10′18″N，120°26′06″E)；K(36°57′11″N，120°37′09″E)。采样点位置见图3-1。

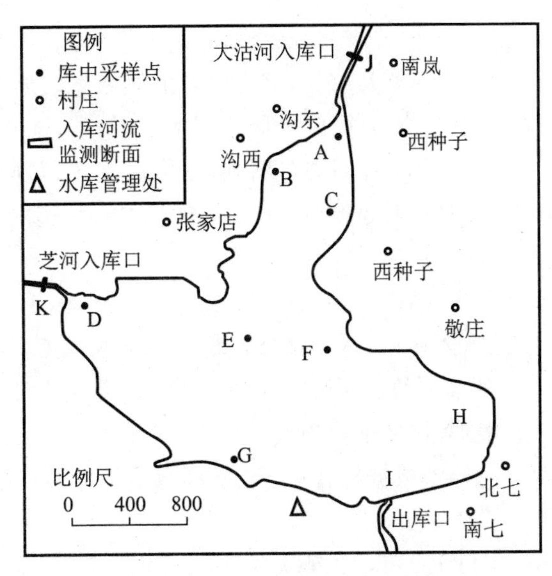

图3-1 产芝水库采样点分布

Fig. 3-1 The sampling station of Chanzhi reservoir

分别于2008年11月、2009年6月、2009年8月、2009年10月和2010年4月对产芝水库进行了现场采样，并在水库中心E点进行了垂向剖面取样。按照国家现行标准对所采集的样品进行了现场预处理，以最短的时间运回实验室进行分析。水质监测项目包括生化需氧量、溶解氧、总氮、氨氮、硝酸盐氮、总磷、高锰酸盐指数、透明度和叶绿素-a，采样点具体位置和水质监测方法分别见表3-1。

表3-1 水质监测项目和分析方法

Table 3-1 Water quality measuring items and the analysis methods

监测项目	DO	COD_{Mn}	NH_4^+-N	NO_3^--N	TN	TP	叶绿素-a	SD
分析方法	重铬酸钾法	高锰酸钾法	纳氏试剂比色法	紫外分光光度法	紫外分光光度法	钼锑抗分光光度法	分光光度法	赛氏盘法

3.2 水库水质变化特征

3.2.1 水平方向变化

图3-2给出了2008年11月～2010年4月产芝水库内TN的水平分布情况。由图可以看出，TN浓度沿水流的方向上变化非常明显，即从入库口A点到出库口I点呈现逐渐降低的趋势，且各个月份在水库中心E点出现浓度最低点，这体现了水库周边畜禽养殖、生活污水和农业面源污染对水库水质的影响。

整体上来看，2009年10月、8月、6月，2010年4月，2008年11月，TN浓度呈现缓慢降低的特征，这与金相灿等[130]的研究结果恰好相反，也与太湖地区全年的2月、3月浓度最高，8～10月最低[131]的结论出现明显差异。分析其原因，产芝水库地处北方，且库深较大，地域条件及自身条件与太湖有较大差异，入库河流大沽河和芝河流域内多为耕地，在10月、8月和6月份为农忙耕种的季节，农业施肥量大大增加，且6～10月份为北方丰水期，降雨量增加，地表径流强度增大，在河道内大量的氮素短时间得不到充分的降解和沉淀，随着径流流入水库，使得水库中氮素含量急剧增加；另外，随着夏季温度的升高，入库水量加大，水库内水流速度加大，扰动强度增强，这为底部沉积物营养元素的释放提供了良好的条件，由此可见，双重原因导致，产芝水库自春末至秋初的TN浓度要高于秋末至春初的TN浓度。

产芝水库中TN浓度全年较高，在0.21～2.85 mg/L之间，其浓度最高点位于大沽河入库口（A点），其次为芝河入库口；浓度最低点位于产芝水库库中心（E点）。从图中可以看出，2009年和2010年的监测数据明显高于2008年，这是由于2009年～2010年间库周农户的畜禽养殖量不断增加，排放的养殖废水增多，给水库水质带来严重威胁。监测数据表明，除2008年个别点的监测数据符合《地表水环境质量标准》Ⅲ类标准外，其余均为超Ⅴ类水质。

图3-3给出了2008年11月～2010年4月产芝水库内TP的水平分布情况。从中可以看出，TP浓度沿水流方向上变化显著，即从入库口A点到出库口I点浓度逐渐降低，且

各个月份在水库中心 E 点出现浓度最低点，这与 TN 的变化趋势一致，同时也体现了水库周边畜禽养殖、生活污水和农业面源污染对水库水质的影响。

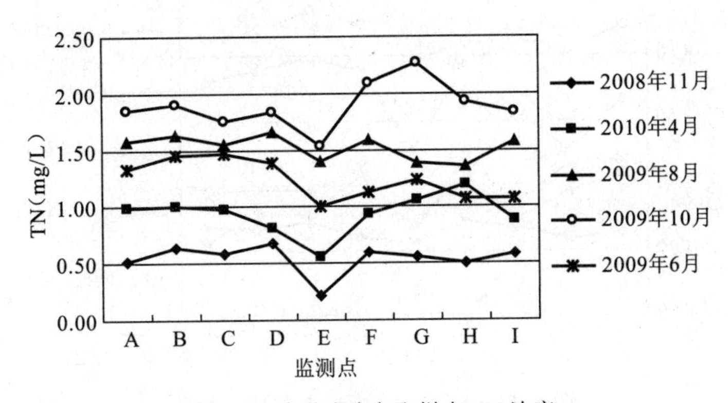

图 3-2　产芝水库各取样点 TN 浓度

Fig. 3-2　Horizontal distribution of TN in the Chanzhi reservoir

从图 3-3 整体来看，2009 年 10 月、2009 年 8 月、2009 年 6 月、2010 年 4 月、2008 年 11 月，TP 浓度呈现出缓慢降低的特征，这一特征与中国水库湖泊通常在每年 3～4 月份磷含量最高的规律恰好相反，也与太湖地区全年的 2 月、3 月浓度最高，8～10 月最低的结论出现明显差异。分析其原因，与上述 TN 相同。

产芝水库中 TP 浓度全年较高，处于 0. 01～0. 07 mg/L 之间，其浓度最高点位于大沽河入库口(A 点)，其次为芝河入库口；浓度最低点位于产芝水库库中心(E 点)。

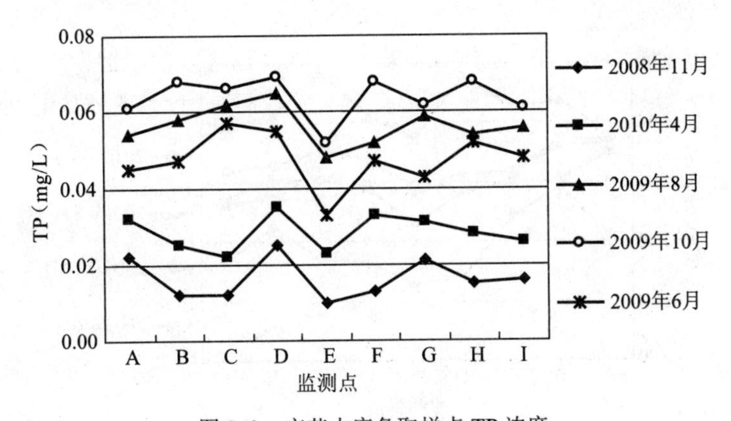

图 3-3　产芝水库各取样点 TP 浓度

Fig. 3-3　Horizontal distribution of TP in the Chanzhi reservoir

图 3-4 给出了 2008 年 11 月～2010 年 4 月产芝水库内 COD_{Mn} 的水平分布情况。由图可以看出，COD_{Mn} 浓度沿水流方向上变化显著，即从入库口 A 点到出库口 I 点浓度逐渐降低，且各个月份在水库中心 E 点出现浓度最低点，这与 TN、TP 的变化趋势一致，同时也体现了水库周边畜禽养殖、生活污水和农业面源污染对水库水质的影响。

整体上来看，2009 年 10 月、8 月、6 月，2010 年 4 月和 2008 年 11 月，COD_{Mn} 浓度呈现逐渐降低的趋势，分析其原因，与上述 TN、TP 相同。

产芝水库中 COD_{Mn} 浓度全年较高，处于 1. 35～5. 64 mg/L 之间，其浓度最高点位于大沽河入库口(A点),其次为芝河入库口;浓度最低点位于产芝水库库中心(E点)。

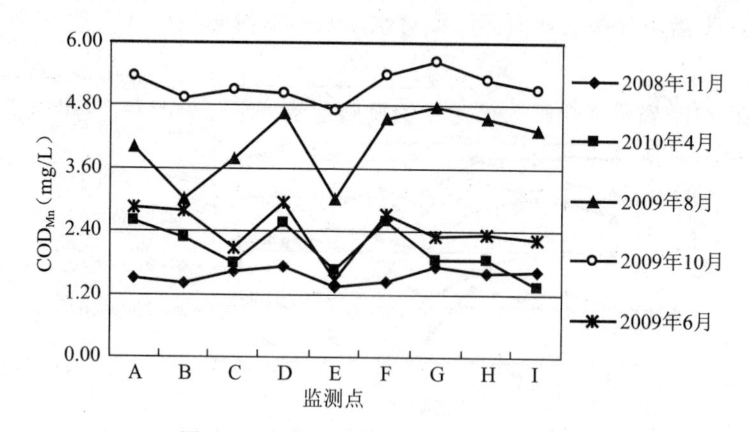

图 3-4 产芝水库各取样点 COD_{Mn} 浓度

Fig. 3-4 Horizontal distribution of COD_{Mn} in the Chanzhi reservoir

图 3-5 给出了 2008 年 11 月～2010 年 4 月产芝水库内 BOD_5 在水平方向上的分布特征。由图可知,BOD_5 的浓度在水平方向上的变化缓慢,非常不明显,中心 E 点为浓度最低点。

整体上来看,2009 年 8 月、10 月、6 月,2010 年 4 月,2008 年 11 月,BOD_5 浓度呈现逐渐降低的趋势。与上述 TN, TP, COD_{Mn} 等变化一致。

产芝水库中 BOD_5 浓度全年较高,处于 2. 04～7. 78 mg/L 之间,浓度最低点位于产芝水库库中心 E 点。

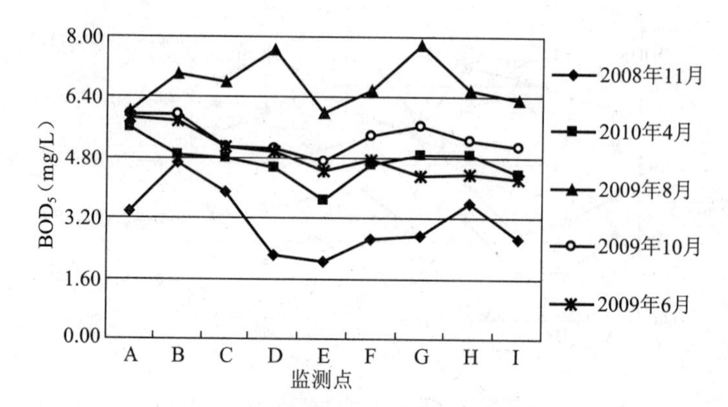

图 3-5 产芝水库各取样点 BOD_5 浓度

Fig. 3-5 Horizontal distribution of BOD_5 in the Chanzhi reservoir

图 3-6 给出了 2008 年 11 月～2010 年 4 月产芝水库内叶绿素-a 的水平分布情况。由图可以看出,叶绿素-a浓度沿水流方向上具有明显的变化趋势,在入库口(A点和D点)浓度相当,随着 B、C 两点深入库中,浓度增加,在水库中心 E 点出现浓度最低点,随后叶绿素-a 呈现缓慢降低的趋势。这是由于入库口的流速相对较大,不能为藻类繁殖提供良好的条件,所以叶绿素-a 浓度较低,随着进入库中,营养变得丰富,水流缓慢,为藻类生长提供良好的条件,所以在 B、C 两点浓度增加,而到了水库中心,水域变大,营养条件变差,

混合条件变好，浓度随机降低。

整体上来看，2009年8月、10月、6月，2010年4月，2008年11月，叶绿素-a浓度呈现逐渐降低的趋势，这是由于在6月、8月份，水库中具有充足的养料和适宜的温度，造成藻类大量繁殖，藻类繁殖就会吸收掉大量的氮磷元素，到了10月份，虽然营养元素依然充足，但是由于气温有所下降，所以藻类繁殖速度变慢。与上述TN、TP8月份的浓度值低于10月份有很大的关系，理论上8月份的TN、TP浓度值应该高于10月份，究其原因就在于，8月份藻类的生长消耗掉了大量的氮磷元素，导致其浓度值低于10月份。

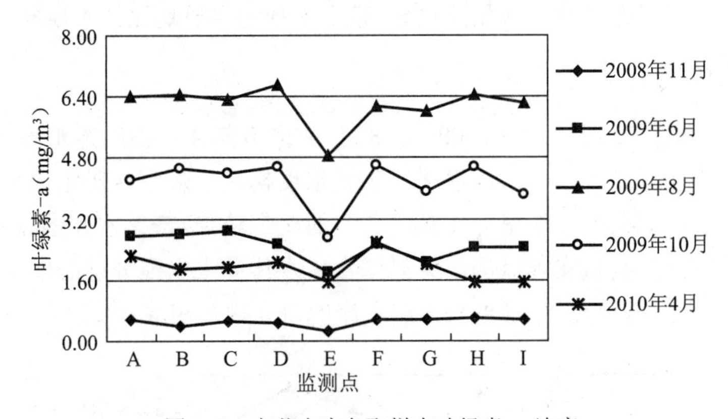

图3-6　产芝水库各取样点叶绿素-a浓度

Fig. 3-6　Horizontal distribution of chl-a in the Chanzhi reservoir

产芝水库中叶绿素-a浓度全年较高，处于0.24～6.73 mg/L之间，其浓度最高点位于库中库口B、C点，浓度最低点位于产芝水库库中心E点。

图3-7给出了2008年11月～2010年4月产芝水库内透明度(SD)的水平分布情况。由图可以看出，SD沿水流方向上的变化趋势不是很显著，只有在水库中心E点出现透明度最高点，其余各点均处于平均水平。这是由于E点相对于其他各点营养水平较低，藻类生长量少，速度缓慢，水中泥沙携带量少，所以透明度相对较高。

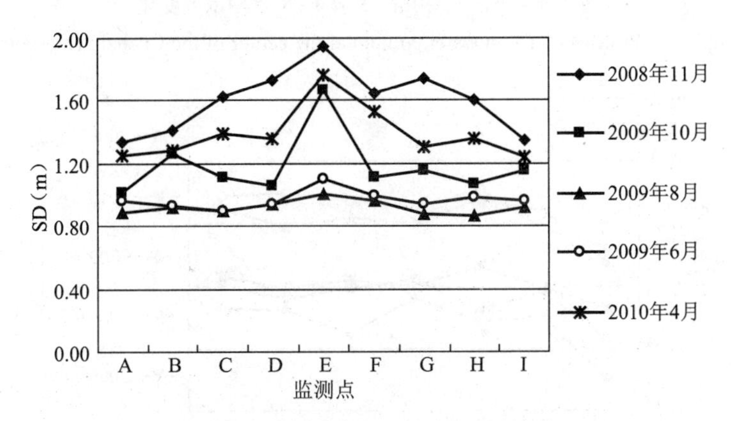

图3-7　产芝水库各取样点透明度变化

Fig. 3-7　Horizontal distribution of SD in the Chanzhi reservoir

整体上来看，2008年11月，2010年4月，2009年10月、6月、8月，SD呈现逐渐降低的趋势。这是由于在6月、8月份，水库中藻类大量繁殖，且处于丰水期，雨量较大，泥沙携带量增加，都削弱了水体透明度。10月、4月和11月份，藻类逐渐衰弱，处于枯水期，营养元素逐渐贫乏，藻类衰亡，水体透明度增加。

产芝水库中SD全年较高，处于0. 87～1. 94 mg/L之间，其最高点位于库中库口E点，入库口SD较低。

总之，由以上分析可知，在水平方向上，水库各水质指标均呈现出“周高中低”的变化趋势，这充分表明，水库周围流域农业、生活、养殖等污染对其产生的影响。另外，从时空上来看，水质随着时间的变化有恶化的趋势，且丰水期的水质均比枯水期要差。

3.2.2 垂向变化

由图3-8～图3-12可以看出，2009年8月～2010年4月份产芝水库水质在垂向剖面上变化都很小，在垂向上没有形成显著的物质浓度梯度。从整体变化上可以看出，水库中水体物质交换较为强烈 。根据叶守泽[132]等的研究结果，产芝水库的α值约为2. 93，应该属于分层型水库，而从实际监测结果可知水库水体并未出现分层的现象，这主要是因为产芝水库为一个河道型水库，这也与田庄水库的研究规律相同[133]。

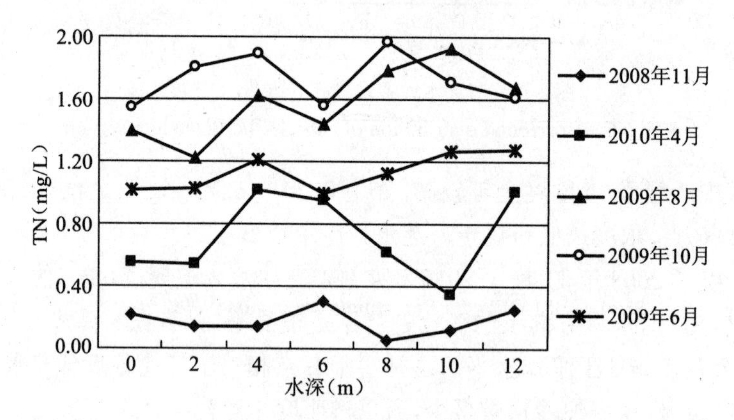

图3-8 产芝水库中心（E点）TN垂向浓度变化

Fig. 3-8 Profiles of TN in water column at the center of the Chanzhi reservoir

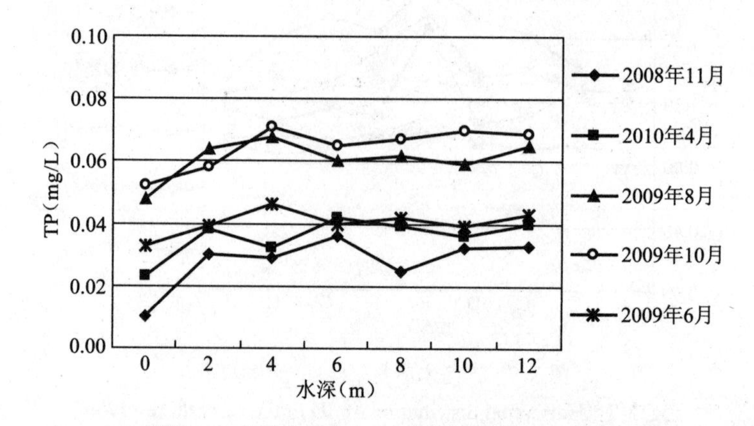

图3-9 产芝水库中心（E点）TP垂向浓度变化

Fig. 3-9 Profiles of TP in water column at the center of the Chanzhi reservoir

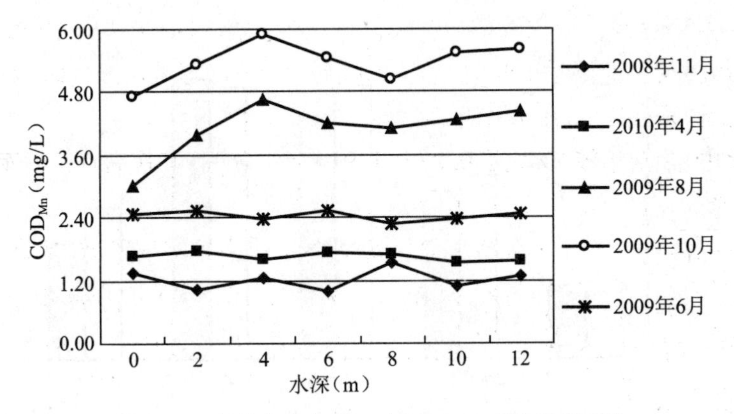

图 3-10　产芝水库中心（E 点）COD_{Mn} 垂向浓度变化

Fig. 3-10　Profiles of COD_{Mn} in water column at the center of the Chanzhi reservoir

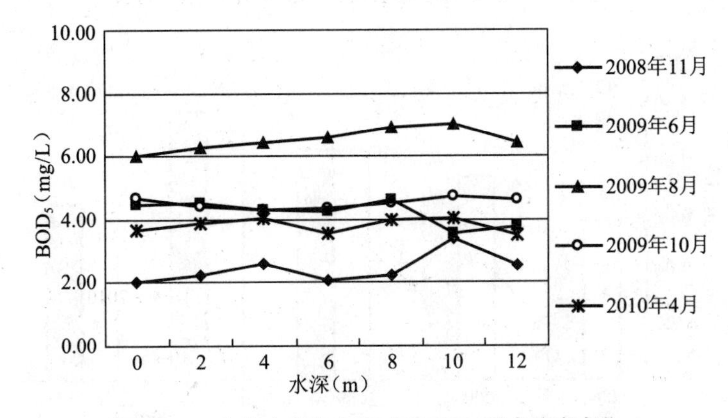

图 3-11　产芝水库中心（E 点）BOD_5 垂向浓度变化

Fig. 3-11　Profiles of BOD_5 in water column at the center of the Chanzhi reservoir

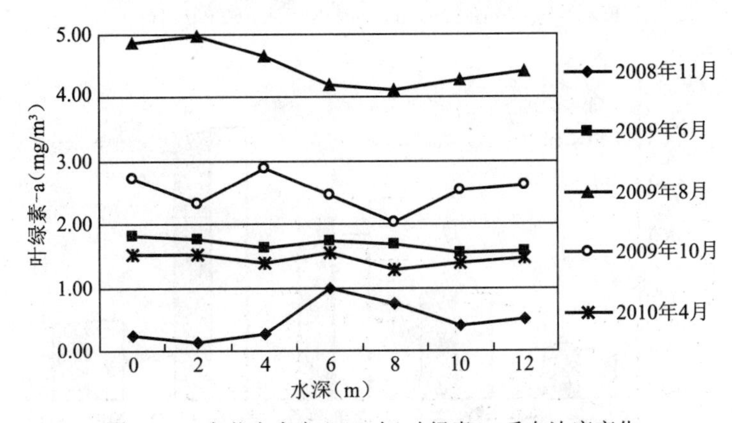

图 3-12　产芝水库中心（E 点）叶绿素-a 垂向浓度变化

Fig. 3-12　Profiles of Chl-a in water column at the center of the Chanzhi reservoir

3.3 入库河流水质特征

图 3-13～图 3-18 为 2008 年 11 月～2010 年 4 月产芝水库入库河流的水质变化图。

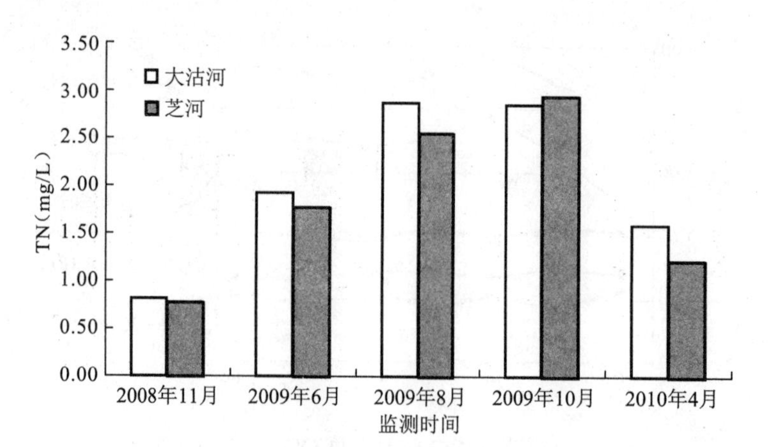

图 3-13　产芝水库入库河流 TN 浓度变化

Fig. 3-13　Variations in concentration of TN in rivers

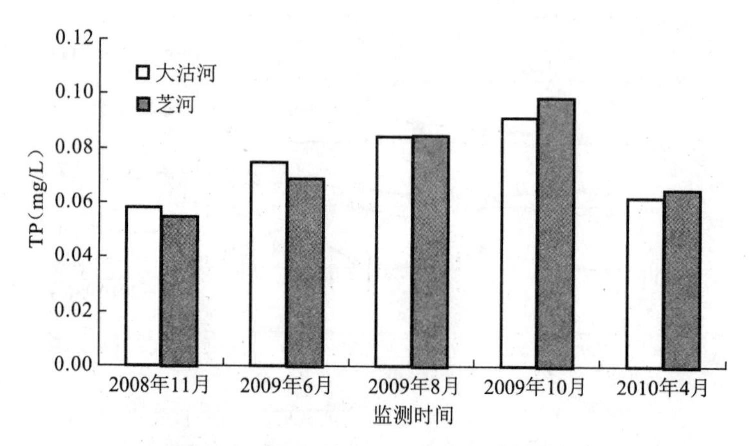

图 3-14　产芝水库入库河流 TP 浓度变化

Fig. 3-14　Variations in concentration of TP in rivers

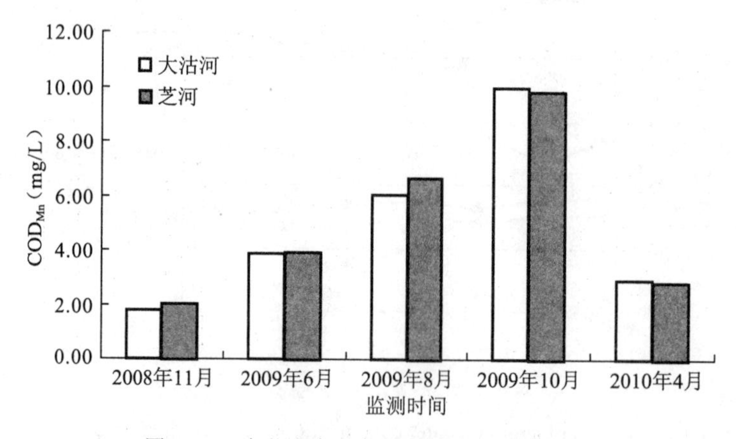

图 3-15　产芝水库入库河流 COD_{Mn} 浓度变化

Fig. 3-15　Variations in concentration of COD_{Mn} in rivers

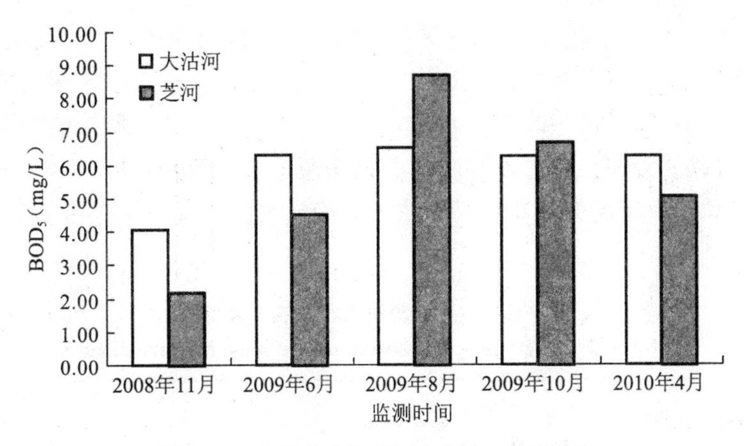

图 3-16　产芝水库入库河流 BOD_5 浓度变化

Fig. 3-16　Variations in concentration of BOD_5 in rivers

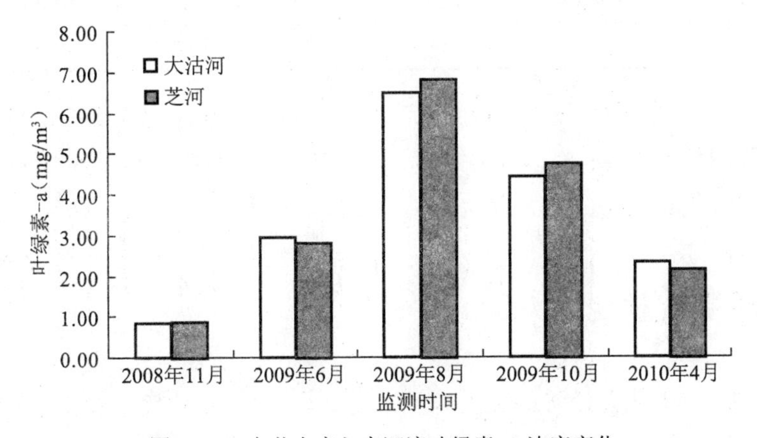

图 3-17　产芝水库入库河流叶绿素-a 浓度变化

Fig. 3-17　Variations in concentration of Chl-a in rivers

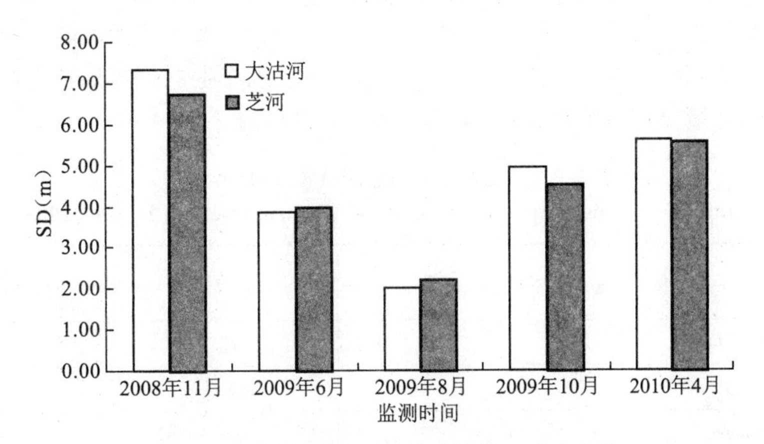

图 3-18　产芝水库入库河流叶绿素-a 浓度变化

Fig. 3-18　Variations in concentration of Chl-a in rivers

由图中可以看出，各次取样 TN、TP、COD_{Mn}、BOD_5、叶绿素-a 浓度和 SD 变化较大，且随着季节变化而呈现明显的变化趋势，这与 Stewart 等人针对农业区的排水水质具有显著季节性特征[134]结果相同，这也与库区的水质具有相同的规律。由监测结果可知，河流中的水质比水库中的相对较差，这也证实了大沽河和芝河是产芝水库污染物输入的主要途径之一。由污染源调查可知，产芝水库入库河流大沽河和芝河所接纳的工业企业污水量极少，因此可以认为河流中的污染物大部分来源于农业污染。所以本节采用入库河流的年均入库量和入库河流的污染物平均浓度来确定水库的农业面源污染负荷，结果见表3-2。

表 3-2 农业面源输入水库的污染物量

Table 3-2 The amount of pollutants from agriculture diffuse

河　流	多年平均入库量($10^4\ m^3$)	TN		TP		COD_{Mn}	
		含量(mg/L)	年输入量(t/a)	含量(mg/L)	年输入量(t/a)	含量(mg/L)	年输入量(t/a)
大沽河	9 624.3	2.011	193.545	0.074	7.122	4.909	472.457
芝　河	2 168.9	1.853	40.190	0.075	1.627	5.066	109.876

由表 3-2 可知，大沽河平均每年向产芝水库输入 TN 为 193.545 t，TP 为 7.122 t，COD_{Mn} 为 472.457 t；芝河平均每年向产芝水库输入 TN 为 40.190 t，TP 为 1.627 t，COD_{Mn} 为 109.876 t。

3.4 水环境质量现状

近 20 年来，由于社会经济的发展和城市化进程加快，工业废水和生活污水不断增加并有任意排放现象，水污染防治不仅没有随着社会经济同步发展，反而造成污染，另外农业面源污染也是一个不可忽略的因素。但是产芝水库水质多年无明显变化且保持良好，各种毒性指标检出率较低，一般化学指标变化幅度亦较小，偶有超标现象。这种水质状况与以下原因有关：① 产芝水库上游无大型污染源；② 水库生态环境保护良好；③ 政府加强对水源地的环境保护与监督管理，采取有效的防治措施。

表 3-3 产芝水库水质监测结果(2003 年 5 月)

Table 3-3 The water quality results of Chanzhi reservoir in May, 2003

项　目 \ 位　置	入　口	库　中	出　口
水温(C)	17.5	17.2	17.2
pH	8.4	8.3	8.3
钙(mg/L)	47.3	44.1	45.3
镁(mg/L)	19.4	18.5	17.0
钾钠(mg/L)	3.00	2.25	4.00
氯化物(mg/L)	39.7	43.6	41.8
碳酸盐(mg/L)	1.20	0.00	0.00

续表

项目＼位置	入口	库中	出口
重碳酸盐(mg/L)	111	85.4	86.6
总硬度	198	186	183
溶解氧(mg/L)	9.1	8.9	8.2
高锰酸盐指数(mg/L)	3.7	3.3	3.4
BOD_5(mg/L)	3.0	2.4	3.0
硝酸盐氮(mg/L)	2.12	0.31	0.30
亚硝酸盐氮(mg/L)	0.024	0.015	0.014
氨氮(mg/L)	0.09	<0.05	<0.05
硫酸盐(mg/L)	52.7	57.0	58.6
氟化物(mg/L)	0.40	0.40	0.40
铁(mg/L)	<0.03	<0.03	<0.03
非离子氨(mg/L)	<0.02	<0.02	<0.02
总磷(mg/L)	0.08	0.02	0.02
挥发酚(mg/L)	<0.002	<0.002	<0.002
氰化物(mg/L)	<0.004	<0.004	<0.004
六价铬(mg/L)	<0.004	<0.004	<0.004
汞(mg/L)	<0.000 05	<0.000 05	<0.000 05
砷(mg/L)	<0.007	<0.007	<0.007
铜(mg/L)	<0.01	<0.01	<0.01
锰(mg/L)	<0.01	<0.01	<0.01
锌(mg/L)	<0.05	<0.05	<0.05
铅(mg/L)	<0.01	<0.01	<0.01
镉(mg/L)	<0.001	<0.001	<0.001

根据《莱西市地表水水环境质量报告(1997～2007年)》所提供的数据资料显示，在水库的入口、库中、出口处分别布设监测站，每年丰、平、枯水期各检测一次，监测项目如表3-3所示(以2003年5月监测结果为例)。以GB 3838—2002国家《地表水环境标准》为评价标准，水质评价采用单因子指标法，监测评价结果表明产芝水库达到三类水质标准，影响其水质级别的参数主要有总磷、五日生化需氧量，其中丰水期总磷、总氮明显高于枯水期，这与流域内农业面源污染有关。

原位水质自动监测系统设计

4.1 水质自动监测系统结构设计

4.1.1 系统设计思路

随着水质自动监测技术的发展，水质自动监测系统设计的规范化问题也得到了广泛关注。目前，国家环保总局已着手组织编制国家环境保护标准《地表水自动监测技术规范》。但是，由于监测仪器标准的颁布明显滞后于自动监测仪器的快速发展，所以在本书中水质自动监测系统的设计参考了省级的自动监测预警系统建设规范文件（试行）。根据2009年10月国家环境保护部颁布的《污染源在线自动监控（监测）数据采集传输仪技术要求》规范，自主设计了环境监测数据采集器，并结合实际需求，体现系统化、标准化、网络化和智能化的设计思想。

水质监测系统是环境监测系统的重要组成部分，该系统的建立是市水文、环境监测网中的重要组成部分。鉴于以往的水质监控信息系统封闭，数据库多样且规模不一，监测信息采集能力不强等缺点，首先要按照系统化的设计原则，根据国家标准制定标准化的监测数据通信和数据库设计方式，实现省市水文和水质资料的统一协调管理和共享，水文等基础信息的监测、管理和共享构成一个统一整体。其次，网络化和智能化的结构设计体系是本书区别与传统水质监测的地方。现场站是建立在重点水质监测点上的自动监测站，一般处于无人值守的长期运行状态。现场站的水质监测使用原位水下智能监测设备，数据采集传输系统按照智能化设计要求，实现数据实时监测，监测数据基于GPRS和Internet网络传输方式传输到中心站。数据库建设与中心站中，中心站能够获取保存监测数据并按照统一格式保存到数据库中。客户端用户通过中心站授权可以进行数据上传和数据下载等操作。最后，本书研究设计的地表水水质自动监测-预警系统集成实现和信息共享的基础是标准化设计。数据库的架设和集成按照中华人民共和国水利行业标准《水质数据库表结构与标识符规定》（SL 325—2005）、《实时雨水情数据库表结构与标识符标准》

（SL 323—2005）、《基础水文数据库表结构及标识符标准》（SL 324—2005）进行设计。环境监测数据采集器的设计按照中华人民共和国国家环境保护标准《污染源在线自动监控（监测）数据采集传输仪技术要求》。

4.1.2　自动监测系统设计框架

自动监测系统主要由监测层、传输层和监测中心组成，结构如图 4-1 所示。监测层是分布于地表水体布设的各个监测点上，由各个监测站组成，各个监测站根据监测污染物种类、污染物浓度、监测精度、数据传输格式、数据传输步长等选用不同的水质传感器；传输层主要是由环境监测数据采集器组成，它实现数据采集和 GPRS 无线传输功能，环境数据采集器的设计通过串口应可连接多个水质监测传感器，监测层传输的数据通过环境监测采集器接收，并在其内置 GPRS 透传模块的作用下，通过 GPRS 网络传输方式传输到监测中心。在本书中，环境监测数据采集器可连接两种多参数水质传感器，并根据需求可进一步扩展。监测中心主要由上位机自动监测软件和水质自动监测数据库组成，上位机自动监测软件将无线传输的数据接收，通过一系列操作后存储到水质监测数据库中，同时自动监测软件可以读取水质监测数据库中的软件进行进一步操作。

该系统构架实现了监控中心对该监测点指示时间片内信息的收集，数据库同步，系统时间同步等操作。

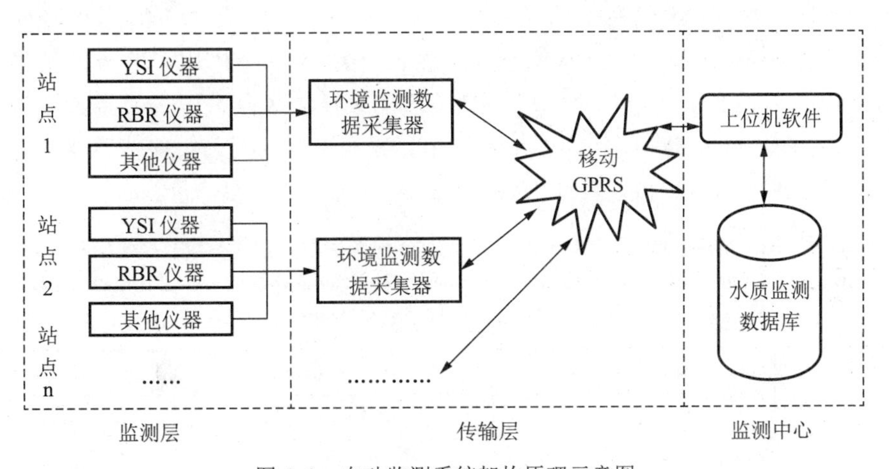

图 4-1　自动监测系统架构原理示意图

Fig. 4-1　The schematic architecture diagram of automatic monitoring system

4.1.3　监测参数的选择

根据国家《地表水环境质量标准》（GB 3838—2002）的规定，我们综合考虑地表水常用监测指标和经济因素，在本书中设置的监测项目（包括常规监测 5 个指标）如下：温度、pH、电导率（EC）、浊度（TU）、溶解氧（DO）和水位、氨氮、硝酸盐氮、叶绿素 -a。

温度：与气候状况、营养盐、藻类繁殖等密切相关，其影响水中藻类生长和水中的物理化学过程。

pH：是酸污染、重金属污染和藻类爆发重要的水质指标之一，当发生突发性污染事故时，往往伴随着 pH 的异常突变，一般情况下，当水体富营养化时，水体的一个明显特征是水体呈弱碱性。

电导率：一般表示盐度，在广义上，是表征水中溶解性离子含量的指标，其反映水质硬度、污染情况等。

浊度：是水体中悬浮物含量的一个水质替代指标，是水体透明度大小的体现。一般情况下，悬浮物含量越高，水的浊度越大，水体透明度越小，并且在富营养化水体中由于表层悬浮着密集的水藻使水质浑浊，引起透明度下降。

水位：流域状态指标，在本书中是一个重要的水文参数，用来表征产芝水库的需水量。

溶解氧：是影响湖泊富营养化的主要因素，当水体中N、P等营养元素过多时，会引起水体中藻类大量繁殖致溶解氧降低、水质恶化等现象。

氨氮和硝酸盐氮：是影响藻类繁殖的营养盐，是富营养化的指标之一。

叶绿素-a：是藻类中叶绿素的主要成分，其含量的高低与水体藻类的种类、数量等密切相关，其浓度影响水色、水质及水中初级生产力，是水体营养状态的表征参数。

4.1.4 水质传感器

水质传感器的选择需要综合考虑监测指标，监测精度，实用性，经济性和应用性等。在本书中，我们选用YSI和RBR两种原位水下监测设备。YSI-6920是多参数水质传感器，可以实现水质参数的采集、存储和传送。该水质传感器提供RS-232输出接口，具有低功耗运行特性，传感器采用12 V直流供电，平均值守电流90 μA，采样时最大功耗30 mA，主要监测参数包括温度、水位、盐度、氨氮、硝酸盐氮。RBR-XR-620是另一款多参数水质传感器，适合于定点长期监测，XR-620的采样频率为6Hz，主要监测参数包括温度、pH、浊度、DO、叶绿素-a等，如表4-1所示。我们采用两个公司的传感器共采集上述9种参数，其中水温的监测传输数据主要以YSI6820传感器为参考值。

表4-1 YSI-6920和RBR XR-620系列传感器的主要监测参数及技术指标

Table 4-1 The sensors monitoring parameters and the major technical indicators for YSI-6920 and RBR XR-620 series

传感器	主要参数	测量范围	精度
YSI6920	温度(℃)	−5～60	±0.01
	水位(m)	0～61	±0.001
	硝酸盐氮(mg/L)	0～200	±0.001～1
	氨氮(mg/L)	0～200	±0.001～1
RBR XR-620	温度(℃)	−5～35	±0.002
	电导率(mS/cm)	0～2	±0.003
	pH	0～14	±0.1
	DO (mg/L)	0～200%	±2%
	叶绿素-a (μg/L)	0.02～150	±2%
	浊　度	0～2 000 FTU	±2%

4.1.5　GPRS 无线传输

目前，国内现有的水质监测系统主要是采用联通或者移动公司的全球移动通讯系统（GSM）、短消息（Short Messaging Service，SMS）和通用分组无线业务（GPRS）服务。GSM 一般的传输速率为 9 600 b/s，且为双向收费；SMS 虽然单向收费，但实时性差，并且可能丢失数据包[135,136]。另外，虽然很多城市已陆续推出 3G 无线传输服务，并且有其传输速率方面的优点，但是由于目前普及率过低，信号覆盖率过低，自动监测无线传输方面还没有应用。

GPRS 是国内比较成熟的数据传输形式，是 GSM 移动电话用户可用的一种移动数据业务，也是 GSM 的延续，它通过利用 GSM 网络中未使用的 TDMA 信道，提供中速的数据传递。数据传输可靠性高，网络覆盖范围广[137]。GPRS 通过现有 GSM 网络并使用网关支持节点（GGSN）、服务支持节点（SGSN）和分组控制单元（PCU）来提供无线分组交换业务，如图 4-2 所示。

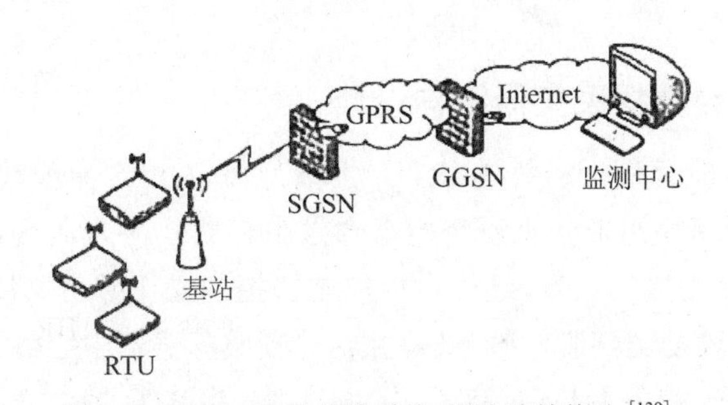

图 4-2　GPRS 网络传输系统（据陈琦等修改[139]）

Fig. 4-2　The GPRS network transmission system (according to Chen Qideng[139])

使用 GPRS 作为无线传输方式，具备以下优点[138]。

（1）系统建设及运行成本低：由于使用 GPRS 公网平台，无须单独建设网络，只需安装设备即可，建设成本低。采用 GPRS 公网通信，全国范围内均按统一费率计费，GPRS 网络可按数据的实际通信流量计费，也可以按包月不限流量收费，从而实现了系统的低成本通信。

（2）可靠性高：与 SMS 短信息方式相比，GPRS 的 DTU 采用面向连接的 TCP 协议通信，避免了数据包丢失的现象，保证数据可靠传输。中心可以与多个监测点同时进行数据传输，互不干扰。GPRS 网络本身具备完善的频分复用机制，并具备极强的抗干扰性能。

（3）实时性强：GPRS 具备永久在线特点，因而具有实时在线的特性，数据传输时延小，并支持多点同时传输，因此 GPRS 监测数据中心可以多个监测点之间快速、实时地进行双向通信，很好地满足系统对数据采集和传输实时性的要求。目前 GPRS 实际数据传输速率在 30K bps 左右，完全能满足一般水质监测系统数据传输速率的需求。

（4）监控范围广：GPRS 网络已经实现全国范围内覆盖，并且扩容无限制，接入地点无限制，能满足山区、乡镇和跨地区的接入需求。由于水文信息采集点数量众多，分布在全省范围内，部分水文信息采集点位于偏僻地区，而且地理位置分散。因此采用 GPRS 网络是其理想的选择。

（5）可对各监测点仪器设备进行远程控制：通过 GPRS 双向系统还可实现对仪器设备进行反向控制，如时间校正、状态报告、开关等控制功能，并可进行系统远程在线升级。

（6）系统的传输容量大，扩容性能好：水文监测中心要和每一个水质信息采集点实现实时连接。由于信息采集点数量众多，系统要求能满足突发性数据传输的需要，而 GPRS 技术能很好地满足传输突发性数据的需要；由于系统采用成熟的 TCP/IP 通信架构，具备良好的扩展性能，一个监测中心可轻松支持几千个现场采集点的通信接入。

（7）GPRS 传输功耗小，适合野外供电环境：虽然与远距离的数据中心进行双向通信，GPRS 数传设备在工作时却只需与附近的移动基站通信即可，其整体功耗与一台普通 GSM 手机相当，平均功耗仅为 200 mW 左右，比传统数传电台小得多。因此 GPRS 传输方式非常适合在野外使用。

4.2 嵌入式环境监测数据采集器设计

4.2.1 环境监测数据采集器结构设计

环境监测采集器即远程测控终端（RTU）由单片机、GPRS 无线数据传输模块、电源、存储单元和串口控制模块组成。水质传感器通过串口将实时水质数据转换成模拟信号，再由 A/D 转换器转换为数字信号，经由串口控制器控制操作并由单片机进行读取。读取的数据再由 GPRS 模块发送到监控服务器，并存储到服务器端中心数据库中。

低功耗的单片机采用 IM3S1138 作为处理器，是 RTU 的主要控制部分，它基于 ARMCortex-M 内核的 32 位微控制器芯片，集成片内 RAM 和 FLASH 存储器。传感器传输的电信号通过 ARM 自带的 10 位 A/D 转换器转换为数字信号并存储到存储单元中；同时，存储单元中数据根据时钟控制，通过 GPRS 模块发送到远程数据中心；串口控制器集成 GM8125 串口扩展芯片，实现串口扩展，串口数据控制等功能；系统采用 9 V 电压，5 路 9 针 RS232 串口，实现低功耗。采集到的数据通过 GPRS 无线传输模块传至 GPRS 网，然后经由 NAT 传至 Internet，最终数据传至监测中心，实现远程数据传输功能，如图 4-3 所示。

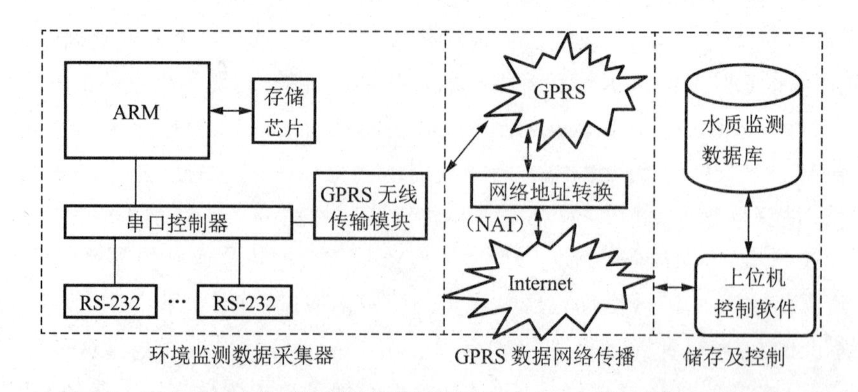

图 4-3 嵌入式环境监测数据采集器设计原理及 GPRS 数据网络传播控制原理

Fig. 4-3 The design principles of embedded environmental monitoring data collection system and GPRS network transmission control schematic

电源部分负责各功能模块的供电。供电方式为直流供电，建议采用锂电池供电。IM3S1138以及其他功能模块的工作电压为4. 2 V，GPRS 模块的工作电压为3. 3～4. 2 V，且电源应具有至少 2 A 峰值电流的输出能力。

4.2.2　环境监测数据采集器硬件设计

（1）利用 GM8125 进行串口扩展。GM8125 可以将一个全双工的标准串口扩展成 5 个标准串口，并能通过外部引脚控制串口扩展模式：单通道工作模式和多通道工作模式，即可以指定一个子串口和母串口以相同的波特率单一地工作，也可以让所有子串口在母串口波特率基础上分频同时工作。该芯片工作在多通道模式下时，子串口能主动响应从机发送的数据，并由母串口发送给主机，同时返回子串口地址。该模式使每个从机的发送要求都能被及时地响应，即使所有从机同时有发送要求，数据也不会丢失，基本实现了主控单元和外设通信的实时性。图 4-4 是其引脚图。

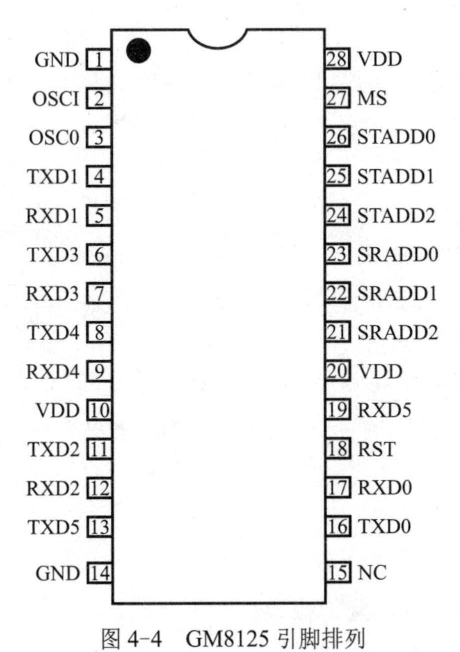

图 4-4　GM8125 引脚排列

Fig. 4-4　GM8125 pins arrangement diagram

在该系统中使用 GM8125 和单片机实现了 IM3S1138 对外围 5 个串口设备的控制和设备之间的数据通信。该芯片母串口和子串口的工作波特率可由程序调节，而不需要修改外部电路和晶振频率。因为 GM8125 不具备上电复位功能，因此在设备启动时，程序就应该由单片机的脚向 GM8125 的 18 引脚（RST）写入一个低电平信号，使 GM8125 复位。时钟控制接收子通道地址状态，当子串口接收到串口设备的数据时，GM8125 的该子串口自动接收串口设备发送的数据，并发送给母串口，母串口将数据发送给单片机的串口，并同时将 SRADD2～0 置成该子串口的地址，单片机在接收到数据后，根据 SRADD2～0 来检测数据来源，进行相应的处理。因此，在程序设计过程中，要充分注意数据传输特点，数据读取时应判断 SRADD2～0 的状态，保证程序健壮性，避免不必要的错误。在整个系统中，采用中断方式来进行数据的读取，保证了数据收发的正确性。图 4-5 为试验过程中的 GM8125 芯片实物照片；图 4-6 为实验过程中的单片机和串口控制模块实物照片。

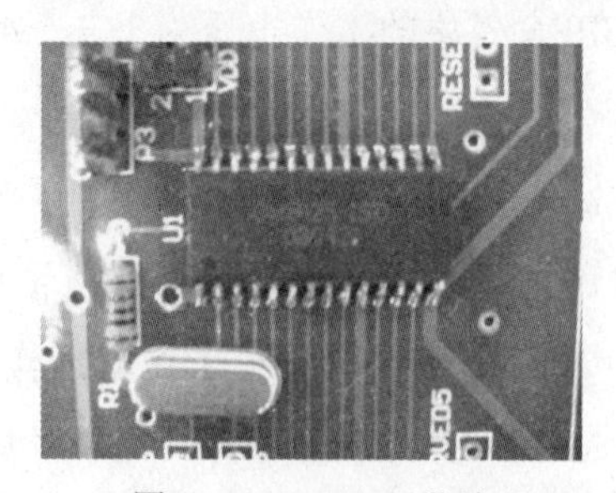

图 4-5　GM8125 芯片
Fig. 4-5　GM8125 chip

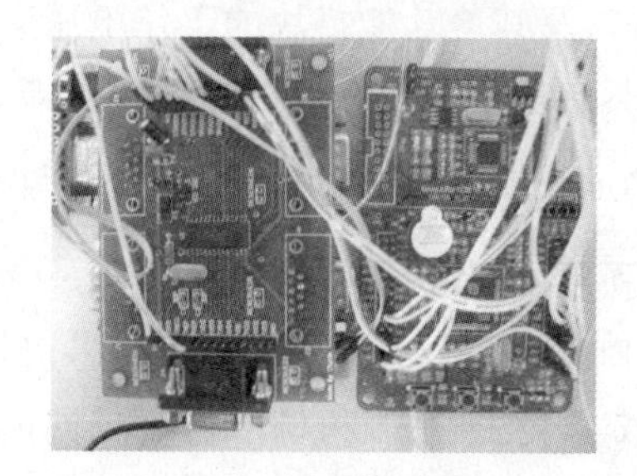

图 4-6　单片机和串口控制模块
Fig. 4-6　MCU and serial control module

（2）数据无线传输。数据采集模块通过 RS232 串口将实时水质数据转换成模拟信号，再由 A/D 转换器转换为数字信号，经由串口控制器控制操作并由单片机进行读取。读取的数据再由 GPRS 模块发送到监控服务器，并存储到服务器端中心数据库中。

无线传输模块接收数据由单片机控制处理，该模块选用按照工业级标准开发板，并搭载华为 GTM900 GPRS 模块。该模块采用 UDP 传输方式，实现点对点透明传输，实物照片如 4-7 所示。传输协议在 TCP/IP 协议上运行，使用 UDP 协议传输，UDP 数据报由包头（UDP Header）和数据两部分组成，包头为 16 字节固定长度，包头结构与说明如表 4-2 所示。本书中串口通信采用波特率 9600、数据位 8、停止位 1、无奇偶位。

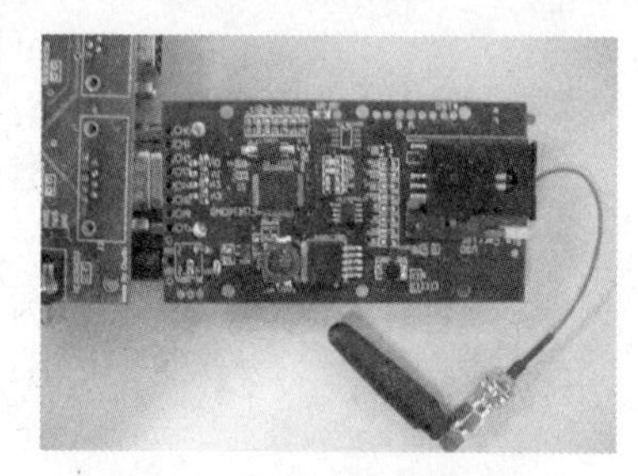

图 4-7　GPRS 无线传输模块
Fig. 4-7　The GPRS wireless module

系统架设要实现 GPRS 无线传输功能，服务器必须拥有公网 IP。在系统运行前，可通过串口修改 GPRS 模块远程服务器 IP 和端口，修改格式如下：

[WRITE]
SERVERIP = 202. 119. 97. 200 // 设置 IP 地址
SERVERPORT = 7002 // 设置传输端口

表 4-2　数据报结构及说明
Table 4-2　The Datagram structure and instruction

字段名称	字段（字节）	说　明
RemoteVIP	4	目标地址，即主站 IP。高字节在前，低字节在后
LocalVIP	4	源地址，即本机虚拟 IP。高字节在前，低字节在后
Password	6	服务器密码
Length	2	数据包长度，有时候会打包传送，通过此项数据控制，客户端可自行分包，低位在前高位在后
Data	Length	用户数据

4.3 监测中心上位机软件设计

监测中心上位机软件主要负责实时数据接收及原始数据查询等相关功能。在本书中，主要介绍系统开发环境及系统主要功能，其中将主要论述 GPRS 传输及套接字编程，其他常规开发将略述，如利用 Dataset 进行数据存取、数据表格展示、COM 串口控制等。

4.3.1 系统开发应用环境

远程数据中心自动监测软件采用三层 C/S 结构（客户机/服务器）架构体系，选择 Microsoft. NET Framework 2. 0 作为开发平台，C# 作为开发语言，利用 COM+组件技术，使用 Microsoft Windows Server2003 操作系统，采用 MS SQL Server2000 Enerprise 数据库技术平台，实现数据的管理和发布。其设计原理如图 4-8 所示。

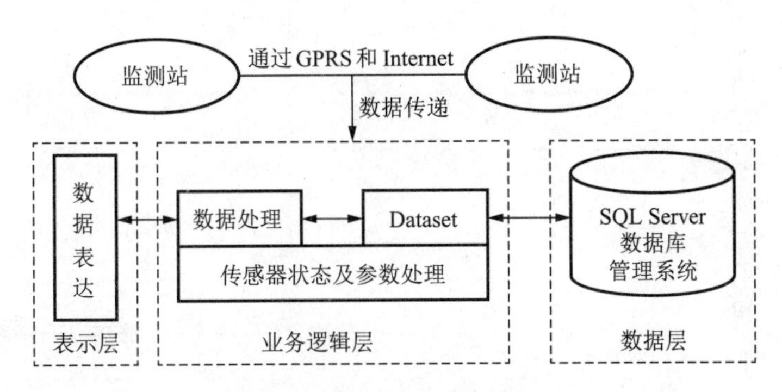

图 4-8 自动监测软件设计原理

Fig. 4-8　The design schematic of automatic monitoring software

系统分为表示层、业务逻辑层和数据层。各层功能如下：

（1）表示层：负责与用户交互，接收用户的输入信息并将服务器端传来的数据呈现给客户。

（2）业务逻辑层：负责接收用户传来的请求并将请求传给数据层，同时将用户请求的结果发给客户端。

（3）数据层：操纵数据为业务逻辑层提供数据服务，如存储数据操作结果、返回数据检索结果等。

4.3.2 功能设计

监测中心上位机软件主要功能如下：

（1）自动监测上位机软件主要功能之一就是实时掌握水质参数的变化情况，它需要一天 24 小时不间断监测水质参数，以及反映整个系统的巡行状况。软件接收环境监测数据采集器通过 GPRS 发送的数据，实现水质自动监测功能，通过数据和图表形式可视化展示；监测参数包括温度、pH、电导率、浊度、DO、水位、氨氮、硝酸盐氮、叶绿素-a 和部分原始参数或导出参数，例如盐度、TDS、水压等。

图 4-9 为水质自动监测软件主界面示意图。主界面中会显示各个参数的实时监测曲线图，我们可以通过点击“实时监测”->“显示参数”选择需要实时监测的参数。主界面

中实时监测曲线图是自定义的子控件，在父控件 panel 中自动排列，选择图后可以用鼠标进行拖动缩放，以便于选择更好的布局和监测曲线显示。另外，横坐标显示时间间隔可通过“实时监测”->“图像坐标”进行修改，纵坐标为系统根据数据传输需求自动设置的。选择“实时监测”->“实时监测滚动显示”可用于显示最新监测数值。

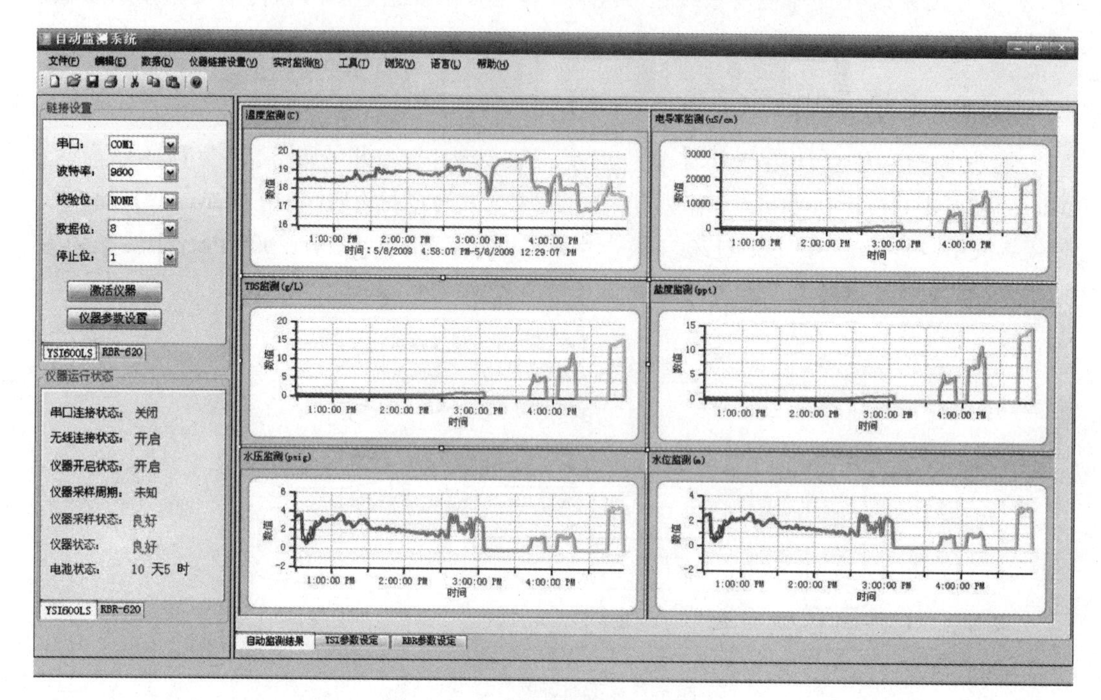

图 4-9 水质自动监测软件主界面

Fig. 4-9 The main interface of water quality automatic monitoring software

（2）报警功能，主要包括水质参数超标报警功能和 GPRS 异常传输报警功能。

当发生突发性环境污染事故的情况，水质监测参数会超出正常指标，软件会自动弹出监测异常数据显示界面，可及时通知监测管理人员，以便能采取及时有效的措施；软件还能记录报警的具体信息，为查询分析提供有效的数据。水质报警预设参数根据水质量标准，可人工修改各项报警指标数值。

当 GPRS 传输数据异常、GPRS 无数据传输、监测传感器监测异常、传感器供电不足等情况发生时，软件也会在异常数据显示界面显示，并且保存异常结果，能够及时提醒工作人员相关信息。

（3）能够将自动监测数据保存到数据库中，进行数据统一管理和发布，这也为数据资料长期保存提供基础，并且也能为接下来所论述的水环境质量评价及预测提供基础数据资料。

（4）实现数据报表功能，能够对保存在数据库中的水质历史数据进行查询分析，例如五分钟数据查询、小时数据查询、月数据查询等功能。还包括报警数据查询、仪器参数查询等功能。

（5）其他功能，例如参数设置（图 4-10）、串口设置、传感器运行状态显示、网络传输设置等功能。

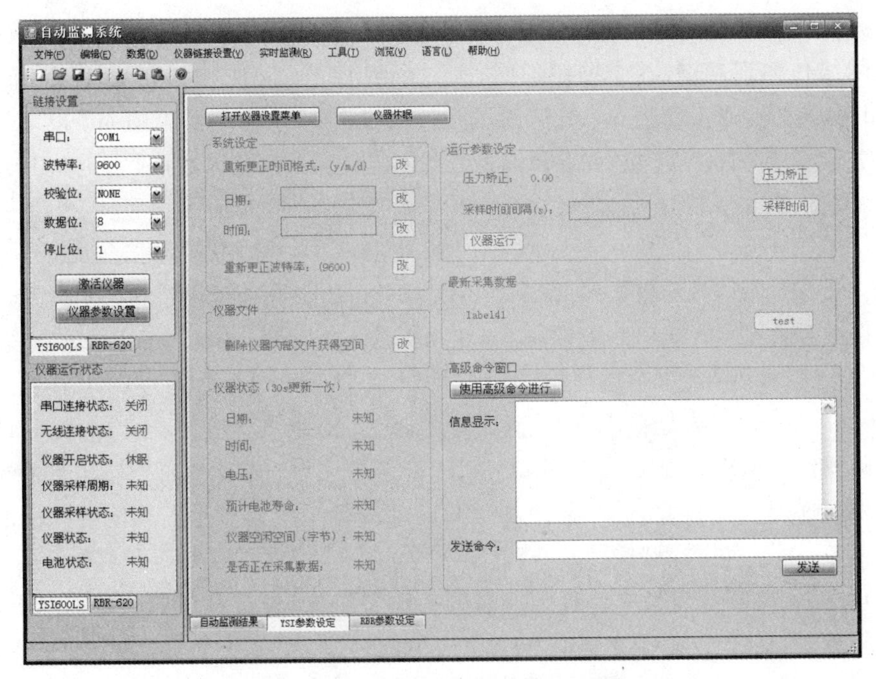

图 4-10　自动监测仪器参数设定界面

Fig. 4-10　The parameter setting interface diagram for the monitoring instruments

4.3.3　GPRS 传输及套接字编程

为使上位机和下位机通过 GPRS 通信，我们必须正确理解传输方式，这样才能正确进行上位机和下位机编程。

在公网 IP 地址匮乏的情况下，我们提出了网络地址转换（NAT，Network Address Translators）和网络地址/端口转换（NAPT，Network Address/Port Translator）的概念，它的主要目的就是为了能够地址重用。

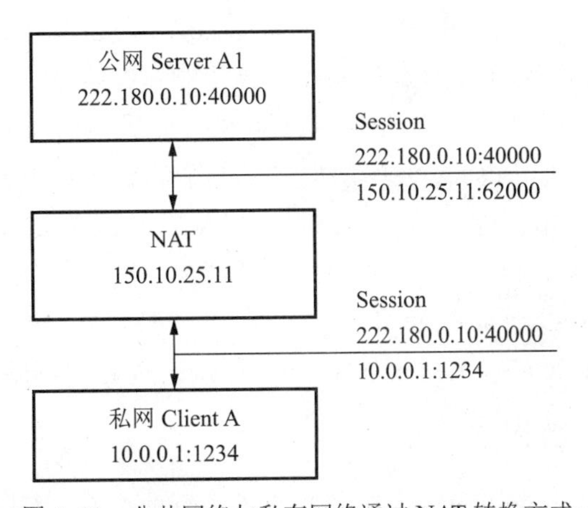

图 4-11　公共网络与私有网络通过 NAT 转换方式

Fig. 4-11　The data conversion between public network and private network through the NAT

在本书中，GPRS 无线传输装置和公网 Internet 进行数据传输，我们忽略复杂的数据传输、协议转换过程，而从编程及传输角度考虑，可以理解为一个或多个 Client 设备和公网 Server 通信的过程，如图 4-11 所示。假如有一个私有网络 10. 0. 0. 1，Client A 是其中的一台网络传输客户端，这个网络的网关（一个 NAT 设备）的外网 IP 是 150. 10. 25. 11。如果 Client A 的一个 UDP Socket，试图访问外网主机 222. 180. 0. 10 的 40000 端口，那么当数据包通过 NAT 时，首先 NAT 会改变这个数据包的原 IP 地址，改为 150. 10. 25. 11。接着 NAT 会为这个传输创建一个 Session，并且给这个 Session 分配一个端口（例如 62000）。所以本来是 10. 0. 0. 1：1234 -> 222. 180. 0. 10：40000 的数据包到了互联网上转变为 155. 99. 25. 11：62000 -> 222. 180. 0. 10：40000。一旦 NAT 创建了一个 Session 后，NAT 会记住 62000 端口对应的是 10. 0. 0. 1 的 1234 端口。这样 Client A 就与 Server A1 建立起了一个连接，这个过程称之为 UDP Hole Punching（意译为 UDP 打洞）。公网 222. 180. 0. 10：40000 发送到 62000 端口的数据会被 NAT 自动地转发到 10. 0. 0. 1 上。

因此我们在编程过程中，应该注意 GPRS 必须合理设置心跳时间。在测试的过程中，我们发现心跳时间的设置为 20 分钟，并没有掉线，但是我们参考了其他设置标准，一般 DTU 设置在 3 分钟以内，这样保证 DTU 发送地址在 NAT 上的映射不会消失。

UDP 是 OSI 参考模型中一种无连接的传输层协议，提供面向业务的简单不可靠信息传送服务，但是由于其 UDP 具有包头含很少的字节，比 TCP 负载消耗少，传输速率快等特点，使 UDP 得到广泛应用。我们采用的数据报套接字进行 UDP 的 socket 编程。首先加载并引用 .NET 的 Sockets 类库（using System. Net; using System. Net. Sockets; using System. Runtime. InteropServices）。创建 udpDataSend 和 udpDataReceive 两个基类实现套接字 IP 和 Port 绑定及数据接收和发送功能。在此过程中，必须正确合理使用委托，实时断点监测数据表达方式，避免编程过程中出现的数据操作问题。在 UDP 传输过程中，数据操作最为重要，数据传输过程中遵循特定格式，例如 GPRS 包头 16 字节，传感器数据传输格式等，所以 udpDataReceive 和 udpDataSend 接收和发送的字节流必须通过自定义的大量正则表达式的验证。例如下面代码所述，为 YSI 传感器通过 GPRS 传输的 Data（去除包头后的数据）正则表达式验证：如果某一字节不能通过验证，再进行下一数组结合匹配，因为数据传输字节存在一定长度；如果数据量过大，则会超过该数组存储长度而保存到下一数组中。虽然 C#. NET 中存在自动释放托管资源机制（通过 protected override void dispose（bool disposing）来实现），但是还应注意及时释放已使用完毕的资源，通过 .NET 的 CLR 强制机制（例如使用 using 或手动清空），关闭套接字，释放数组内存等。

```
string strRegex = "\\d{4}/\\d{2}/\\d{2}\\s\\d{2}:\\d{2}:\\d{2}\\s.{1,7}\\s.{1,7}\\s.{1,7}\\s.{1,7}\\s.{1,7}\\s.{1,7}\\s.{1,7}";
Regex reg = new Regex(strRegex);
MatchCollection matches = Regex.Matches(tempstrData1, strRegex).
```

4.3.4 水质监测数据库设计

数据库的架设和集成按照中华人民共和国水利行业标准《水质数据库表结构与标识符规定》（SL 325—2005）、《实时雨水情数据库表结构与标识符标准》（SL 323—2005）、《基础水文数据库表结构及标识符标准》（SL 324—2005）进行设计。

区域性水质监测所需要采集的数据往往较多，数据量会随着监测点的数量及区域范围的增大而成倍增加，所以如何快速导入导出数据、如何快速查询数据并将其运行的结果快速返回到客户端将成为关键。参考青岛市水文局服务器端架设的 SQL Server2000 Enterprise 数据库，我们亦采用该数据库，保证了监测数据导入、导出和查询的高效性与数据管理和分析的灵活性。并且服务器端采用存储过程实现对数据的统一操作，执行与数据有关的一切任务，再将结果传给客户端。这样就避免了频繁的数据库表操作，提高了运作效率和访问速度。

我们根据系统架设需求、数据本身的内在联系及对象的属性信息，将数据归为 3 类：基本信息类表、监测信息类表、评价信息类表和预测信息类表。

基本信息类表用于存储水质站点信息、水功能区信息、用户授权信息等基本信息（表 4-3）；监测信息类表用于存储各类水质监测信息，包括监测时间、监测项目名称、监测浓度等（表 4-4）；评价信息类表用于存储不同评价对象和不同评价方法或要求经分析而生成的信息，及与评价过程有关的信息；预测信息类表用于存储用户水质预测数值信息和每次预测输入参数等信息及生成的信息。

表 4-3　水质监测站基本信息表字段定义

Table 4-3　The definition of the basic information field for water quality monitoring site

序　号	字段名称	类　型	单　位	主　键	备　注
1	STCD	C（8）		Y	测站编码
2	STNM	C（30）			测站名称
3	STGRD	C（1）			测站等级
4	HNNM	C（30）			水体名称
5	LGTD	N（7）	（°）、（′）、（″）		经度
6	LTTD	N（6）	（°）、（′）、（″）		纬度
7	MNFRQ	N（8）	次/a		监测频次
…	…	…	…	…	…

表 4-4　监测指标数据表字段定义

Table 4-4　The definition of monitoring parameter field

序　号	字段名称	类　型	单　位	主　键	备　注
1	STCD	C（8）		Y	测站编码
2	LYNM	C（1）			层面编号
3	PRPNM	C（1）			垂线编号
4	WBTP	C（1）		Y	水体类型
5	SPT	T			时　间
6	WT	N（3,1）	℃		水　温
7	pH	N（4,2）			pH
8	COND	N（5）	μS/cm		电导率
…	…	…	…	…	…

基于GIS的水质预警软件设计

本章所采取的基于GIS管理信息系统的开发，旨在利用组件式GIS技术搭建高效、稳定的平台，以适用于大多数地表水体水质评价和预测及基本的水文信息管理。另外，软件具备了良好的可视化性能和便捷的信息提取与查询功能，能够帮助相关部门的决策者更好地针对水质状况进行管理和维护。本系统以户ArcEngine作为开发组件，主要以MS SQL Server数据库技术，辅以Geodatabase，实现了包括基础地理信息管理、水文资料管理、水质评价、水质预测等多功能的水质预警软件。

5.1 系统开发应用环境

基于GIS的水质预警软件采用三层C/S结构（客户机/服务器）架构体系，选择Microsoft. NET Framework 2. 0作为开发平台，C#作为开发语言，利用COM+组件技术，使用Microsoft Windows Server 2003操作系统，采用MS SQL Server 2000 Enerprise数据库技术平台，实现数据的管理和发布；并且系统基于AE（Arc Engine）开发，利用地理信息系统综合分析地表水体水质现状及未来变化趋势，提供水质安全预警。

5.2 系统架构

系统采用C/S架构模式，其设计原理如图5-1所示。

数据层中数据库由水质预警信息数据库、GIS空间数据库和水质自动监测数据库三部分组成。该系统与自动监测软件同步开发，使用同一信息格式，能够与自动监测数据库数据存取实现完美结合；GIS空间数据库主要用来存储与应用相关的地理空间数据；水质预警信息数据库主要保存与水质评价和水质预测相关的信息。

业务逻辑层主要负责空间数据分析、时间序列存取(Time Series Data Access, TSDA)、数据基础资料分析、数据过滤、水质评价和预测分析等功能。

表示层主要负责各项数据的可视化展示与操作。

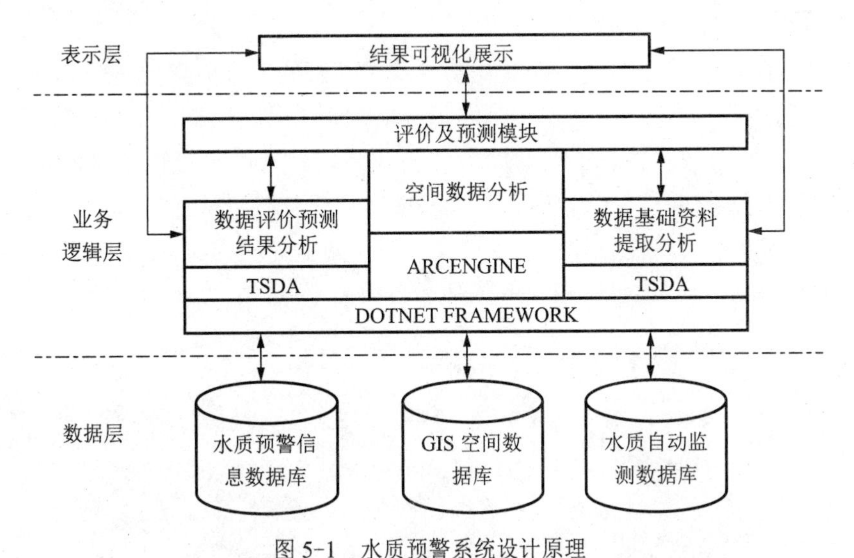

图 5-1　水质预警系统设计原理

Fig. 5-1　The design architecture of water quality early warning system

5.3 基于 AE 的二次开发

5.3.1　Arc Engine 控件技术

随着组件式 GIS 技术成为 GIS 软件开发的主流,国内外著名 GIS 公司相继推出了各自的 GIS 组件,例如 Geomedia、MapX 和 ArcObjects(简称 AO)等。AO 是美国 ESRI 公司推出的基于 COM 技术的组件对象库[140]。AO9.0 包含了几千个接口和总计近万个组件,包括上万个事件和方法,结合详细的说明文档和组件模型对象图,几乎可以实现大部分的 GIS 功能,AO 也得到了全球的广泛应用。AO 组件库根据不同的功能模块定义了组件库,每个库里包含实现具体功能的接口,而每个接口中包括属性和方法。

虽然 ArcObjects 组件功能强大,但其最大的局限在于并非独立的应用产品,无法脱离 AcrGIS 平台运行,针对这一缺点,ESRI 公司在 AO 中选取了包含几乎绝大多数常用 GIS 功能的组件,单独封装成为 Arc GIS Engine(即 Arc Engine,以下简称 AE)。AE 能够进行跨平台开发,作为 Axc GIS 软件产品的底层组件,开发者使用 AE 开发包构建具有特殊需求的应用程序。同样,AE 开发包包括三个关键部分:控件、工具条和对象库。控件是 GIS 系统用户界面的组成部分,常用控件包括地图控件、图层管理控件等;工具条是一些常用 GIS 工具集合;对象库是可编程 AE 组件的集合,包括几何形体、显示图形、地理数据库和三维分析等一系列库表,据此可开发出从低级到高级的各种定制的应用[141～147]。

5.3.2 基本功能

（1）用户界面定制。美观、友好且简便易用的图形化界面是用户界面定制的方向。本书开发的用户界面如图 5-2 所示。整个系统由菜单栏、工具栏、左侧面板、右侧面板、中部选项卡组成。

菜单集成了系统的所有功能；工具按钮集成了系统的大部分常用的功能，主要为 GIS 图形管理功能，方便用户操作；左侧面板包括图层管理功能（图层显示 / 隐藏、图层属性查看 / 修改等），站点管理功能（站点的增加、编辑和删除），水质参数管理和鹰眼功能；右侧面板主要包括服务器信息链接管理、数据提取操作管理、图层属性信息管理及各种属性查询。中部选项卡实现的功能包括地表水可视化图形图像管理、数据提取操作、水质评价和水质预测等功能。

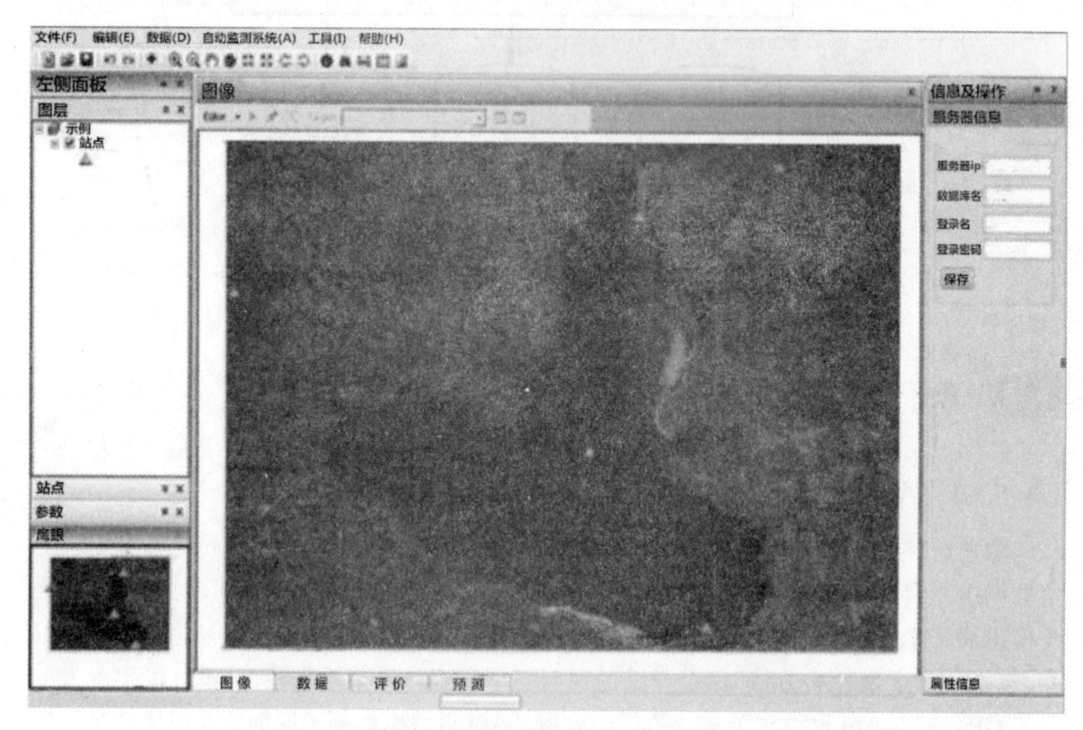

图 5-2 地表水水质预警软件主界面

Fig. 5-2 The main interface of early warning software for surface water quality

（2）基于 AE 软件的控件编程。

① 创建地图应用。我们创建该软件的目的为适用大多数地表水体水质评价和预测功能。所以当我们第一次使用该软件时，软件没有基础空间信息。我们可以通过选择文件 -> 新建 mxd 地图文档；可以在工具栏“添加图层”中添加新的 shp 等图层；关于一个流域的底图我们可以直接拖送到左侧面板中，然后修正其地理坐标系，对该底图进行地理坐标订正；订正后的底图上，我们可以通过 Edit 工具加点并修改其监测点属性，在该系统中，集成了水质监测属性，加注并修改的点位属性将被系统初始化为监测站自动保存到数据库中。

在 Visual Studio. NET 环境中使用 AE 进行上述的 GIS 应用程序开发，首先要引用

ESRI inerop 等所需求的程序集（Interop Assemblies）。首先我们拖动 MapControl 控件到相应位置，其实现管理控件的外观、地图属性显示、添加并管理控件数据层等功能。其次，我们使用 TOCControl，让其与 MapControl 实现联动，其实现了 IActiveView 接口对象协同工作。TOCControl 以树型结构显示其 MapControl 中的地图、图层及符号的内容表示图。

② 图层缩放和漫游等功能。AE 类库中提供了一些基本地图操作，如地图放大、缩小、平移、漫游等基础功能。在本书中，主要通过改变设置 m_BasicOperationTool 不同鼠标的不同状态，来区分实现的各种功能，例如当我们点击放大时，触发 MapControl1_OnMouseDown 函数，设置上述变量为 isZoomOut，然后令 objEnvelope = axMapControl1. TrackRectangle ( )；设置 objEnvelope 的 X 和 Y 坐标值，最后赋予 axMapControl1. Extent = objEnvelope。

③ 信息查询功能。信息查询包括坐标查询、地图图元查询、图元数据集属性查询等。AE 类库提供了点、矩形、多边形等多种地图图元查找方式，当用户通过鼠标选择在地图上的或地图左面板中的树状图元时，将在地图上高亮显示查找到的图元。用户可以通过属性查询方式来查询地图图元的各种属性或参数。在编程过程中，首先需要创建并绑定图层数据集，使用接口 IFeatureLayer 通过名称来定位到图层，例如 p Feature Layer = ax Map Control1. get_Layer（combo Box1. Selected Index）as I FeatureLayer; I Feature Class p Feature Class = p Feature Layer. Feature Class; 读取 Field Count 的数目，int Field Count = p Feature Class. Fields. Field Count; 最后通过 for 循环遍历所有的 IField 进行属性查询。同样方法或者将 I Feature Layer 转化为 ILayerFields 类，进行字段查询。

数据经纬坐标显示可使用坐标定位，例如当鼠标移动时触发某一函数，然后函数通过定义 I Map Control Events 2_On Mouse Move Event e，我们可以直接使用 e. map X 和 e. map Y 显示经纬坐标。

④ 空间数据符号化。AE 提供了丰富的符号组件满足题图设计中的要求，组件对象包括 Renderer、Color、Symbol 等，我们通过这些组件对象合作来完成。系统提供颜色管理、Symbol Selector、Marker Symbol、Line Symbol、Text Symbol 等对象对矢量图像，矢量文本等进行修饰或者编辑。例如在制作专题图时，先把需要做色的要素放入图层选择集，使用 Create Selection Layer 方法将它们新建于一个新 Layer 上，使用 ITable 接口获得图层并对其着色，其中 Feature Renderer 子类负责了大量类型的着色运算。

5.4 水质评价及预测

5.4.1　水质评价

水质评价是地表水水污染预警的基础，评价对象为已经获得水质监测数据的水体，评价过程中所需要的数据由数据提取面板从监测数据库中自动提取，评价过程隐藏在系统后台进行。

软件水质评价方法主要采用了单因子评价法和模糊综合指数评价法，其中模糊综合评价法使用第四章所论述的方法。

在“数据”菜单中，我们可以将评价结果、评价人信息、评价参数、评价时间等各种信息上传到水质预警信息数据库中，以便为以后的数据查询使用。地表水评价界面如图 5-3 所示。

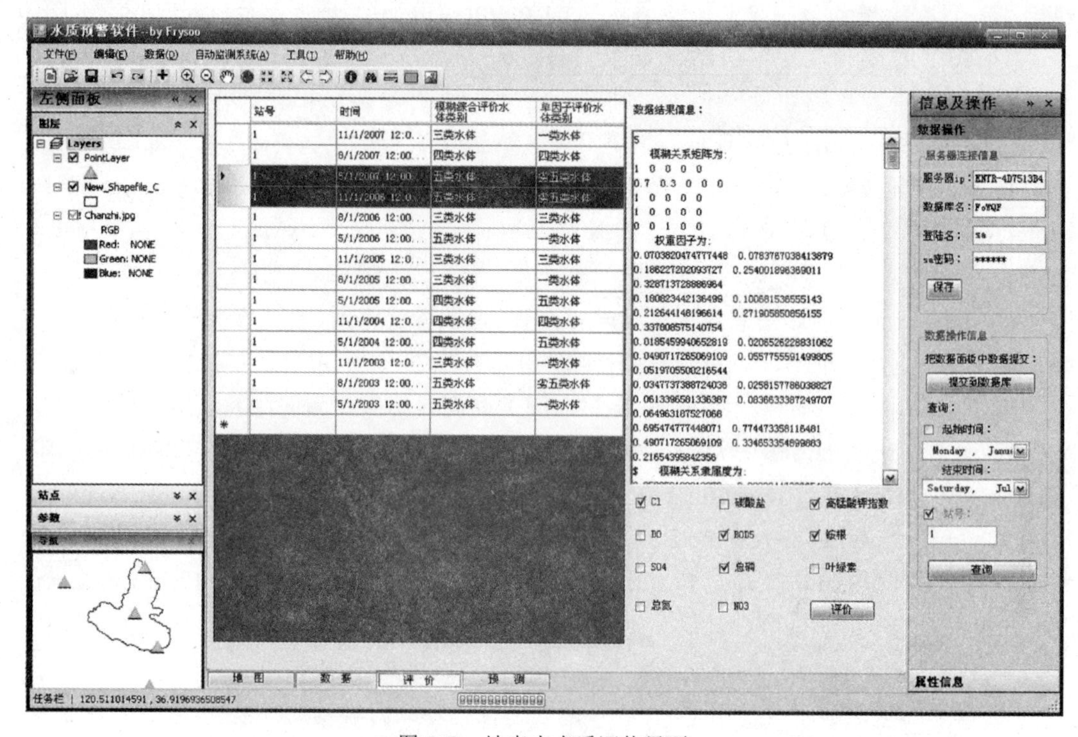

图 5-3　地表水水质评价界面

Fig. 5-3　The interface of surface water quality evaluation

5.4.2　水质预测

地表水水质预测也是水质预警的基础，本软件主要采用 BP 人工神经网络预测方法。本软件中，根据输入向量的时间序列可分为单时间序列输入预测和多时间序列输入预测。图 5-4 界面描述的是单时间序列输入预测，因为单时间序列预测有其独特的优势，我们常用于突发性污染事故预测或周期性较明显的预测。根据我们以前的模拟经验，例如丰水期、平水期和枯水期温度，DO，pH 等可用单时间序列输入预测。另外，对于突发性污染事故，用时间序列模拟其突增的过程，模拟也较准确。但是我们在模拟突发性污染事故中，必须注意数据归一化过程中数据上限的问题，其上限的大小影响结果的准确性。另外，我们在高级选项中，可以选择多时间序列输入，例如模拟叶绿素 -a 爆发时，模型中的输入向量一般包括温度、pH、DO、总磷、硝酸盐、铵盐和叶绿素 -a，其余参数与时间序列输入预测相似。

监测数据是水质预测的基础，时间序列是监测数据的主要存在形式。由于监测手段或监测周期的差别，一些数据可能不符合我们所要求的 BP 水质预测的要求。因此，在进行预测之前，用户必须清楚如何选用某时间段的监测数据和预测时间段等相关信息，对不符合要求的数据要进行过滤。为此，系统设计了 TSDA 预测过滤分析模块，该模块功能包括两点：分析时间序列是否等时间间隔；时间序列的数据是否超出设定的阈值。对于提取的异常数据不能通过该模块的监测，某些数据行、列或者单元格将被标注为高亮或者红色背景，提醒用于用户异常数据会引起预测的误差。

在“数据”菜单中，我们可以将预测结果、预测人信息、预测参数、预测时间等各种信息上传到水质预警信息数据库中，以便为以后的数据查询使用。

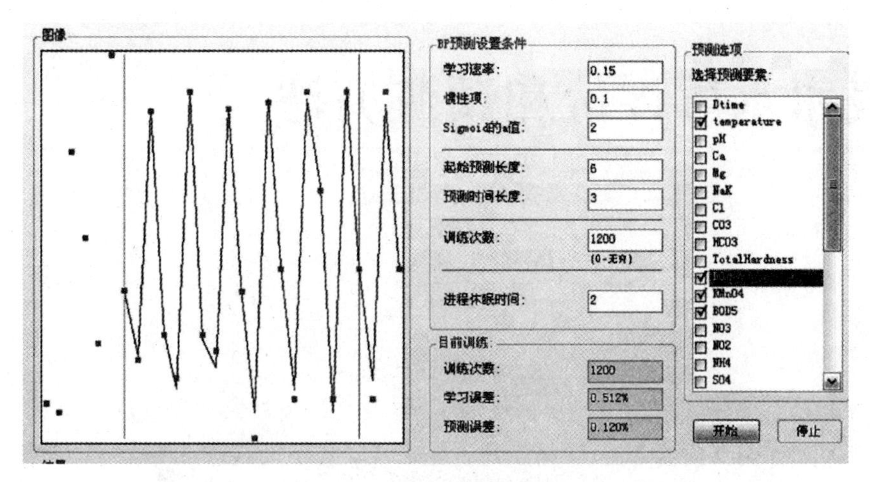

图 5-4　地表水水质预测界面

Fig. 5-4　The interface of surface water quality prediction

5.4.3　水质警示的显示

由于数据本身的区域性和时间性的限制，软件主界面默认显示当前和未来水质警示标签，当监测点的水质评价结果高于三类水体时或者水质预测结果超过自定义的浓度值时，该点将自动标注标签。标注的标签的背景颜色由蓝至红组成，用于表示水质评价或者水质状况的程度。每个监测点在数据库中都有唯一的 ID 标识，当鼠标划过地图上的监测点时，软件会自动根据监测点的 ID 索取数据库内容并显示相关简要信息，并且我们通过点击可以查看评价或者预测的详细内容。

地表水水质评价和预测方法

本章通过对比研究单因子指数评价法、一种改良的模糊综合评价法、BP 人工神经网络预测、SVM 分类及预测方法，分析上述方法在水质评价及预测中的优劣，并对一定时期的水质状况进行分析、评价，对其发生及其未来发展状况进行预测，确定水质的状况和水质变化的趋势、速度以及达到某一变化限度的时间，选取具有代表性评价及预测方法作为预警系统的评价方法。

6.1 支持向量机在地表水水质评价中的应用

支持向量机（Support Vector Machine, SVM）是由统计学习理论发展起来的一种新型学习机器，它以结构风险最小化原理为理论基础，具有逼近复杂非线性系统、较强的学习泛化能力和良好的分类性能。因其为新兴的水质评价算法，本书尝试使用 SVM 方法进行水质评价，分析其数据评价的稳定性、准确性和编程应用的简单性。

6.1.1 SVM 模型构建平台

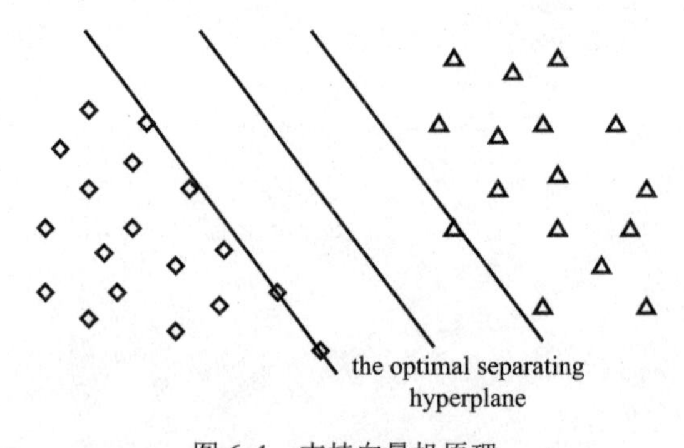

图 6-1 支持向量机原理

Fig. 6-1 Principles of Support Vector Machine

SVM 的核心技术是构建最优超平面。其基本思想可用图 6-1 所示的二维情况说明。图中菱形点和三角点分别代表两类样本，SVM 方法就是在高维空间中找到图中所示的最优超平面，并且将两类样本正确分开。

两类分类（实质是求解最优化问题）的算法在 LIBSVM 软件包中已经实现，LIBSVM[148] 是台湾大学林智仁博士等开发设计的一个操作简单、易于使用、快速有效的通用支持向量机软件包，可以解决分类问题（包括 C- 支持向量分类机、V- 支持向量分类机），回归问题（包括 ε- 支持向量回归机、V- 支持向量回归机）以及分布估计（one-class-SVM）等问题，提供了线性、多项式、径向基和样条式函数四种常用的核函数供选择，可以有效地解决多类问题、交叉验证选择参数、对不平衡样本加权、多类问题的概率估计等。

本书在构建模型的过程中使用广泛使用的 C- 支持向量分类机 [149]，视不同的分类方法，选用的核函数有样条式核函数（二叉树法）和径向基核函数（“一对多”法）。

6.1.2　分类方法的选取

通常讨论的分类问题是针对两类分类问题，但实际上还会遇到多类分类问题，水环境质量综合评价（地表水水质分为 5 类）就属于多分类问题，目前多类分类方法 [150～153] 也比较多，主要有“一对多”法、“一对一”法、决策导向非循环图（DDAG）法，基于线性规划和超球面法、纠错输出编码法、二叉树法等，其中，“一对多”法是最早实现 SVM 对多类别进行分类的方法且应用也比较广泛。

本书在选取分类方法时，针对各种方法的优缺点，选择“一对多”法 [154] 和二叉树法进行进一步的数值实验对比分析，选取训练样本并建立模型后，结果显示对于新的输入值，“一对多”法在大部分情况下将其判定为不属于任何一类，即其推广能力较差，而二叉树法不会出现这种现象，因此选取二叉树的多类分类方法来构建水质评价的模型。

二叉树法的基本思想是将数据按顺序从根节点开始计算决策函数，根据值的正负决定下一节点，如此下去，直到到达值为正的某一叶节点为止，此叶节点所代表的类别就是测试样本的所属类别。二叉树可以有多种不同的结构，对于不同的结构，其分类精度有较大差别，得到的结果也可能不同，本书初步选用的是如图 6-2 所示的最基本的二叉树结构（以下称为 1-5 二叉树结构）。

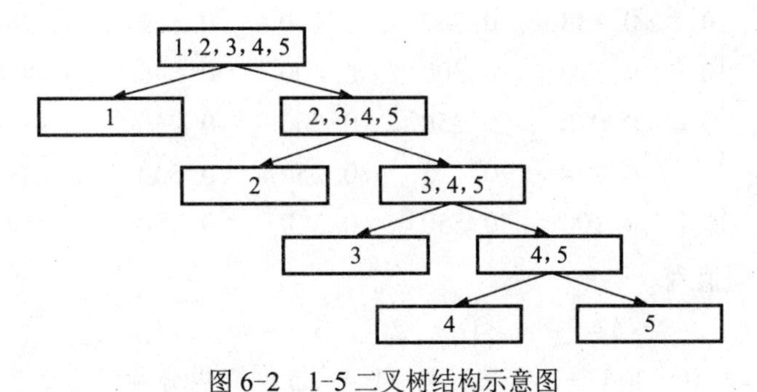

图 6-2　1-5 二叉树结构示意图

Fig. 6-2　The schematic diagram of 1-5 binary

6.1.3 模型构建及验证

（1）训练样本的选取。根据中华人民共和国国家标准《地表水环境质量标准（GB 3838—2002）》，地表水环境质量的影响因素有pH、溶解氧、五日生化需氧量、总磷、锌铬铅等金属、挥发酚、粪大肠菌群等24个，综合考虑各种影响因素，选取了以下6个参数作为主要影响因子来进行水质评价（表6-1）。

为减少各个因子之间的量级差异，建模时对标准中的因子各级数据值进行归一化无量纲处理。使用极差化处理方法将其归一化至区间[0,1]：

$$\tilde{x}_{ij}=\frac{x_{ij}-x_{\min i}}{x_{\max i}-x_{\min i}} \tag{6-1}$$

其中，$i=1,\cdots,6$；$j=1,\cdots,5$。$x_{\max}$，$x_{\min}$分别为标准中各项目因子的最大值与最小值。

表6-1 地表水水质评价标准（mg/L）

Table 6-1 Surface water quality assessment standard (mg/L)

序 号	项 目 \ 标准值 \ 分 类		Ⅰ类	Ⅱ类	Ⅲ类	Ⅳ类	Ⅴ类
1	溶解氧	≥	7.5	6.0	5.0	3.0	2.0
2	高锰酸盐指数	≤	2	4	6	10	15
3	五日生化需氧量	≤	3	3	4	6	10
4	氨氮	≤	0.15	0.50	1.00	1.50	2.00
5	总磷	≤	0.010	0.025	0.050	0.100	0.200
6	总氮	≤	0.2	0.5	1.0	1.5	2.0

由标准看出，溶解氧的数值是随着水质级别的增加而减小的，为减小其可能造成的误差，将其转变为随着水质级别的增加而增加。本模型在构建时采取的办法是$X_{ij}=10-X_{ij}$，评价标准中溶解氧项目一栏变为2.5、4.0、5.0、7.0和8.0。

由式6-1得到规范化矩阵如下：

$$A=\begin{vmatrix} 0 & 0.313 & 0.500 & 0.625 & 0.875 & 1.000 \\ 0 & 0.133 & 0.267 & 0.400 & 0.667 & 1.000 \\ 0 & 0.300 & 0.300 & 0.400 & 0.600 & 1.000 \\ 0 & 0.075 & 0.250 & 0.500 & 0.750 & 1.000 \\ 0 & 0.050 & 0.125 & 0.250 & 0.500 & 1.000 \\ 0 & 0.100 & 0.250 & 0.500 & 0.750 & 1.000 \end{vmatrix}$$

其对应的级别值为

$$a=\begin{vmatrix} 0 & 1 & 2 & 3 & 4 & 5 \end{vmatrix}$$

由标准可知，在0～1，1～2，2～3，3～4，4～5区间内分别对应地表水水质的Ⅰ、Ⅱ、Ⅲ、Ⅳ、Ⅴ类水。

按随机均匀分布内插生成训练样本，为减小因样本数不均衡造成的误差，使每一个两类分类器中正负类样本数目相等，本模型均选为1 000。然后按照图6-2所示二叉树结构构造各个两类分类器，在 MATLAB 环境下[155]利用 LIBSVM 工具箱中的函数建立各个正负类样本的分类模型，下面以第一个分类器为例说明其用法。

第一个分类器是将Ⅰ类水与Ⅱ、Ⅲ、Ⅳ、Ⅴ类水分开，则在Ⅰ类水与Ⅱ、Ⅲ、Ⅳ、Ⅴ类水中使用 MATLAB 自带的函数按随机均匀分布各生成 1 000 个训练样本，程序代码如下：

```
M = 1 000; N = 1;
A01 = unifrnd(0. 000, 0. 313, M, N); A15 = unifrnd(0. 313, 1. 000, M, N);
B01 = unifrnd(0. 000, 0. 133, M, N); B15 = unifrnd(0. 133, 1. 000, M, N);
C01 = unifrnd(0. 000, 0. 300, M, N); C15 = unifrnd(0. 300, 1. 000, M, N);
D01 = unifrnd(0. 000, 0. 075, M, N); D15 = unifrnd(0. 075, 1. 000, M, N);
E01 = unifrnd(0. 000, 0. 050, M, N); E15 = unifrnd(0. 050, 1. 000, M, N);
F01 = unifrnd(0. 000, 0. 100, M, N); F15 = unifrnd(0. 100, 1. 000, M, N);
X1 = [A01, B01, C01, D01, E01, F01; A15, B15, C15, D15, E15, F15];
Y1 = [ones(M, 1); -ones(M, 1)]。
```

（2）选择参数来构建模型。首先选择核函数，根据 Vapnik 等人在研究中的发现，不同的核函数对支持向量机性能的影响不大，反而核函数的参数和惩罚因子 C 是影响支持向量机性能的关键，而这两个参数的选取也需要经验的支撑。对于非线性可分问题，常用的核函数有径向基核函数、多项式核函数、样条式核函数等，试用了其中的径向基核函数和样条式核函数，分类结果都较好，本书选用了样条式核函数。在选择参数 C 和 γ 时，鉴于初次使用，γ 选取了 LIBSVM 工具箱中函数的默认标准值 0. 5（实为 1/k，k 为类别数，此处为 2）。C 的选取用 10- 折交叉确认法来确定，交叉验证的基本思想是将样本点随机地分成 10 个互不相交的子集，进行 10 次训练与测试，每次训练时，选择其中一个子集作为测试集，其余子集的合集作为训练集，最后求其分类正确率。在 MATLAB 环境下采用下列程序实现交叉检验[156]：

```
bestcv = 0;
for log2c = - 5: 5,
    cmd = ['-v 10 -c', num2str(2^log2c), '-t 3'];
    cv = svmtrain(Y1, X1, cmd);
   if cv >= bestcv
     bestcv = cv; bestc = 2^log2c;
end
     fprintf('%g %g(best c = %g, rate = %g)\n', log2c, cv, bestc, bestcv);
end
```

程序运行结果显示 C 取 0. 03125～32 区间内的数值时，分类器均能将两类样本完全正确地分开，习惯上将 C 确定为 1 附近的数值，此两类分类器取 C 为 0. 9。因此模型 1 的建立程序如下(上接程序段 1)：

```
model1 = svmtrain(Y1, X1, '-s 0 -c 0. 9 -t 3');
W1 = svmpredict(Y1, X1, model1);
```

其中“-s”“-c”“-t”分别代表支持向量机类型、惩罚因子 C、核函数类型，W1 是一个取值只有 1 和 −1 的列向量，它表征了样本点所属的类别。Svmtrain 函数实际上实现了一个两类分类算法[157]，如下：

① 已知训练集 $\{(x_1, y_1), \cdots, (x_l, y_l)\} \in (X \times Y)^l$，其中 $x_i \in X, y \in Y \in \{-1, 1\}$

② 选取适当的核函数 $K(x, x')$ 和适当的参数 C，构造并求解最优化问题

$$\min \frac{1}{2} \sum_{i=1}^{l} \sum_{i=1}^{l} y_i y_j \partial_i \partial_j K(x, x') - \sum_{j=1}^{l} \partial_j$$

$$\text{约束条件} \quad \sum_{i=1}^{l} y_j \partial_i = 0, \tag{6-2}$$

$$0 \leqslant \partial_i \leqslant C, i = 1, \cdots, l$$

得最优解 $\partial^* = (\partial_1^*, \cdots, \partial_l^*)^T$；

③ 选取的 ∂^* 一个分量 ∂_j^* 并据此计算阈值 $b^* = y_j - \sum_{i=1}^{l} y_j \partial_i K(x_i, x_j)$；

④ 构造决策函数 $f(x) = \text{sgn}\left(\sum_{i=1}^{l} y_j \partial_i^* K(x, x_i) + b^*\right)$。

模型中所得出的支持向量就是那些对应于 $\partial > 0$ 的样本点，至此，第一个分类器构建完成。同样地，按图 6-2 所示的二叉树结构构造其余的三个分类器，然后在 MATLAB 中用 if-else 结构将各个分类器有机组合起来，最终形成确定水质级别的模型，以函数式 M 文件保存如下：

```
function GRADE（Y, X）
    model1 = ……;
    model2 = ……;
    model3 = ……;
    model4 = ……;
        W = svmpredict（Y, X, model1）;
    if      W > [0]
      fprintf（'GRADE: 1\n'）;
    else W = svmpredict（Y, X, model2）
      if W > [0]
        fprintf（'GRADE: 2\n'）;
      else W = svmpredict（Y, X, model3）
        if W > [0]
          fprintf（'GRADE: 3\n'）;
        else W = svmpredict（Y, X, model4）
          if W > [0]
            fprintf（'GRADE: 4\n'）;
          else
            fprintf（'GRADE: 5\n'）;
          end
```

```
      end
    end
  end
```

为检验模型的性能，按随机均匀分布在各分级标准之间内插生成一系列的检验样本[158～160]，代入模型进行测试，结果显示此模型能将各检验样本正确分开。

6.1.4　水质评价过程及结果

根据现有的数据资料，本书只对 1997～1999 年 6 月、9 月、11 月份的产芝水库水质进行评价，数据处理同样是采用极差化方法归一化至［0，1］区间范围内，以 1999 年产芝水库水质监测数据为例。原数据如表 6-2 所示。

表 6-2　1999 年产芝水库水质监测结果（mg/L）

Table 6-2　Water quality monitoring data of Chanzhi reservoir in 1999（mg/L）

月　份	站　点	溶解氧	高锰酸盐指数	BOD_5	氨　氮	总　磷	总　氮
6 月	入　口	8.10	4.00	2.40	0.21	0.03	0.41
	库　中	6.40	3.90	2.40	0.24	0.01	0.49
	出　口	6.60	3.90	2.60	0.18	0.02	0.46
9 月	入　口	5.50	4.20	2.60	0.32	0.06	0.56
	库　中	5.60	4.00	2.50	0.29	0.06	0.58
	出　口	5.70	3.90	2.40	0.29	0.06	0.58
11 月	入　口	7.50	3.60	2.40	0.24	0.05	0.57
	库　中	8.60	3.70	2.10	0.31	0.04	0.60
	出　口	9.30	3.40	1.90	0.29	0.04	0.60

将水质监测数据归一化，其结果如表 6-3 所示。

表 6-3　1999 年产芝水库水质监测数据归一化结果（mg/L）

Table 6-3　The normalized results of Chanzhi reservoir water monitoring data in 1999（mg/L）

月　份	站　点	溶解氧	高锰酸盐指数	BOD_5	氨　氮	总　磷	总　氮
6 月	入　口	0.238	0.267	0.240	0.105	0.150	0.207
	库　中	0.450	0.260	0.240	0.120	0.050	0.247
	出　口	0.425	0.260	0.260	0.090	0.100	0.228
9 月	入　口	0.563	0.280	0.260	0.160	0.300	0.281
	库　中	0.550	0.267	0.250	0.145	0.300	0.290
	出　口	0.538	0.260	0.240	0.145	0.300	0.289
11 月	入　口	0.313	0.240	0.240	0.120	0.250	0.285
	库　中	0.175	0.247	0.210	0.155	0.200	0.299
	出　口	0.087	0.227	0.190	0.145	0.200	0.298

注：溶解氧大于 10 mg/L 和小于 2 mg/L 的分别归一化为 0 和 1，而其余项目超过五类水标准的值均归一化为 1。

以 1999 年 6 月产芝水库入口的水质级别判定为例，在 MATLAB 中输入如下代码运行即可得水质级别：

X = [0. 238　0. 267　0. 240　0. 105　0. 150　0. 207]；

Y = [3]；（Y 可为任意实数）

GRADE（Y, X）

对现有数据进行评价后发现，除 1999 年 9 月产芝水库水质为Ⅱ类水外，其余全为Ⅰ类水，而产芝水库的水体功能应为Ⅲ类水，相差两个级别。因此尝试改变二叉树的结构，再进行水质评价。选用了如图 6-3 所示二叉树结构(以下称 5～1 二叉树结构)。

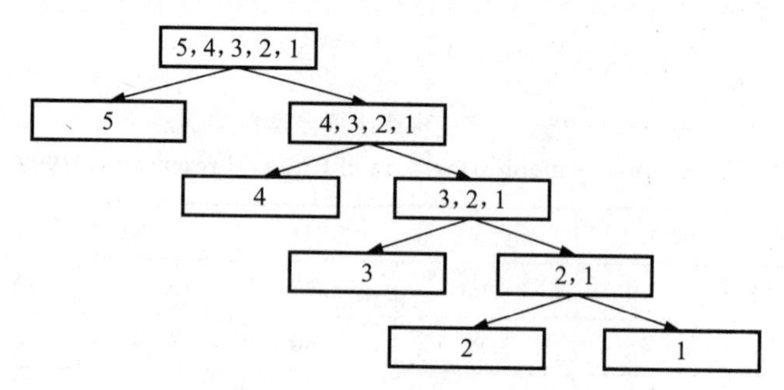

图 6-3　5-1 二叉树结构示意图

Fig. 6-3　The schematic diagram of 5-1 binary

其模型的建立过程、验证与 1-5 二叉树结构相同，只是构造各个分类器时训练样本的选取不同。结果显示较好。

6.2 模糊综合评价法在地表水水质评价中的应用

6.2.1 模糊综合评价构建

模糊综合评判法的原理可以用一数学模式来表示：

$$A \cdot R = B$$

式中：A—输入，由参评因子的权重经归一化处理得到的一个 $1\times n$ 阶行矩阵；R—“模糊变换器”，是由各单因子评价行矩阵组成的一个 $n\times m$ 阶模糊关系矩阵；B—输出，是要求的综合评判结果，它是一个 $1\times m$ 阶行矩阵的形式。

模糊综合评价以隶属度择近归类原则进行分类。本书借鉴了课题小组改进的模糊综合评价法，其基本步骤如下：

（1）评价因子和评价标准的选择与支持向量机法中的相同；

（2）确定模糊关系矩阵 R：首先根据隶属函数和实测值，计算各单项因子对于水质级别（评价标准）的隶属度，则每项因子经计算可得到 5 个级别的隶属度，一组有 5 个数，对于所选择的 6 项评价因子即可得到 6 组数值。

以计算高锰酸盐指数的隶属函数为例：

$$对Ⅰ类水：y_{21}=\begin{cases}1 & x_{k2}\leqslant 2\\ \dfrac{4-x_{k2}}{4-2} & 2<x_{k2}\leqslant 4\\ 0 & x_{k2}>4\end{cases}$$

$$对Ⅱ类水：y_{22}=\begin{cases}1-\dfrac{4-x_{k2}}{4-2} & 2<x_{k2}\leqslant 2\\ \dfrac{6-x_{k2}}{6-4} & 4\leqslant x_{k2}\leqslant 6\\ 0 & x_{k2}<2,\ x_{k2}>6\end{cases}$$

$$对Ⅲ类水：y_{22}=\begin{cases}1-\dfrac{6-x_{k2}}{6-4} & 4\leqslant x_{k2}\leqslant 6\\ \dfrac{10-x_{k2}}{10-6} & 6\leqslant x_{k2}\leqslant 10\\ 0 & x_{k2}<4,\ x_{k2}>10\end{cases}$$

$$对Ⅳ类水：y_{22}=\begin{cases}1-\dfrac{10-x_{k2}}{10-6} & 6\leqslant x_{k2}\leqslant 10\\ \dfrac{15-x_{k2}}{15-10} & 10\leqslant x_{k2}\leqslant 15\\ 0 & x_{k2}<6,\ x_{k2}>15\end{cases}$$

$$对Ⅴ类水：y_{22}=\begin{cases}0 & x_{k2}\leqslant 2\\ \dfrac{15-x_{k2}}{15-10} & 10\leqslant x_{k2}\leqslant 15\\ 1 & x_{k2}>15\end{cases}$$

以此类推，可以求得其他因子分别对五个级别水的隶属函数，从而得出模糊关系矩阵 R：

$$R=\begin{vmatrix}y_{11} & y_{12} & y_{13} & y_{14} & y_{15}\\ y_{21} & y_{22} & y_{23} & y_{24} & y_{25}\\ y_{31} & y_{32} & y_{33} & y_{34} & y_{35}\\ y_{41} & y_{42} & y_{43} & y_{44} & y_{45}\\ y_{51} & y_{52} & y_{53} & y_{54} & y_{55}\\ y_{61} & y_{62} & y_{63} & y_{64} & y_{65}\end{vmatrix}$$

同理，可求出要评价的所有监测点的模糊矩阵 R。

（3）权重的确定。传统模糊综合评判法中多采用“污染物浓度超标加权法”计算权重，因为其没有考虑不同水质级别之间各级标准值的变化幅度是不同的，而且不同污染物在相同水质级别之间标准值的变化幅度也不同。在此，本书选用聚类权法[161]确定各指标在不同级别中的权重，该法不仅考虑了样本的实测值，而且涉及地表水质量标准中各等级的标准值。聚类权法确定指标权重的计算方法如下：

设 A_{ij} 是第 i 个评价指标在第 j 个级别的权重，则其计算方法如下：

$$a_{ij}=\frac{C_i/S_{ij}}{\sum_{i=1}^{m}C_i/S_{ij}} \tag{6-3}$$

式中：a_{ij}—第 i 个评价指标在第 j 个等级的权重。

因此，聚类权法确定的第 j 等级的指标权重矩阵 A_j 为：

$$A_j=(a_{1j},a_{2j},\cdots,a_{mj}) \tag{6-4}$$

式中：C_i 为评价指标 i 的实测值；S_{ij} 为第 i 个指标第 j 等级的标准值，$i=1,2,\cdots,k$（评价指标数），$j=1,2,3,4,5$（水质等级）。

考虑评价因子对人体健康危害程度，修正聚类权法计算相对权重方法如下：

$$A_j^{*}=A_j\times\alpha \tag{6-5}$$

式中：α—修正系数，对溶解性总固体、总硬度、高锰酸盐指数、硫酸盐、氯化物等，α 取 0.6；对氟化物、氨氮、硝酸盐、亚硝酸盐、锰、重金属等，α 取 1.0。

最后再对修正后的权重进行归一化得到权重矩阵。

（4）模糊算子的选择。

本书采用“相乘相加型”的模糊合成算子进行模糊向量的复合运算。对应于第 j 类水质等级的相对隶属度 b_j 的计算公式为：

$$b_j=\sum_{i=1}^{m}a_i\cdot r_{ij} \tag{6-6}$$

其中，$\sum_{i=1}^{m}a_i=1$。

（5）模糊综合评价。

以 $B=(b_1,b_2,\cdots,b_5)$ 表示模糊综合评判结果向量，若设 $b_r=\max(b_1,b_2,\cdots,b_5)$，则被评对象隶属于第 r 等级，此即最大隶属度原则。由于最大隶属原则的使用是有条件的，存在有效性问题，故采用加权平均原则对模糊向量进行分析。

6.2.2 评价结果与分析

模糊综合评判法数据量宏大，重复工作量大，计算过程中容易出错，为了保证评价结果的准确性，本书采用自主开发的水质模糊综合评价软件（软件著作权登记号：2009SR051081）来进行评价过程的计算，其结果可靠、准确。软件使用流程为：

建立评价标准并保存⇨新建水样项目文件并保存⇨从 Excel 中导入评价数据⇨选择隶属函数及权重因子的计算方法⇨数据运算⇨把结果导出到 Excel。

软件操作流程和软件界面见图 6-4 与图 6-5。

将支持向量机法与模糊综合评价法进行比较，结果如表 6-4 所示。表中的水体功能类别是根据水库应实现的使用功能，选取相应类别标准，进行单因子评价的结果。此处是说明产芝水库符合地表水环境质量标准中规定的三类水的使用功能，即集中式生活饮用水地表水源地二级保护区、鱼虾类越冬场、洄游通道、水产养殖区等渔业水域及游泳区等。

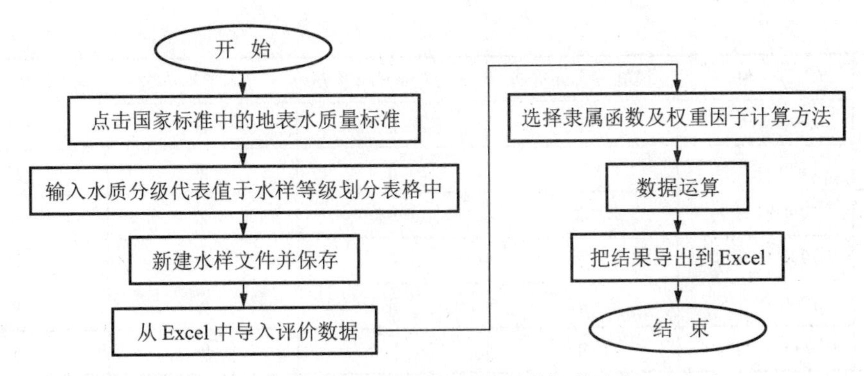

图 6-4　水质模糊综合评价软件操作流程

Fig. 6-4　The operational processes of water quality fuzzy comprehensive evaluation software

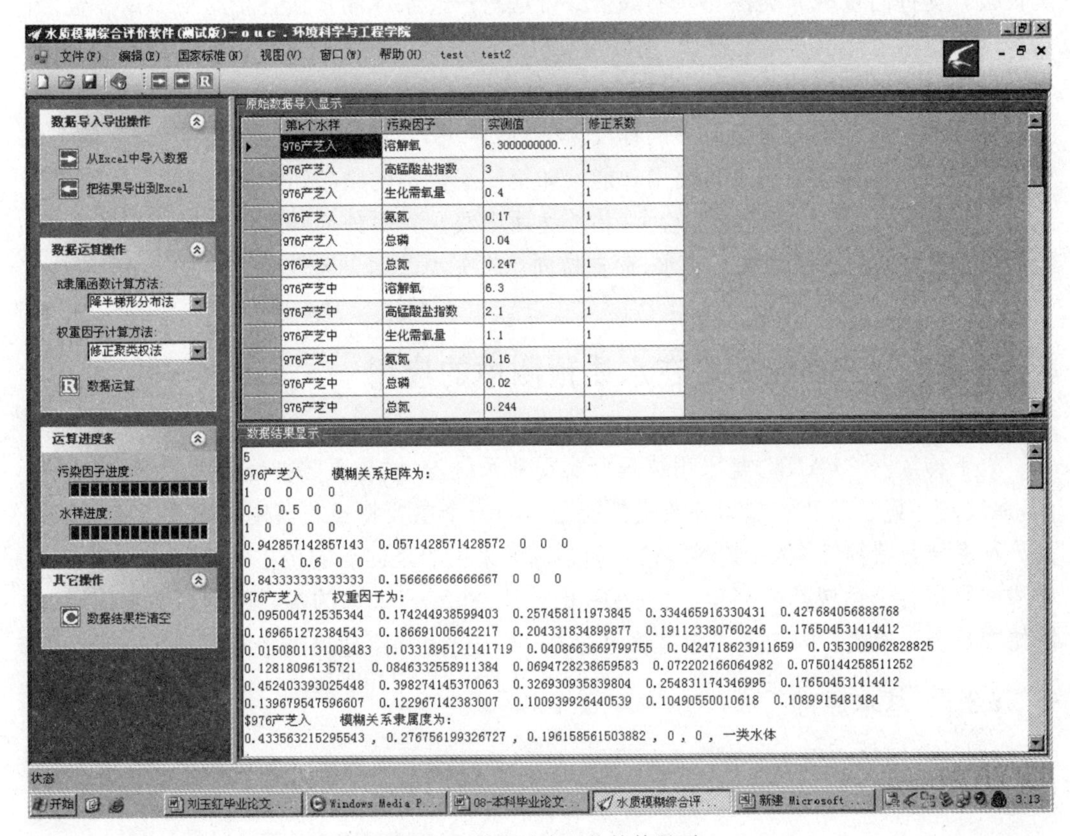

图 6-5　模糊综合评价软件界面

Fig. 6-5　Fuzzy comprehensive evaluation software interface

表 6-4　模糊综合评价与支持向量机分类法评价成果

Table 6-4　Compared results between fuzzy comprehensive evaluation and support vector machine classification

序　号	月　份	模糊综合评价法	支持向量机分类法	单因子指数法	水体功能类别
1	1997 年 6 月	Ⅰ	Ⅰ	Ⅱ	Ⅲ
2	1997 年 9 月	Ⅱ	Ⅱ	Ⅲ	Ⅲ
3	1997 年 11 月	Ⅴ	Ⅲ	Ⅴ	Ⅲ

续表

序 号	月 份	模糊综合评价法	支持向量机分类法	单因子指数法	水体功能类别
4	1998 年 6 月	Ⅲ	Ⅱ	Ⅲ	Ⅲ
5	1998 年 9 月	Ⅱ	Ⅱ	Ⅲ	Ⅲ
6	1998 年 11 月	Ⅲ	Ⅱ	Ⅲ	Ⅲ
7	1999 年 6 月	Ⅱ	Ⅱ	Ⅲ	Ⅲ
8	1999 年 9 月	Ⅱ	Ⅱ	Ⅳ	Ⅲ
9	1999 年 11 月	Ⅱ	Ⅱ	Ⅳ	Ⅲ

由表中可以看出，产芝水库水质良好，水质级别保持在Ⅱ类和Ⅲ类之间，变化范围不是很大。支持向量机分类法和模糊综合评价法对产芝水库的水质评价结果基本一致，且与水体的使用功能也基本能符合，支持向量机法的评价过程比较客观，结果有一定的可靠性。作为一种新兴的评价方法，支持向量机法在水质评价方面具有一定的应用前景。但其并没有达到最理想的完全符合的程度，支持向量机分类法判定的水质并不一定优于模糊综合评价法及其满足的水体使用功能。如第一组数据的结果，虽然此两种方法结果一致，但却与水体的使用功能相差较大，相差达两个级别。另外应注意到在第三组数据中，模糊综合评价法将水质判为五类水，而支持向量机分类法结果为三类。

6.3 BP 人工神经网络在水质预测中的应用

人工神经网络（ANN）是采用物理可实现的系统，来模仿人脑神经细胞的结构和功能的，通过向环境学习获取知识并改进性能是它的一个重要特点。其中，BP 人工神经网络是一种多层前馈神经网络，其网络权值调整规则采用的是向后的传播学习算法。BP 人工神经网络在各个领域都得到了广泛应用，据统计，80%～90%的神经网络模型采用了 BP 网络或其变化形式。因此本书中主要论述 BP 人工神经网络建模过程及结果。

6.3.1 基本原理

BP 神经网络应用于地表水水质预测，它能描述地表水水质中复杂的非线性关系，模型建立主要依赖于多年常规观测资料并且不需要专门试验和识别参数，模型有很强的学习功能，当系统水环境发生变化时可操作性强。因为其具备以上特点，所以在本书的水质预测功能中作为重点描述内容。

对于水质预测问题，最常用的 BP 人工神经网络由一个输入层、一至两个隐含层和一个输出层组成，同层之间节点没有联系，相邻层的节点两两相连。当学习样本提供给网络后，神经元的激活值从输入层经各个中间层向输出层传播，在输出层的各个神经元获得网络的输出响应，接下来，输出目标与实际误差进行比对，按照减少输出目标误差方向反向传播，即从输出层经过各个中间层逐层修正各个连接权值，最后回到输出层。随着误差的传播不断修正，网络对输出模式响应的误差率不断减小，最终达到预设效果。

6.3.2　水质指标的选取

根据现有的数据资料，限于 1999～2008 年平水期、枯水期和丰水期的产芝水库上游、入库、库中和下游水质情况，分别进行预测分析，部分原数据见表 6-5。

为减少各个因子之间的量级差异，建模时对标准中的因子各级数据值进行归一化无量纲处理。使用极差化处理方法将其归一化至区间 [0，1]：

$$\tilde{x}_{ij}=\frac{x_{ij}-x_{\min i}}{x_{\max i}-x_{\min i}} \tag{6-7}$$

式中：$i=1,\cdots,6;j=1,\cdots,5$。$x_{\max}$，$x_{\min}$ 分别为标准中各项目因子的最大值与最小值。

表 6-5　产芝水库中部水质部分原始数据

Table 6-5　Parts of the original water quality data in the central Chanzhi Reservoir

年份	季节	温度（℃）	pH	总硬度（mg/L，$CaCO_3$）	溶解氧（mg/L）	高锰酸盐指数（mg/L）	BOD_5（mg/L）	硝酸根（mg/L）	氨氮（mg/L）	总磷（mg/L）
2008	平水期	15.2	8.3	223	8.5	2.6	1.0	3.05	0.05	0.01
2007	枯水期	13.2	8.2	182	9.7	2.9	1.0	2.66	0.05	0.01
2007	丰水期	24.6	8.4	216	7.8	3.7	2.6	0.47	0.07	0.04
2007	平水期	19.5	8.0	223	8.5	3.2	1.9	0.38	0.08	0.02
2006	枯水期	12.3	8.1	212	9.8	3.3	2.1	0.15	0.11	0.03
2006	丰水期	28.1	8.3	192	6.8	3.9	1.5	0.30	0.12	0.04
2006	平水期	14.9	8.2	203	8.9	2.8	1.0	1.06	0.11	1.41
2005	枯水期	11.0	8.0	183	8.5	3.1	1.0	0.55	0.16	0.01
2005	丰水期	27.3	8.0	182	7.3	3.2	1.2	0.65	0.40	0.02
2005	平水期	20.0	7.9	170	8.4	2.9	1.5	2.60	0.10	0.02
2004	枯水期	12.7	8.1	160	9.5	3.5	1.6	0.93	0.15	0.04
2004	丰水期	27.6	7.9	103	7.6	6.6	7.0	0.52	0.84	0.11
2004	平水期	20.0	7.9	170	8.4	2.9	1.5	2.60	0.10	0.02
2003	枯水期	15.8	8.1	154	8.9	3.5	1.7	1.31	0.15	0.02
2003	丰水期	28.9	8.0	147	6.6	4.6	4.0	1.59	0.17	0.01
2003	平水期	17.2	8.2	186	8.9	3.3	2.4	0.31	0.05	0.02
2002	枯水期	11.4	8.2	136	8.3	3.7	3.2	0.38	0.10	0.01
2002	丰水期	28.7	8.4	146	6.4	4.5	4.0	1.58	0.18	0.01
2002	平水期	18.5	8.1	139	9.7	3.6	1.8	1.50	0.08	0.02
2001	枯水期	11.4	7.8	136	9.0	3.1	1.0	0.55	0.28	0.04
2001	丰水期	27.6	7.9	103	7.6	6.6	7.0	0.52	0.84	0.11
2001	平水期	25.3	8.0	196	10.3	4.3	5.3	0.45	0.17	0.07
2000	枯水期	11.4	7.8	136	9.0	3.1	1.0	0.55	0.28	0.04
2000	丰水期	28.7	8.4	146	6.4	4.5	4.0	1.58	0.18	0.01
2000	平水期	18.5	8.1	139	9.7	3.6	1.8	1.50	0.08	0.02
1999	枯水期	11.4	8.1	179	8.6	3.7	2.1	0.59	0.31	0.04
1999	丰水期	28.7	7.6	161	5.6	4.0	2.5	0.56	0.29	0.06
1999	平水期	18.5	8.2	170	6.4	3.9	2.4	0.49	0.24	0.01

6.3.3 BP 人工神经网络构建

（1）结构的确定。运用 MatlabR2007a 神经网络工具箱（Neural Network ToolBox）构建神经网络，本书中选用的 BP 神经网络的基本结构如图 6-6 所示，主要包括输入层、隐含层和输出层。它的本质是找出输入和输出之间未知但又存在的函数关系，因此要精确预测数据必须采用与输出相关性好的参数作为输入。本书构建的神经网络的主要框架是以若干连续实际值作为输入值，预测下一时段的输出值，如公式 6-8 所示：

$$D(t)=F(D(t-1),D(t-2),\cdots,D(t-n)) \tag{6-8}$$

式中：$D(t)$为 t 时刻某水质指标的数据；n 为输入层的节点数；F 为由神经网络确定的输入－输出映射关系。

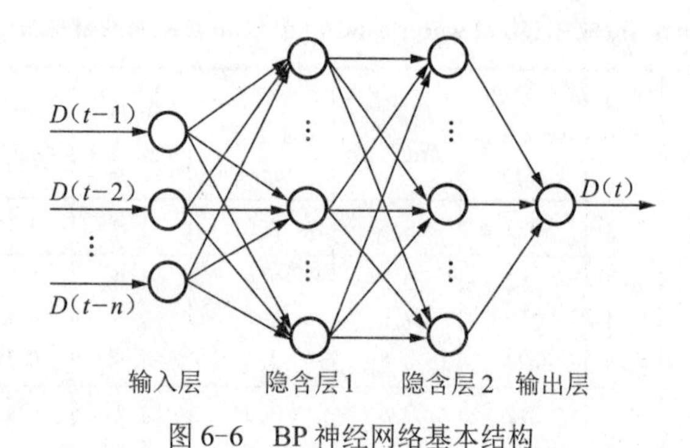

图 6-6 BP 神经网络基本结构

Fig. 6-6 Basic structure of BP neural network

（2）模型的建立。首先新建 newff 函数，该函数创建了一个 BP 神经网络。如果样本没有归一化，可以使用 Premnmx 函数进行输入样本归一化处理，同样可人工编写计算方法实现归一化操作，将不是在同一个数量级的数据映射到 [−1, 1] 之间或者 [0, 1] 之间。使用 init 函数进行初始化，该操作是对连接权值和阈值进行初始化。做完上述工作后，最关键的工作就是对归一化的数据进行训练，本书使用 train 函数进行训练。训练达到预期目标的神经网络，可以使用仿真函数 Sim 用来对网络进行仿真，也可以利用此函数，将网络训练前后的结果分别进行输入输出的仿真，以作比较。

本书中选取参数及关键问题如下：

① 历史数据时间长度的选择（输入层节点数 n 的确定）。它对输出有很大的影响。根据经验 n 太大会引入很多无关的历史数据，n 太小则不能很好地反映变化趋势。在本书中选用 $n=6$，即 6 个历史数据作为此水质预测模型的输入来预测输出。

② 学习速度的选定。学习速度参数 net、trainparma、Lr 不能选择的太大，否则会出现算法不收敛；也不能太小，会使训练过程时间太长。一般选择为 0. 01～0. 1 之间的值，本书中选用 0. 01，训练效果较好且时间合适。

③ 隐含层数目。从理论上来讲，只要隐含层和节点足够多，BP 神经网络能够模拟任何非线性关系。然而，模拟中发现隐含层数目过多，预测效果不一定能达到最佳，因此并不是越多越好，每一个固定的关系对应有最佳的隐含层和节点数。本书中，水质预测模型的 BP 神经网络结构包含 2 个隐含层，隐含层数目根据公式确定。第一隐含层数目为 mR^2（m 为输入节点数据，n 为输出节点数，R 为 n/m 的 3 次根方），第二隐含层数目为 mR。

适合该每个隐含层有 10 个节点。

④ 传递函数。Matlab 工具箱主要提供了 3 个传递函数：Log-Sigmoid、Tan-Sigmoid 和线性函数。在本书中考虑到归一化数值在 [0,1] 之间，所以输入层到第一隐含层之间和两个隐含层之间均采用 Log-Sigmoid 传递函数。为保持输出范围，隐含层到输出层之间采用线性传递函数。

6.3.4　预测结果与分析

我们把 1999～2008 年数据作为水质预测的主要参考数据，取 2006 年前的数据作为样本训练神经网络模型，取 2006 年以后数据作为预测比对数据，计算温度、pH、总硬度、溶解氧、高锰酸盐指数、BOD_5、硝酸根、氨氮和总磷的浓度来说明模型运行情况。

我们为考虑输入数据的广泛性，所以并没有剔除异常年份的数据；为保证模型应用的普遍性，我们使用第一次神经网络的预测值进行分析，如表 6-6 和图 6-6 所示。通过建立神经网络预测模型，根据已知的 6 天数据来预测后面一天的变化趋势，表 6-6 给出了部分预测水质指标的相对误差，由此可知，大部分数据能够得到较好的预测值，相对误差在 10% 以内，但是并不是所有指标都能进行很好的预测。例如表中的总磷数值，在 2007 年 8 月份出现突然增加，这与实际情况不相符合，究其原因，我们可以发现在实际输入向量的数值中，2001 年、2004 年等年份的丰水期，磷的数值突然升高达到 0. 1 mg/L 以上，这样的数值对于后期年份丰水期的磷的影响会比较大，这可能会促使磷在 2007 年 8 月份预测值远远高于实际值。再如 BOD_5 的预测值，同样在 2007 年 8 月份突然增加，也是与 2006 年、2004 年、2003 年、2001 年等年份丰水期输入数值偏高有关，这也从侧面反映出近几年产芝水库的水质在向好的方向变化。

图 6-7 描述了各种水质指标的实测值和预测值。从预测值的趋势来看，反映了水质随时间的变化趋势，例如温度预测的变化值能反映出丰水期、平水期和枯水期的水体温度；溶解氧预测值的变化趋势和实际值一致；高锰酸钾指数、BOD_5 和总磷预测值和实际值也比较接近，但是在 2007 年丰水期差别比较大，但也能反映出在丰水期水质变差的趋势；硝酸盐的预测值也能反映出 2007 年末～2008 年初其硝酸盐增大的趋势；铵盐的预测值变化趋势与实际值也较为吻合，反映出铵盐数值在预测时期内逐年降低的趋势。

在没有剔除异常年份数据的情况下，分析第一次模拟结果，经统计分析发现，所有数据的模拟值平均相对误差不到 12%，并且能够正确反映出实际水质的变化方向。我们在后续的模拟中，通过软件自动剔除异常数据，修正各项参数，最好的一次预测结果相对误差是 3. 6%。由此可见，本书中论述的 BP 人工神经网络水质建模方法在水质预测中具有很强的实用性。这为后续 BP 人工神经网络算法集成到软件中提供了基础。

表 **6-6**　水质指标的神经网络预测值相对误差

Table 6-6　The relative error of neural network prediction

	2006/8 相对误差 (%)	2006/11 相对误差 (%)	2007/5 相对误差 (%)	2007/8 相对误差 (%)	2007/11 相对误差 (%)	2008/5 相对误差 (%)
温度	0. 0	−3. 7	−25. 0	9. 8	18. 9	30. 1

续表

	2006/8 相对误差 (%)	2006/11 相对误差 (%)	2007/5 相对误差 (%)	2007/8 相对误差 (%)	2007/11 相对误差 (%)	2008/5 相对误差 (%)
pH	-5.8	0.8	2.7	-9.2	-1.6	-3.0
总硬度	5.1	-25.0	-6.2	-23.7	-6.7	-23.6
溶解氧	10.2	-18.6	-2.0	-1.0	-10.9	-2.3
高锰酸盐指数	-11.3	-0.6	14.9	43.7	6.6	11.1
BOD5	-5.9	-9.8	-18.0	62.7	8.1	11.3
硝酸根	33.7	4.8	-0.6	-1.8	-44.8	-52.0
氨氮	10.1	-2.4	6.9	6.8	8.9	10.9
总磷	-19.0	-18.0	6.4	63.5	6.7	18.4

6.4 小结

水质的一个突出特点是多目标性，所以在评价过程中，始终牵涉目标权重确定的问题。水质评价和水质预测的另一个特点是模糊性，这也为评价和预测带来了困难。在本节得到的主要研究结论如下。

（1）在 MATLAB 环境下，利用 LIBSVM 工具箱，使用 SVM 方法，通过选择合适的核函数和参数，建立适用于水库水质 SVM 评价的模型，比较了二叉树法和“一对多”法对多种类别分类的分类性能，发现“一对多”法在大部分情况下易将一个新的输入判定为不属于任何一类，即其推广能力较差，而二叉树法不会出现这种现象。利用建立的模型对产芝水库的水质进行评价评判结果大体上能够与产芝水库的水体功能基本符合。且与模糊综合评价法进行比较，结果也基本一致。由此看出支持向量机法在水质评价方面具有一定的应用前景。本书在训练过程中发现，训练样本中数据含有的不确定性应引起重视，如 1-5 二叉树方法与 5-1 二叉树方法在理论上训练结果应该一致，但是实际中发现，只有 5-1 方法得出的结果与实际水体功能相符合。因此 SVM 方法作为新型的方法，在水质评价中的应用有待于进一步研究。该方法与模糊综合评价法相比，稳定性较差，算法较后者复杂，设置参数复杂，目前推广能力较弱，所以本书不建议采用该方法进行水质评价，也不推荐管理部门使用该评价方法得出的结果。

（2）本书使用的改进模糊综合评价模型，研究发现评价结果与产芝水库水体功能吻合。该模型在继承传统模糊综合评判法的思想和优点的同时，克服了其在实际应用中暴露出的弊端，因而具有明显的合理性。该评价模型经过对比分析与详细验证[162]，其评价结果的表达更加准确、严密，因而具有一定的优越性。

（3）本书使用 BP 人工神经网络进行水质预测，从预测值的预测趋势（图 6-7）来看，都能反映水质随时间的变化趋势，例如温度预测的变化值能反映出丰水期、平水期和枯水期的水体温度；溶解氧预测值的变化趋势和实际值一致；高锰酸钾指数、BOD_5 和总磷预

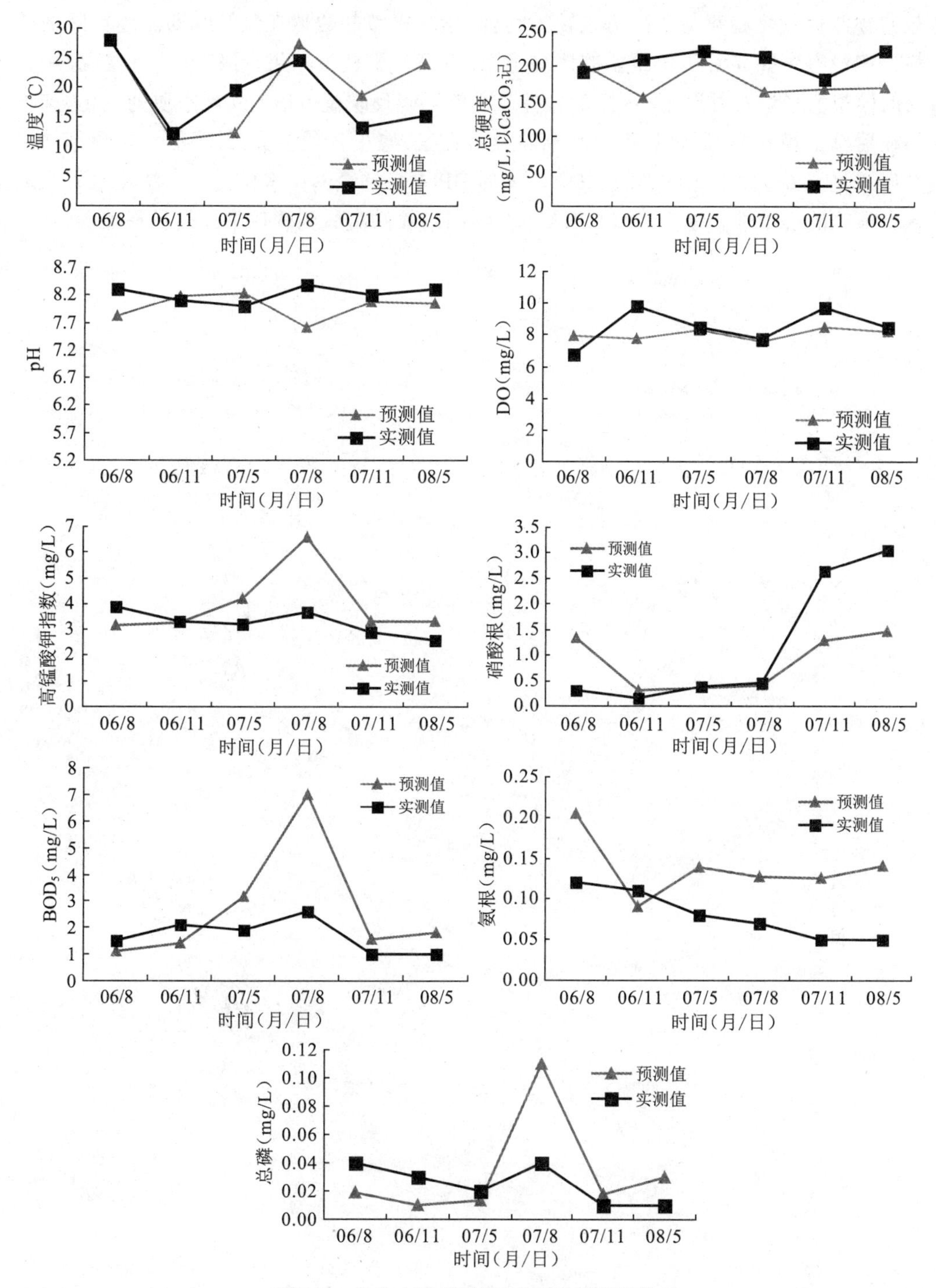

图 6-7　各种水质指标的实测值和预测值比较

Fig. 6-7　Comparison between the measured values and the predicted value among kinds of water quality objectives

测值和实际值也比较接近，但是在 2007 年丰水期差别比较大，但也能反映出在丰水期水质变差的趋势；硝酸盐的预测值也能反映出 2007 年末～2008 年初其硝酸盐增大的趋势；

铵盐的预测值变化趋势与实际值也较为吻合，反映出铵盐数值在预测时期内逐年降低的趋势。在没有剔除异常年份数据的情况下，分析第一次模拟结果，经统计分析发现，所有数据的模拟值平均相对误差不到12%，并且能够正确反映模拟出的实际水质的变化方向。我们在后续的模拟中，通过软件自动剔除异常数据，修正各项参数，最好的一次预测结果相对误差是3.6%。由此可见，本书中论述的BP人工神经网络水质建模方法在水质预测中具有很强的实用性。这为后续BP人工神经网络算法集成到软件中提供了基础。

第7章

水库富营养化预测

结合产芝水库自身特点，选用 AQUASEA 二维模型对产芝水库的富营养化进行模拟预测。

7.1 模型原理

模型包括水流模型和水质模型，下面分别介绍模型的基本原理。

7.1.1 水流模型

（1）连续方程。连续方程表示为

$$\frac{\partial}{\partial x}(\mu H)+\frac{\partial}{\partial Y}(\upsilon \mathrm{H})+\frac{\partial \eta}{\partial t}=Q \tag{7-1}$$

$$H=h+\eta \tag{7-2}$$

式中：h—平均水深，m；η—水位变化，m；H—总水位深度，m；U—x 方向速度分量，m/s；V—y 方向速度分量，m/s；T—时间，s；Q—注水量，m^3/s。

x 和 y 方向上的水动力方程表示为

$$\frac{\partial \mu}{\partial t}+\mu\frac{\partial \mu}{\partial x}+\upsilon\frac{\partial \mu}{\partial y}=-g\frac{\partial \eta}{\partial x}-f\upsilon-\frac{g}{HC^2}(\mu^2+\upsilon^2)^{\frac{1}{2}}\nu+\frac{\kappa}{H}W_x|W|-\frac{Q}{H}(\mu+\mu_0) \tag{7-3}$$

$$\frac{\partial v}{\partial t}+\mu\frac{\partial v}{\partial x}+\upsilon\frac{\partial v}{\partial y}=-g\frac{\partial \eta}{\partial y}-f\mu-\frac{g}{HC^2}(\mu^2+\upsilon^2)^{\frac{1}{2}}\nu+\frac{\kappa}{H}W_y|W|-\frac{Q}{H}(v+v_0) \tag{7-4}$$

（2）边界方程。允许考虑两种边界条件：给定时间变化水位和零流量边界条件。边界上的给定流量可以用零流量边界节点上的源来定义。AQUASEA 中时间变化水位由外部文件给定或由正弦函数定义：

$$\eta=c+a\sin[w(t+\alpha)] \tag{7-5}$$

7.1.2 水质模型

（1）水质模型。

$$\frac{\partial C}{\partial t}=\frac{\partial}{\partial x}\left(D_x\frac{\partial C}{\partial x}\right)+\frac{\partial}{\partial y}\left(D_y\frac{\partial C}{\partial x}\right)-V_x\frac{\partial C}{\partial x}-V_y\frac{\partial C}{\partial y}+\varepsilon_1C^*+\varepsilon_2C+I-K_NC(x,y)\in G,0<t\leqslant T$$

$$C|_{t=0}=C_0(x,y)(x,y)\in\bar{G} \tag{7-6}$$

$$\left[V_xC-D_x\frac{\partial C}{\partial x}n_x+\left(V_yC-D_y\frac{\partial C}{\partial y}n_y\right)\right]|\tau=q(x,y,t)(x,y)\in\tau,0<t\leqslant T$$

（2）边界条件。内源释放量通过实验得出的平衡释放通量进行换算。

7.2 模型的建立

7.2.1 初始和边界条件

（1）初始水位。在参数率定时，本书采用 2008 年 11 月 28 日的实测的水位作为初始的水位值；在模型的验证时，则采用 2010 年 4 月 1 日的实测的水位作为初始的水位值；在不同水文年的预测时，采用各水文年的平均水位作为初始的水位值。

（2）流量边界条件。水库的流量边界一般有两种，一种是出库和入库的流量边界，一种是隔水边界，隔水边界的侧向流量为零。出库的流量边界主要有东西两个放水洞和一条溢洪道，它们主要是以工农业用水、发电和泄洪为主。西放水洞的内表面宽×高尺寸为 2. 5 m×3. 0 m，放水量为 8. 8 m^3/s；东放水洞内表面宽×高尺寸 2. 5 m×3. 0m，设计流量为 16. 1 m^3/s；溢洪道宽 70 m，深 8 m。在模拟的过程中放水洞的流量采用水文站统计的资料。

（3）初始浓度。模型在不同阶段所采用 TN、TP、COD_{Mn}、SD 和叶绿素-a 的初始浓度根据模拟需要分别设定。在参数率定时，水质初始条件为 2008 年 11 月 28 日水库水质的实际监测数据；在水质验证的阶段，选取 2010 年 4 月 1 日水库水质的实际监测数据作为水库的初始条件；在模型应用的过程中，水库初始条件的设定在预测中具体说明。

（4）水质边界条件。根据对水库的周边水文地质和水环境条件的研究分析，除入、出库边界外，可以将水库的边界视为Ⅱ类的边界，其侧向的扩散通量 $q(x,y,t)=0$。

对于河流的入流的补给强度，采用

$$S=Q^{(in)}C^{(in)},(x,y)\in\Gamma_{in},0<t\leqslant T \tag{7-7}$$

水库的输出公式与河流的入流公式(7-7)相似。

入库河流水质条件采用 2008 年 11 月～2010 年 4 月对入库河流的监测数值，参见第 3 章图 3-13～图 3-18。

7.2.2 网格剖分

产芝水库网格剖分见图 7-1。

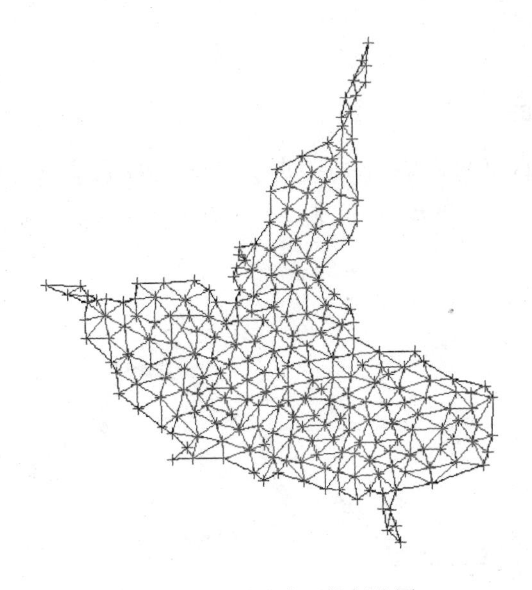

图7-1　产芝水库网格剖分图

Fig. 7-1　Computational grids for the Chanzhi Reservoir

7.2.3　参数确定

（1）柯氏力常数 f。柯氏力常数 f 通过以下公式确定：

$$f=2\omega\sin\varphi \tag{7-8}$$

（2）风剪切力参数 k。风剪切力参数 k 根据以下公式确定：

$$k=\rho_a C_D/\rho \tag{7-9}$$

$$C_D=(1.1+0.536W_{10})\times10^{-3} \tag{7-10}$$

（3）Chezy 系数 C_n。Chezy 系数 C_n 通过以下公式确定：

$$C_n=\frac{1}{n}R^{\frac{1}{6}} \tag{7-11}$$

（4）扩散系数 D_x，D_y。扩散系数 D_x，D_y 的计算公式如下：

$$D_x=18.57\frac{u_xH}{C_n} \tag{7-12}$$

$$D_y=18.57\frac{u_yH}{C_n} \tag{7-13}$$

（5）综合衰减系数 K_N。将 K_N 分为丰水期和枯水期。丰水期的 K_N 采用2009年8月11日和2009年10月27日的水质监测数值进行率定，枯水期采用2008年11月28日和2010年4月1日数据进行率定。

对模型进行水位与流场验证以后，经过参数的率定得到，丰水期TN的综合衰减系数为 $4\times10^{-8}\ s^{-1}$，TP的综合衰减系数为 $2\times10^{-8}\ s^{-1}$，COD_{Mn} 的综合衰减系数为 $3\times10^{-8}\ s^{-1}$，叶绿素-a的综合衰减系数为 $2.2\times10^{-8}\ s^{-1}$，SD的综合衰减系数为 $-1\times10^{-8}\ s^{-1}$；枯水期TN的综合衰减系数为 $6\times10^{-9}\ s^{-1}$，TP的综合衰减系数 KNO_3 为 $4\times10^{-9}\ s^{-1}$，COD_{Mn} 的综合衰减系数为 $3\times10^{-9}\ s^{-1}$，叶绿素-a的综合衰减系数为 $3.5\times10^{-9}\ s^{-1}$，SD的综合衰减

系数为 $-5\times10^{-9}\ s^{-1}$。

7.2.4 模型验证

（1）水位验证。水位验证的起止时间为 2008 年 11 月 28 日和 2009 年 10 月 27 日。由水库水位拟合曲线图 7-2 可知，模拟水位和实测水位拟合较好，表明该模型能很好地反映水库水位的变化。

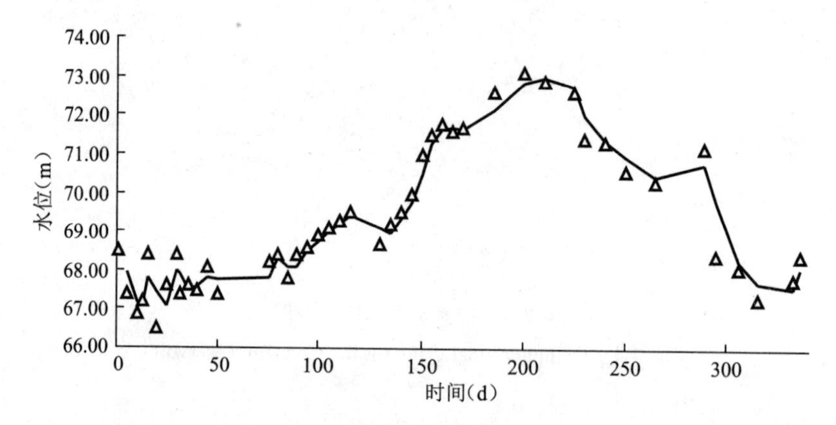

图 7-2 水库水位拟合曲线图（2008. 11. 28～2009. 10. 27）

Fig. 7-2 Simulated and monitored water level of the Chanzhi Reservoir（2008.11.28～2009.10.27）

（2）流场验证。在现场调查和资料收集的基础上，对产芝水库在北风影响下的流场进行了模拟预测，模拟结果与现场实际观测流态较为一致，具体见北风影响下的产芝水库流场分布图 7-3，模拟结果表明该模型能够很好地反映水库的水动力学特性。

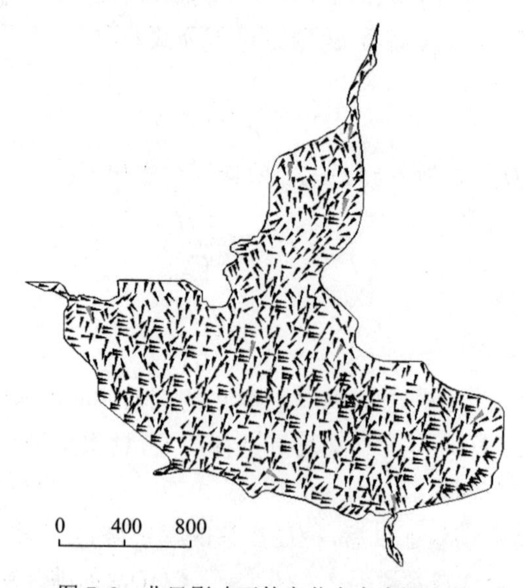

图 7-3 北风影响下的产芝水库流场分布

Fig. 7-3 Flow field under north wind driven

（3）水质验证。采用 2009 年 8 月 11 日和 2009 年 10 月 27 日的实测水质数据对模拟结果进行验证，模拟结果具体见表 7-1。

从水质验证的结果来看，TN、TP、COD_{Mn}、SD 和叶绿素-a 的实测值与模拟值的相对误差大部分控制在 10%以内，这表明建立的模型能够很好地刻画水库的水质变化。

表 7-1 丰水期水质实测值与模拟值对照

Table 7-1 Comparison of water quality between monitored and simulated results in wet period

监测项目	监测点	实测值(mg/L)	模拟值(mg/L)	绝对误差(mg/L)	相对误差(%)
TN (mg/L)	A	1.845	1.638	0.207	11.21
	B	1.896	2.044	0.148	7.82
	C	1.751	1.865	0.114	6.53
	D	1.839	2.003	0.164	8.94
	E	1.542	1.641	0.099	6.45
	F	2.095	1.930	0.165	7.86
	G	2.274	2.056	0.218	9.57
	H	1.929	1.727	0.202	10.45
	I	1.836	1.994	0.158	8.6
TP (mg/L)	A	0.061	0.064	0.003	5.47
	B	0.068	0.073	0.005	7.65
	C	0.066	0.060	0.006	8.72
	D	0.069	0.061	0.008	11.12
	E	0.052	0.047	0.005	10.49
	F	0.068	0.078	0.010	15.41
	G	0.062	0.067	0.005	8.38
	H	0.068	0.075	0.007	10.66
	I	0.061	0.055	0.006	9.49
COD_{Mn} (mg/L)	A	5.358	5.720	0.362	6.76
	B	4.935	4.531	0.404	8.18
	C	5.1	4.680	0.420	8.24
	D	5.043	4.620	0.423	8.38
	E	4.702	5.145	0.443	9.42
	F	5.392	5.800	0.408	7.57
	G	5.642	4.956	0.686	12.15
	H	5.28	4.887	0.393	7.45
	I	5.1	4.659	0.441	8.64
SD (m)	A	1.012	1.140	0.128	12.65
	B	1.265	1.337	0.072	5.72
	C	1.112	1.157	0.045	4.03
	D	1.056	1.036	0.020	1.92
	E	1.67	1.569	0.101	6.07

续表

监测项目	监测点	实测值(mg/L)	模拟值(mg/L)	绝对误差(mg/L)	相对误差(%)
SD(m)	F	1. 112	1. 021	0. 091	8. 19
	G	1. 157	1. 253	0. 096	8. 33
	H	1. 065	1. 201	0. 136	12. 76
	I	1. 156	1. 291	0. 135	11. 66
叶绿素-a(mg/m^3)	A	4. 231	4. 090	0. 141	3. 34
	B	4. 524	4. 277	0. 247	5. 46
	C	4. 368	4. 024	0. 344	7. 88
	D	4. 551	4. 986	0. 435	9. 56
	E	2. 722	2. 979	0. 257	9. 45
	F	4. 584	4. 055	0. 529	11. 54
	G	3. 896	3. 538	0. 358	9. 18
	H	4. 547	4. 258	0. 289	6. 35
	I	3. 812	4. 089	0. 277	7. 26

7.3 不同特征水文年水质预测

根据产芝水库的水文资料，将当地水文年分为两个阶段，第一阶段为11月～次年4月，是一个水文年的枯水期；第二个阶段为5月～10月，是一个水文年的丰水期。选取三个典型的水文年份作为模拟所用到的丰水年、平水年和枯水年。模拟所需的水文数据见表7-2。以2008年11月28日的实测数据为初始值，对不同水文年水库TN、TP、COD_{Mn}、SD和叶绿素-a浓度变化趋势进行定量预测。

7.3.1 丰水年

图7-4～图7-8分别为丰水年枯水期结束时水库中TN、TP、COD_{Mn}、SD和叶绿素-a的模拟浓度分布图。由图7-4可以看出，水库中TN浓度在0. 500～2. 500 mg/L之间，大部分区域都超出《地表水环境质量标准》(GB 3838—2002)中Ⅲ类标准。水库中的TN浓度分布呈现“周高中低”的特征，入库河流区域TN浓度高于2. 000 mg/L，水库中心TN浓度则为0. 500～1. 000 mg/L，这体现了入库水流对TN浓度分布的影响。从图7-5～图7-8可以看出，水库中TP、COD_{Mn}、SD和叶绿素-a分布与TN情况相似，TP浓度为0. 030～0. 100 mg/L，COD_{Mn}浓度为3. 000～6. 000 mg/L，SD浓度为1. 200～2. 200 m，叶绿素-a浓度为5. 000～10. 500 mg/m^3。

图7-9～图7-13是丰水期结束时水库中TN、TP、COD_{Mn}、SD和叶绿素-a的模拟浓度分布图。由图5-9可知，水库中TN浓度为0. 500～3. 000 mg/L。从图7-10～图7-13可以看出，TP浓度为0. 030～0. 120 mg/L，COD_{Mn}浓度为3. 500～6. 500 mg/L，SD浓度为1. 000～2. 000 m，叶绿素-a浓度为5. 500～11. 000 mg/m^3。

表 7-2 典型年份的降水量、水面蒸发量、出库水量、平均水位和全年来水量

Table 7-2 Monthly precipitation, evaporation, outflow, average water level and annual water inflow of typical years

水文年	年 份	月 份	1月	2月	3月	4月	5月	6月	7月	8月	9月	10月	11月	12月	全 年
丰水年	1994	降水量(mm)	6.7	0.5	26.4	48.3	62.4	155.4	161.4	206.8	48.3	39.6	8.9	1.6	766.3
		水面蒸发量(mm)	24.0	32.3	80.4	118.9	151.5	148.6	119.4	114.3	102.6	77.2	48.0	26.3	1 043.5
		出库水量(mm)	123.0	109.0	192.0	212.0	465.0	1 295.0	2 659.0	4 869.0	2 880.0	1 298.0	654.0	348.0	15 104.0
		平均水位(mm)	68.5	67.5	67.7	68.2	69.1	69.7	72.1	73.3	71.0	70.8	67.9	68.1	69.5
		年来水量(10^4 m^3)	14 793.2												
平水年	1996	降水量(mm)	3.1	4.5	20.6	79.2	92.5	108.9	182.6	197.3	32.4	24.5	3.4	0.4	766.3
		水面蒸发量(mm)	16.6	24.8	56.9	98.5	189.6	168.4	126.7	178.4	114.5	65.8	76.5	29.2	1 145.9
		出库水量(mm)	46.0	78.0	115.0	169.0	480.0	1080.0	1 689.0	2 240.0	3 090.0	2 150.0	867.0	345.0	12 349.0
		平均水位(mm)	67.2	67.4	67.8	67.5	69.3	68.6	69.4	71.6	70.6	69.8	68.7	68.1	69.4
		年来水量(10^4 m^3)	10 793.2												
枯水年	2000	降水量(mm)	0.4	1.2	8.7	35.4	42.3	34.9	159.8	169.6	56.4	24.5	11.5	6.6	551.3
		水面蒸发量(mm)	23.5	25.6	48.7	88.2	156.9	146.3	153.2	186.4	123.1	76.0	32.2	18.5	1 078.6
		出库水量(mm)	13.0	42.0	87.0	102.0	298.0	657.0	1 033.0	1 879.0	2 659.0	1 879.0	769.0	250.0	9 668.0
		平均水位(mm)	66.9	67.2	67.5	67.8	69.1	69.3	69.1	70.4	70.2	69.6	69.1	68.3	69.3
		年来水量(10^4 m^3)	7 793.2												

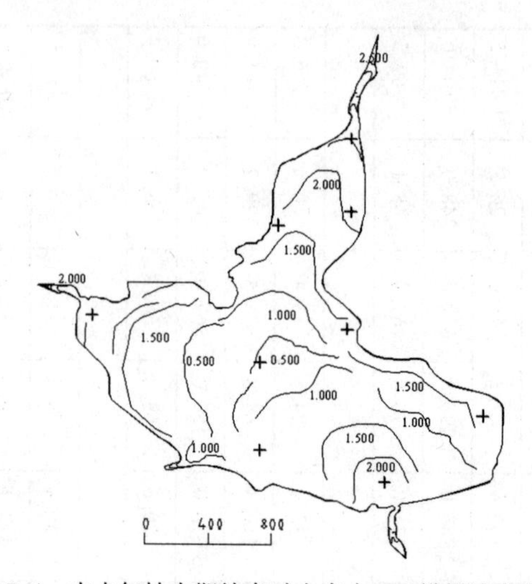

图 7-4 丰水年枯水期结束时水库中 TN 模拟浓度分布

Fig. 7-4 Isopleth map of TN at the end of the dry period in wet years

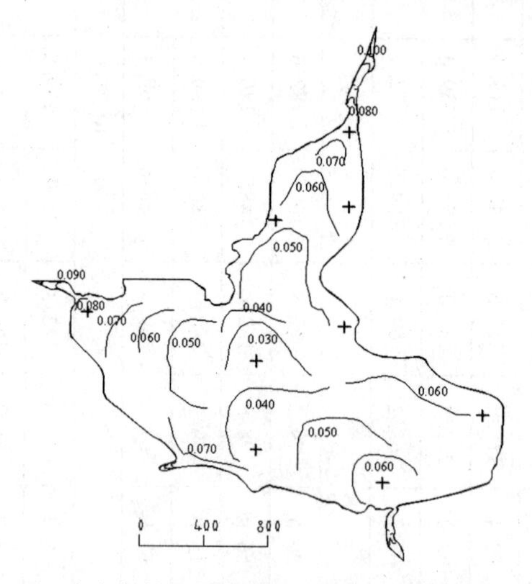

图 7-5 丰水年枯水期结束时水库中 TP 模拟浓度分布

Fig. 7-5 Isopleth map of TP at the end of the dry period in wet years

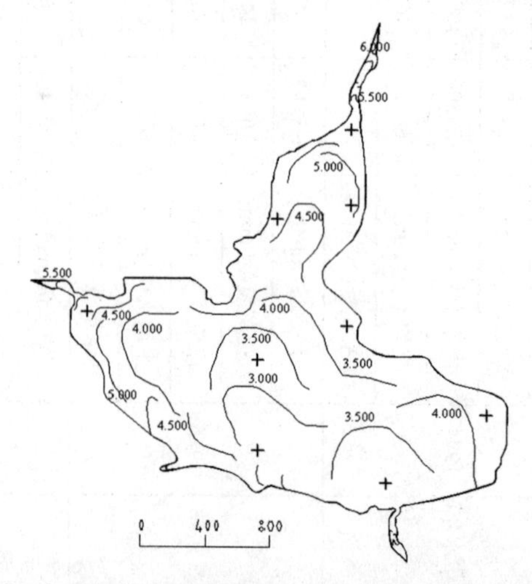

图 7-6 丰水年枯水期结束时水库中 COD_{Mn} 模拟浓度分布

Fig. 7-6 Isopleth map of COD_{Mn} at the end of the dry period in wet years

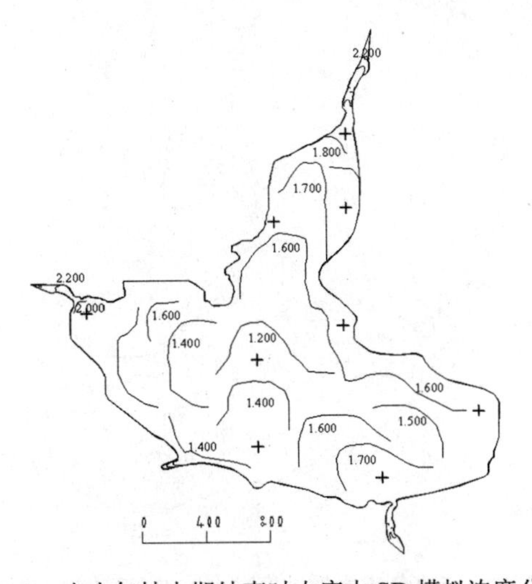

图 7-7　丰水年枯水期结束时水库中 SD 模拟浓度分布
Fig. 7-7　Isopleth map of SD at the end of the dry period in wet years

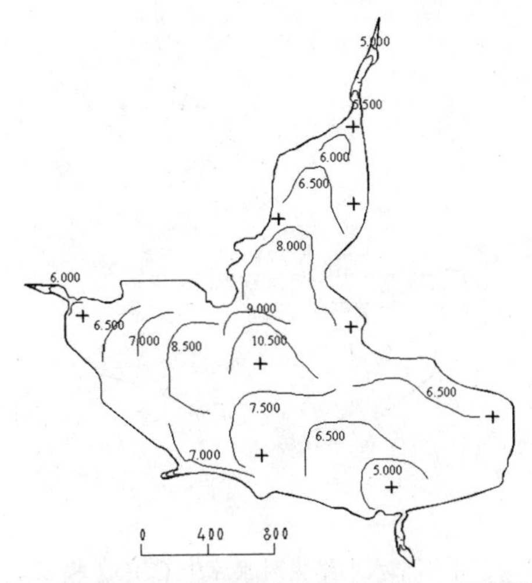

图 7-8　丰水年枯水期结束时水库中叶绿素 -a 模拟浓度分布
Fig. 7-8　Isopleth map of Chl-a at the end of the dry period in wet years

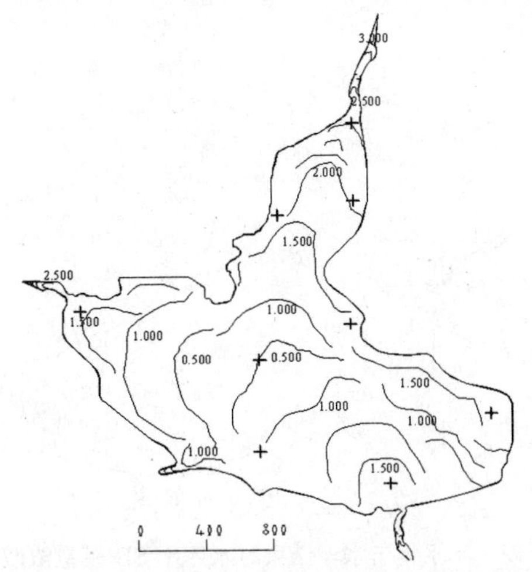

图 7-9　丰水年丰水期结束时水库中 TN 模拟浓度分布
Fig. 7-9　Isopleth map of TN at the end of the wet period in wet years

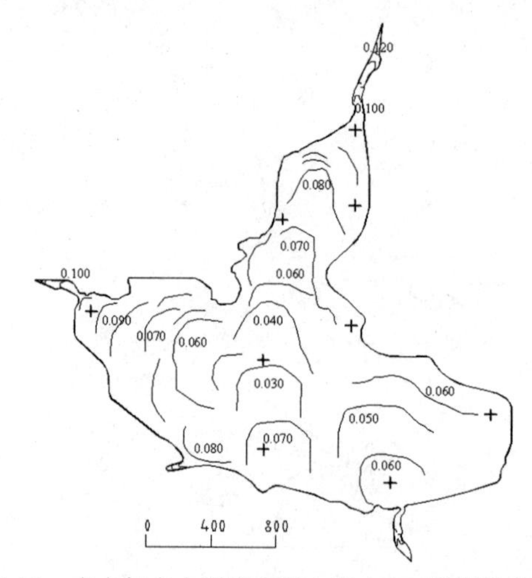

图 7-10 丰水年丰水期结束时水库中 TP 模拟浓度分布

Fig. 7-10 Isopleth map of TP at the end of the wet period in wet years

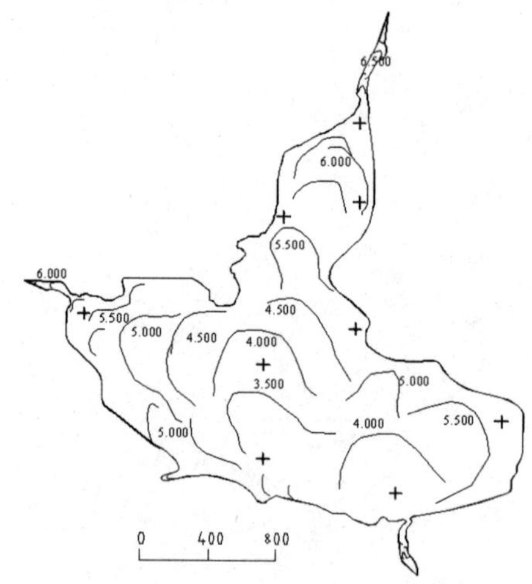

图 7-11 丰水年丰水期结束时水库中 COD_{Mn} 模拟浓度分布

Fig. 7-11 Isopleth map of COD_{Mn} at the end of the wet period in wet years

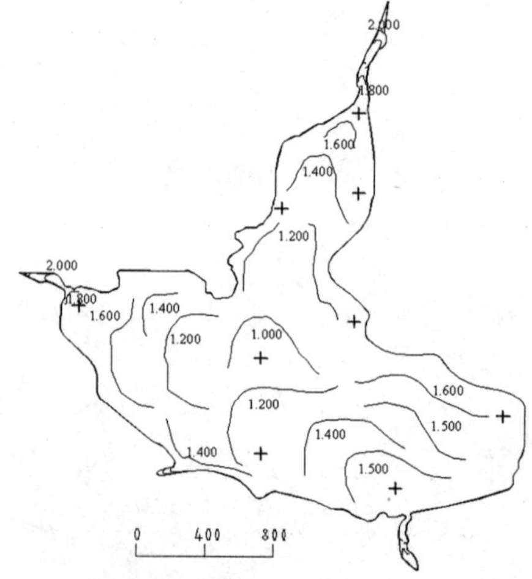

图 7-12 丰水年丰水期结束时水库中 SD 模拟浓度分布

Fig. 7-12 Isopleth map of SD at the end of the wet period in wet years

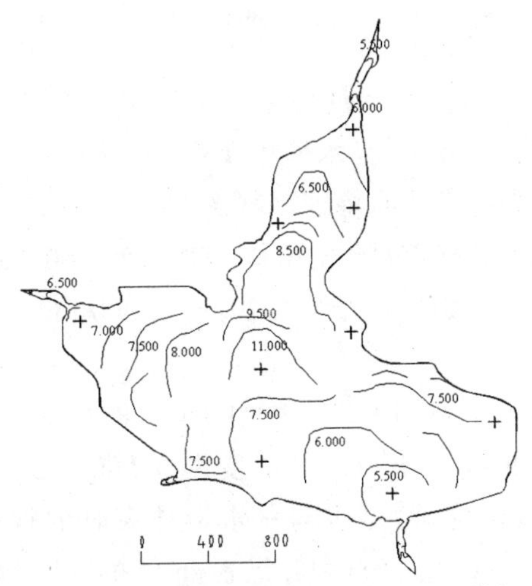

图 7-13　丰水年丰水期结束时水库中叶绿素-a 模拟浓度分布
Fig. 7-13　Isopleth map of Chl-a at the end of the wet period in wet years

由以上可以看出丰水年丰水期结束时的水质要比丰水年枯水期结束时的水质要差，这也再次验证了产芝水库面源污染严重。随着丰水期的到来，大量的氮磷元素输入水库，给水库水质带来巨大压力。

表 7-3 给出了丰水年两个时期结束时水库中各采样点 TN、TP、COD_{Mn}、SD 和叶绿素-a 模拟浓度的对比情况。总体上两个时期结束时，TN、TP、COD_{Mn}、SD 和叶绿素-a 具有明显差别，各点丰水期模拟水质比枯水期水质差，这主要体现了丰水期大、来水量携带大量氮磷在对水库富营养化的贡献中占了绝对优势。而且还可以看出，入库河流处及库周各点水质比库中 E 点要差，这一点也验证了入库河流和库周养殖和生活废水对水库水质的严重影响。

表 7-3　丰水年两个时期结束时水质模拟值对照

Table 7-3　Comparison of water quality in different periods of wet years

监测点	TN (mg/L)		TP (mg/L)		COD_{Mn} (mg/L)		SD (m)		叶绿素-a (mg/m^3)	
	枯水期	丰水期	枯水期	丰水期	枯水期	丰水期	枯水期	丰水期	枯水期	丰水期
A	2.365	2.468	0.076	0.092	5.565	6.345	1.923	1.761	5.678	6.123
B	1.727	1.749	0.055	0.073	4.616	5.673	1.668	1.245	7.561	8.145
C	1.812	1.848	0.064	0.085	4.982	5.987	1.756	1.457	6.379	6.329
D	1.988	2.012	0.079	0.096	4.768	5.786	1.889	1.785	6.242	6.789
E	0.526	0.568	0.028	0.033	3.289	3.782	1.267	1.146	10.378	10.781
F	1.654	1.698	0.052	0.064	3.986	4.821	1.658	1.234	7.529	8.569
G	1.156	1.269	0.061	0.079	4.326	4.678	1.456	1.283	7.215	7.456
H	1.378	1.462	0.065	0.063	4.356	5.792	1.605	1.601	6.567	7.652
I	1.654	1.701	0.072	0.068	4.678	5.219	1.756	1.567	4.322	5.371

7.3.2 平水年

图 7-14～图 7-18 为平水年枯水期结束时水库中 TN、TP、COD_{Mn}、SD 和叶绿素-a 的模拟浓度分布图。由图 7-14 可知，水库中 TN 浓度为 0. 500～2. 200 mg/L。水库中的 TN 浓度分布呈现“周高中低”的特征。从图 7-15～图 7-18 可以看出，水库中 TP、COD_{Mn}、SD 和叶绿素-a 分布与 TN 情况相似，TP 浓度为 0. 020～0. 080 mg/L，COD_{Mn} 浓度为 3. 000～5. 500 mg/L，SD 浓度为 1. 200～2. 000 m，叶绿素-a 浓度为 5. 000～10. 500 mg/m^3。

图 7-19～图 7-23 是丰水期结束时水库中 TN、TP、COD_{Mn}、SD 和叶绿素-a 的模拟浓度分布图。由图 7-19 可知，水库中 TN 浓度为 0. 500～2. 400 mg/L。水库中的 TN 浓度从水库周边向库中逐渐递减，这也与枯水期结束时的规律相似。从图 7-20～图 7-23 可以看出，水库中 TP、COD_{Mn}、SD 和叶绿素-a 分布与 TN 相似，TP 浓度为 0. 020～0. 080 mg/L，COD_{Mn} 浓度为 3. 000～5. 500 mg/L，SD 浓度为 1. 200～2. 000 m，叶绿素-a 浓度为 5. 500～10. 500 mg/m^3。

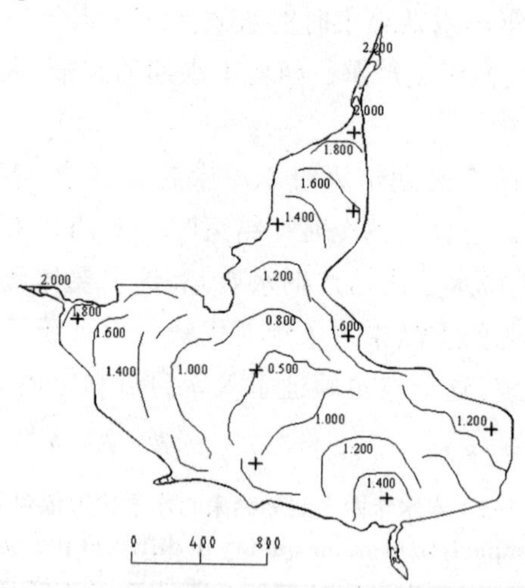

图 7-14 平水年枯水期结束时水库中 TN 模拟浓度分布

Fig. 7-14 Isopleth map of TN at the end of the dry period in normal years

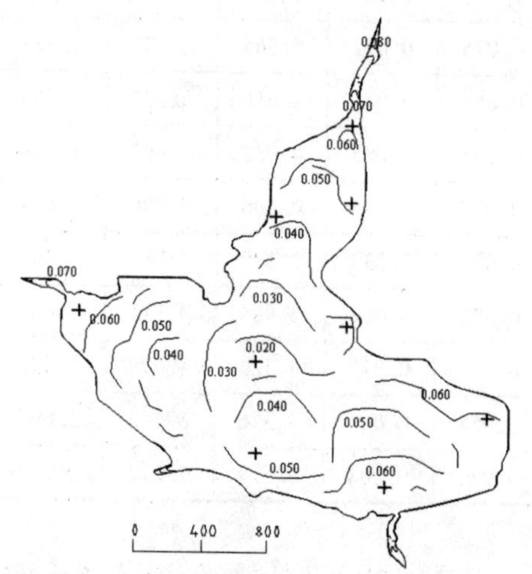

图 7-15 平水年枯水期结束时水库中 TP 模拟浓度分布

Fig. 7-15 Isopleth map of TP at the end of the dry period in normal years

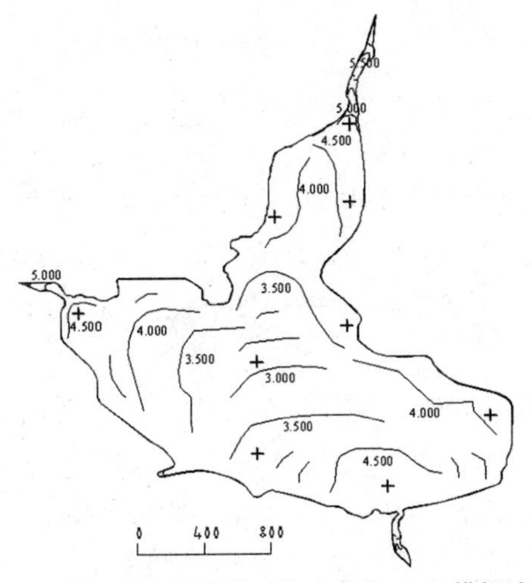

图7-16 平水年枯水期结束时水库中COD_{Mn}模拟浓度分布

Fig. 7-16 Isopleth map of COD_{Mn} at the end of the dry period in normal years

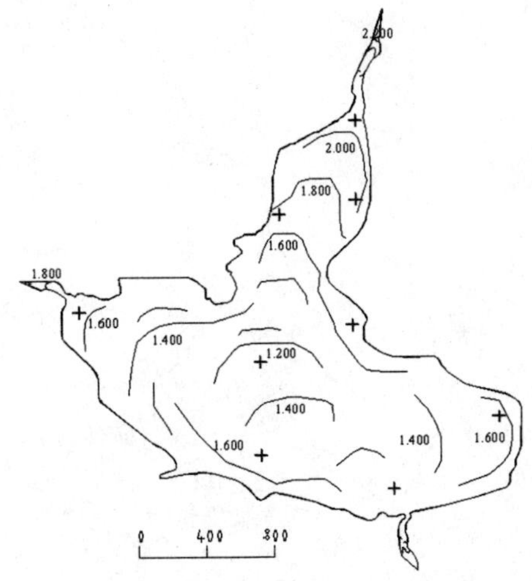

图7-17 平水年枯水期结束时水库中SD模拟浓度分布

Fig. 7-17 Isopleth map of SD at the end of the dry period in normal years

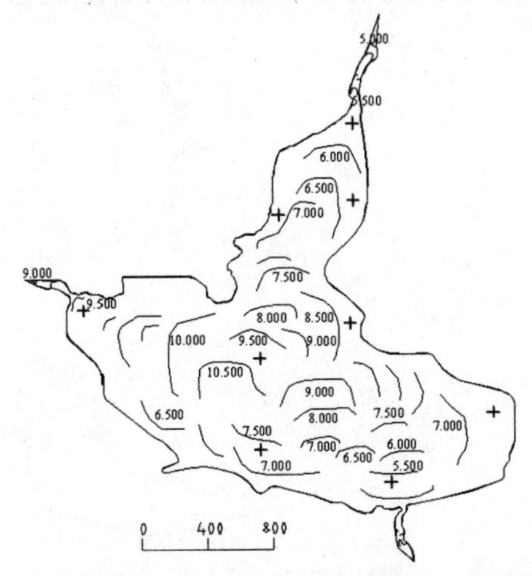

图7-18 平水年枯水期结束时水库中叶绿素-a模拟浓度分布

Fig. 7-18 Isopleth map of Chl-a at the end of the dry period in normal years

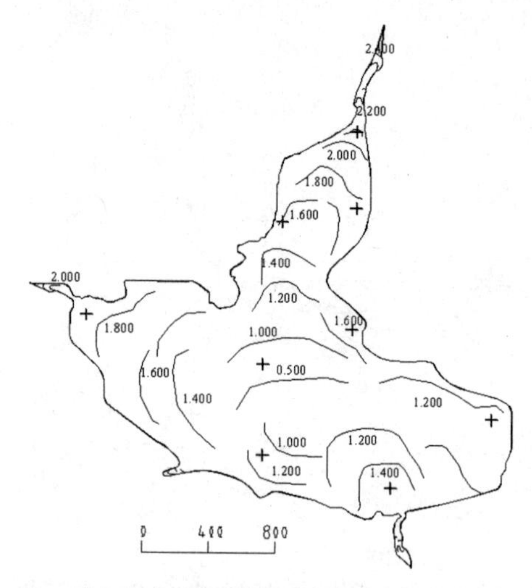

图 7-19　平水年丰水期结束时水库中 TN 模拟浓度分布

Fig. 7-19　Isopleth map of TN at the end of the wet period in normal years

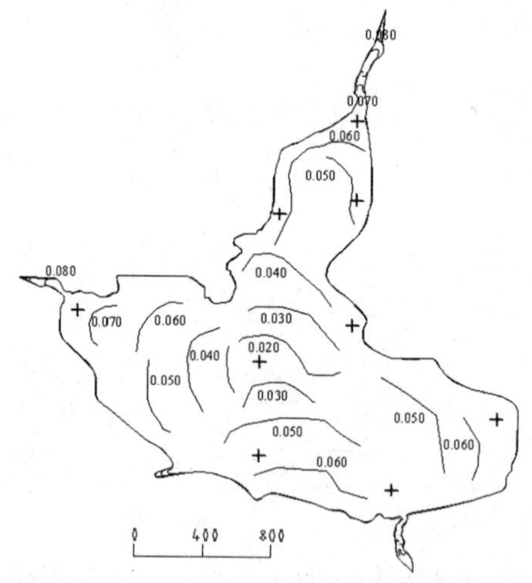

图 7-20　平水年丰水期结束时水库中 TP 模拟浓度分布

Fig. 7-20　Isopleth map of TP at the end of the wet period in normal years

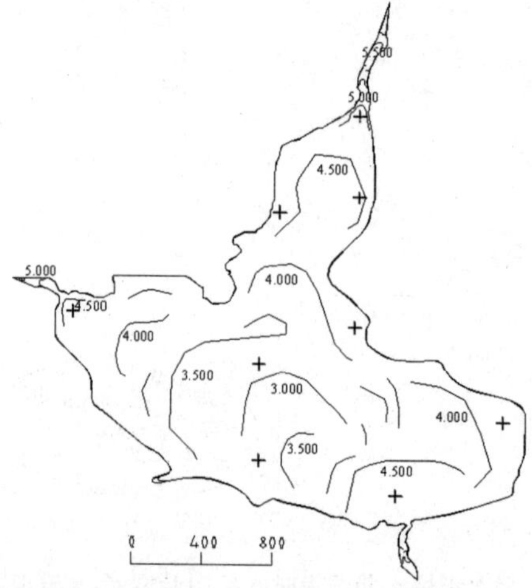

图 7-21　平水年丰水期结束时水库中 COD_{Mn} 模拟浓度分布

Fig. 7-21　Isopleth map of COD_{Mn} at the end of the wet period in normal years

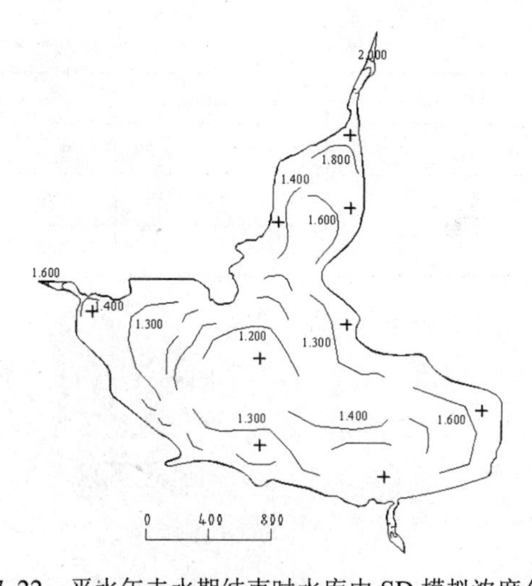

图 7-22　平水年丰水期结束时水库中 SD 模拟浓度分布

Fig. 7-22　Isopleth map of SD at the end of the wet period in normal years

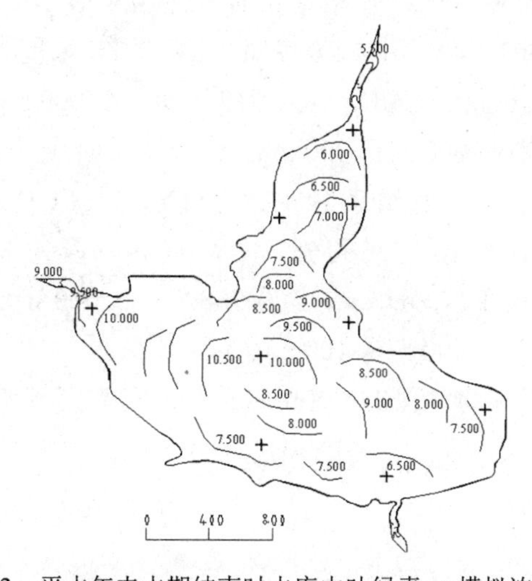

图 7-23　平水年丰水期结束时水库中叶绿素-a 模拟浓度分布

Fig. 7-23　Isopleth map of Chl-a at the end of the wet period in normal years

表 7-4　平水年两个时期结束时水质模拟值对照

Table 7-4　Comparison of water quality in different periods of normal years

监测点	TN（mg/L）		TP（mg/L）		COD_{Mn}（mg/L）		SD（m）		叶绿素-a（mg/m^3）	
	枯水期	丰水期	枯水期	丰水期	枯水期	丰水期	枯水期	丰水期	枯水期	丰水期
A	2. 042	2. 146	0. 062	0. 069	4. 982	5. 002	2. 016	1. 823	5. 604	5. 897
B	1. 567	1. 603	0. 049	0. 054	4. 345	4. 893	1. 956	1. 629	6. 432	7. 091
C	1. 689	1. 722	0. 053	0. 061	4. 563	4. 907	1. 706	1. 471	7. 008	7. 216
D	1. 723	1. 856	0. 062	0. 075	4. 034	5. 156	1. 622	1. 354	9. 941	9. 789
E	0. 501	0. 514	0. 022	0. 029	3. 111	3. 342	1. 237	1. 215	10. 090	10. 289
F	1. 543	1. 589	0. 046	0. 058	3. 345	3. 724	1. 692	1. 310	8. 492	8. 956
G	1. 082	1. 113	0. 051	0. 066	4. 034	4. 589	1. 533	1. 321	7. 251	7. 654

续表

监测点	TN（mg/L）		TP（mg/L）		COD_{Mn}（mg/L）		SD（m）		叶绿素-a（mg/m³）	
	枯水期	丰水期	枯水期	丰水期	枯水期	丰水期	枯水期	丰水期	枯水期	丰水期
H	1. 112	1. 297	0. 059	0. 065	4. 216	4. 896	1. 725	1. 688	6. 756	7. 265
I	1. 493	1. 641	0. 064	0. 069	4. 456	4. 921	1. 944	1. 762	5. 292	5. 517

表 7-4 给出了平水年两个时期结束时水库中各采样点 TN、TP、COD_{Mn}、SD 和叶绿素-a 模拟浓度的对比情况。总体上两个时期结束时，TN、TP、COD_{Mn}、SD 和叶绿素-a 具有差别，各点丰水期模拟水质比枯水期水质差，这仍体现了丰水期大、来水量携带大量氮磷在对水库富营养化的贡献中占了绝对优势。而且还可以看出，入库河流处及库周各点水质比库中 E 点要差，这一点也与丰水年相似。

7.3.3 枯水年

图 7-24～图 7-28 为平水年枯水期结束时水库中 TN、TP、COD_{Mn}、SD 和叶绿素-a 的模拟浓度分布图。由图 7-24～图 7-28 可知，水库中 TN 浓度为 1. 200～1. 600 mg/L，TP 浓度为 0. 035～0. 060 mg/L，COD_{Mn} 浓度为 3. 900～5. 000 mg/L，SD 浓度为 1. 500～2. 000 m，叶绿素-a 浓度为 6. 000～9. 000 mg/m³。

图 7-29～图 7-33 是丰水期结束时水库中 TN、TP、COD_{Mn}、SD 和叶绿素-a 的模拟浓度分布图。由图 7-29～图 7-33 可知，水库中 TN 浓度为 1. 200～1. 800 mg/L，TP 浓度为 0. 040～0. 060 mg/L，COD_{Mn} 浓度为 3. 800～5. 000 mg/L，SD 浓度为 1. 400～2. 000 m，叶绿素-a 浓度为 6. 400～9. 100 mg/m³。

枯水年不同时期各指标均呈现出“周高中低”的规律，这表明了入库河流及周边面源污染对水库水质的影响。

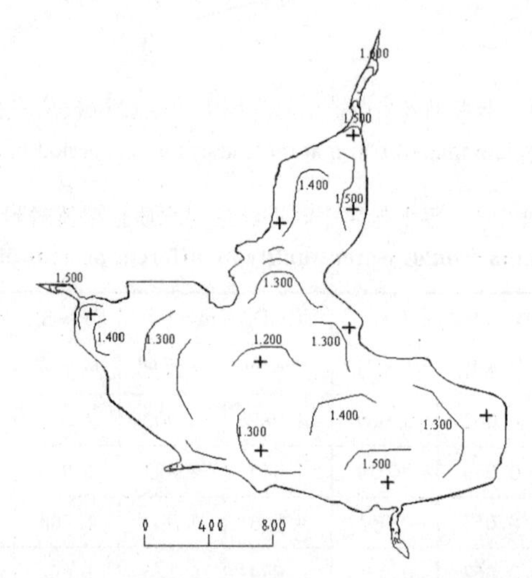

图 7-24 枯水年枯水期结束时水库中 TN 模拟浓度分布

Fig. 7-24 Isopleth map of TN at the end of the dry period in dry years

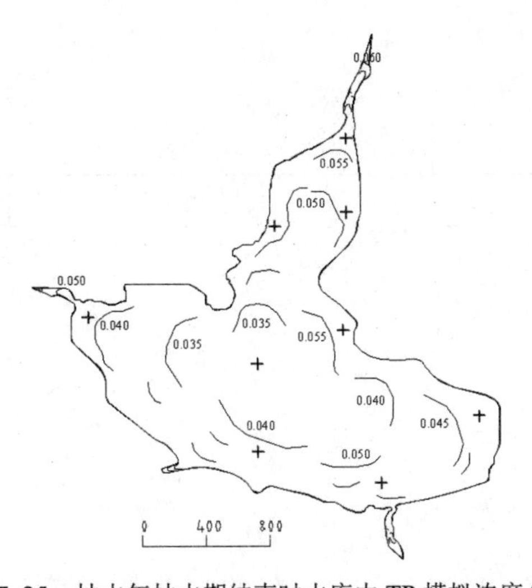

图 7-25　枯水年枯水期结束时水库中 TP 模拟浓度分布

Fig. 7-25　Isopleth map of TP at the end of the dry period in dry years

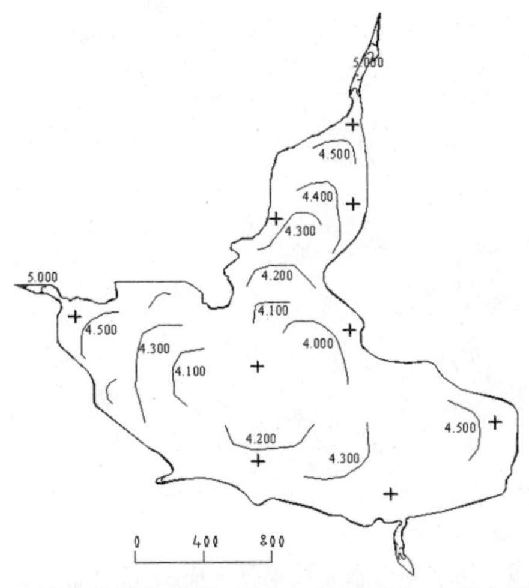

图 7-26　枯水年枯水期结束时水库中 COD_{Mn} 模拟浓度分布

Fig. 7-26　Isopleth map of COD_{Mn} at the end of the dry period in dry years

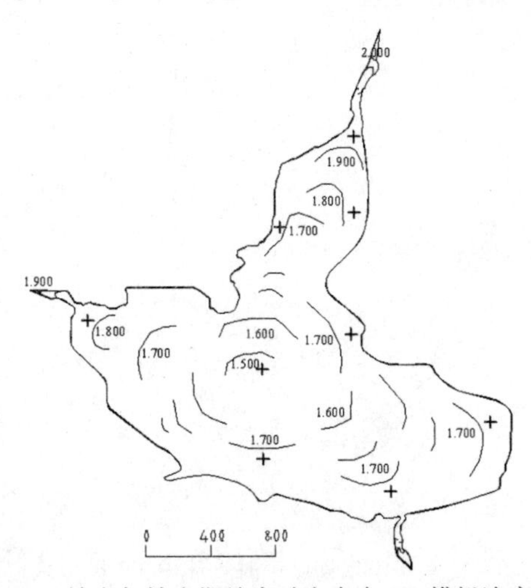

图 7-27　枯水年枯水期结束时水库中 SD 模拟浓度分布

Fig. 7-27　Isopleth map of SD at the end of the dry period in dry years

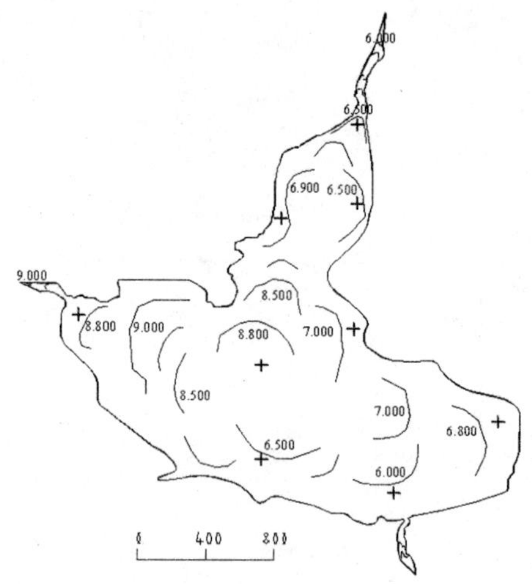

图 7-28　枯水年枯水期结束时水库中叶绿素-a 模拟浓度分布

Fig. 7-28　Isopleth map of Chl-a at the end of the dry period in dry years

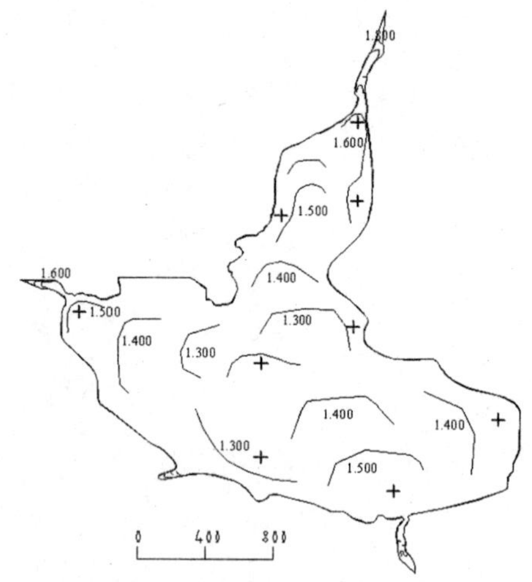

图 7-29　枯水年丰水期结束时水库中 TN 模拟浓度分布

Fig. 7-29　Isopleth map of TN at the end of the wet period in dry years

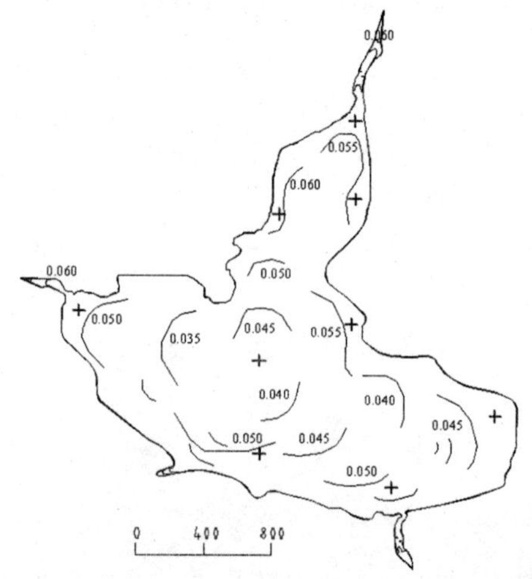

图 7-30　枯水年丰水期结束时水库中 TP 模拟浓度分布

Fig. 7-30　Isopleth map of TP at the end of the wet period in dry years

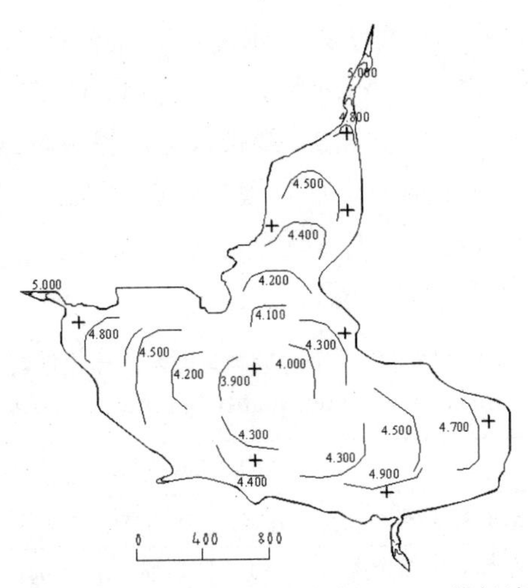

图 7-31　枯水年丰水期结束时水库中 COD_{Mn} 模拟浓度分布

Fig. 7-31　Isopleth map of COD_{Mn} at the end of the wet period in dry years

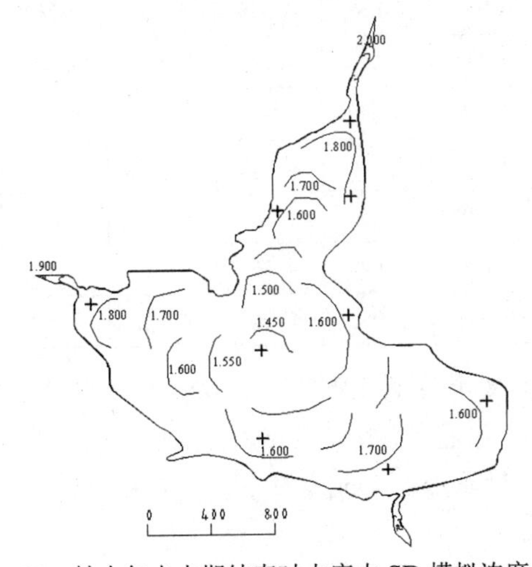

图 7-32　枯水年丰水期结束时水库中 SD 模拟浓度分布

Fig. 7-32　Isopleth map of SD at the end of the wet period in dry years

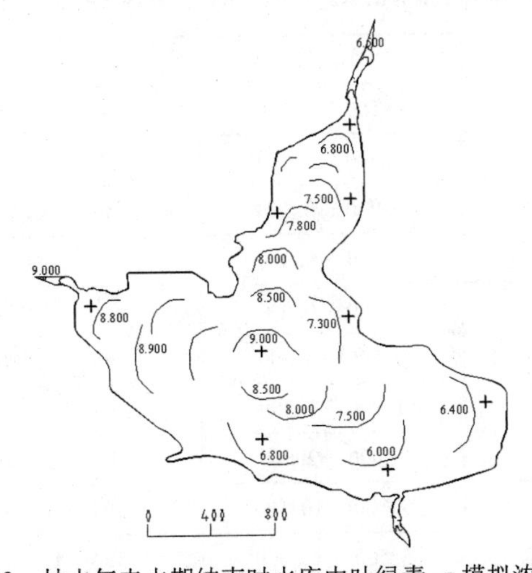

图 7-33　枯水年丰水期结束时水库中叶绿素 -a 模拟浓度分布

Fig. 7-33　Isopleth map of Chl-a at the end of the wet period in dry years

表 7-5 给出了枯水年两个时期结束时水库中各采样点 TN、TP、COD_{Mn}、SD 和叶绿素 -a 模拟浓度的对比情况。总体来看，两个时期结束时，TN、TP、COD_{Mn}、SD 和叶绿素 -a 差别较小，这是由于枯水期入库水量减少，携带入库的氮磷量减少，而此时内源释放的贡献率与面源污染相当，所以枯水期与丰水期模拟结束时水库水质相差不大。而且还可以看出，在枯水期库周各点水质较库中 E 点无明显差别，这一点也与丰水年、平水年相反；在丰水期库周各点水质与库中 E 点之间差别较小。

表 7-5 枯水年两个时期结束时水质模拟值对照

Table 7-5 Comparison of water quality in different periods of dry years

监测点	TN（mg/L）		TP（mg/L）		COD_{Mn}（mg/L）		SD（m）		叶绿素 -a（mg/m³）	
	枯水期	丰水期	枯水期	丰水期	枯水期	丰水期	枯水期	丰水期	枯水期	丰水期
A	1. 465	1. 521	0. 048	0. 053	4. 532	4. 765	1. 945	1. 893	6. 587	6. 732
B	1. 527	1. 645	0. 052	0. 054	4. 478	4. 512	1. 887	1. 829	6. 561	7. 443
C	1. 405	1. 542	0. 058	0. 063	4. 356	4. 467	1. 782	1. 669	6. 882	7. 665
D	1. 321	1. 486	0. 043	0. 055	4. 786	4. 889	1. 895	1. 875	8. 946	8. 881
E	1. 208	1. 229	0. 039	0. 040	3. 998	3. 887	1. 576	1. 464	8. 833	9. 023
F	1. 331	1. 368	0. 051	0. 056	4. 006	4. 341	1. 785	1. 643	6. 900	7. 295
G	1. 234	1. 272	0. 048	0. 054	4. 262	4. 367	1. 665	1. 538	6. 447	6. 835
H	1. 392	1. 401	0. 045	0. 048	4. 565	4. 729	1. 652	1. 635	6. 689	6. 456
I	1. 543	1. 562	0. 047	0. 052	4. 768	4. 921	1. 765	1. 731	5. 792	5. 993

表 7-6 给出了不同水文年各期 TN、TP、COD_{Mn}、SD 和叶绿素 -a 的模拟值情况。整体上看，不同水文年水质变化显著，按丰水年、枯水年、平水年顺序浓度依次降低；同一水文年丰水期浓度明显高于枯水期。各水文年，枯水年水库水质波动最小，平水年次之，丰水年波动最大。

表 7-6 不同水文年各期水质模拟值对比

Table 7-6 Comparison of water quality in different hydrological years

水文年		丰水年	平水年	枯水年
TN（mg/L）	枯水期	0. 500～2. 500	0. 500～2. 050	1. 200～1. 550
	丰水期	0. 500～3. 500	0. 510～0. 150	1. 220～1. 650
TP（mg/L）	枯水期	0. 030～0. 100	0. 020～0. 075	0. 035～0. 060
	丰水期	0. 030～0. 120	0. 020～0. 065	0. 040～0. 065
COD_{Mn}（mg/L）	枯水期	3. 000～6. 000	3. 100～5. 000	3. 800～5. 800
	丰水期	3. 500～6. 500	3. 300～5. 200	3. 300～5. 200
SD（m）	枯水期	1. 200～2. 200	1. 230～2. 100	1. 550～1. 950
	丰水期	1. 000～2. 000	1. 210～1. 850	1. 450～1. 900
叶绿素 -a（mg/m³）	枯水期	5. 000～10. 500	5. 200～10. 100	5. 790～8. 950
	丰水期	5. 500～11. 000	5. 500～10. 300	5. 900～9. 100

7.4 富营养化预测

根据不同特征的水文年水质预测结果，本节对产芝水库水质预测结果进行富营养化评价。评价方法采用模糊综合评判法，富营养化评价结果见表 7-7。

表 7-7 产芝水库不同水文年富营养化评价结果

Table 7-7 Evaluation results of eutrophication in different hydrological years

监测点	水文年	丰水年	平水年	枯水年
A 点	枯水期	Ⅲ	Ⅲ	Ⅲ
	丰水期	Ⅲ	Ⅲ	Ⅲ
B 点	枯水期	Ⅲ	Ⅲ	Ⅲ
	丰水期	Ⅲ	Ⅲ	Ⅲ
C 点	枯水期	Ⅲ	Ⅲ	Ⅲ
	丰水期	Ⅲ	Ⅲ	Ⅲ
D 点	枯水期	Ⅲ	Ⅲ	Ⅲ
	丰水期	Ⅲ	Ⅲ	Ⅲ
E 点	枯水期	Ⅰ	Ⅰ	Ⅰ
	丰水期	Ⅱ	Ⅰ	Ⅱ
F 点	枯水期	Ⅲ	Ⅲ	Ⅲ
	丰水期	Ⅲ	Ⅲ	Ⅲ
G 点	枯水期	Ⅱ	Ⅱ	Ⅱ
	丰水期	Ⅱ	Ⅱ	Ⅱ
H 点	枯水期	Ⅲ	Ⅲ	Ⅲ
	丰水期	Ⅲ	Ⅲ	Ⅲ
I 点	枯水期	Ⅲ	Ⅲ	Ⅲ
	丰水期	Ⅲ	Ⅲ	Ⅲ

注:“Ⅰ”中营养,“Ⅱ”中-富营养,“Ⅲ”富营养。

由表 7-7 可以看出，不同水文年在 A、B、C、D、F、H 和 I 点均为富营养化水平，E 点和 G 点为中营养-中富营养水平，中营养化占 7.4%，中富营养化占 16.7%，富营养化占 75.9%。由此可见，水库富营养化严重，如果不加以治理，将会大大影响水体的使用功能或者失去供水能力。

7.5 小结

根据产芝水库的水动力条件和水质分布特征，建立了含内源释放的平面二维水流-水质模型，并对不同水文年 TN、TP、COD_{Mn}、SD 和叶绿素-a 的分布情况进行了模拟，得到的主要结论如下。

（1）建立了平面二维内源释放耦合水流－水质模型，底部源项根据沉积物平衡释放通量进行换算。模型验证结果表明，建立的模型具有较高的模拟精度，参数的选择比较合理，基本可以反映产芝水库的实际情况。

（2）对不同水文年的水质分布进行了预测。不同水文年水质变化显著，按丰水年、枯水年、平水年顺序浓度依次降低；同一水文年丰水期浓度明显高于枯水期；各水文年，枯水年水库水质波动最小，平水年次之，丰水年波动最大。

（3）对不同水文年水质进行了富营养化评价。不同水文年富营养化评价结果表明，中营养化占 7. 4%，中－富营养化占 16. 7%，富营养化占 75. 9%，水库富营养化严重。

第 8 章

入库河流污染垂直流处理技术研究

由污染负荷计算可知，大沽河平均每年向产芝水库输入TN为193. 545 t，TP为7. 122 t，COD_{Mn}为472. 457 t；芝河平均每年向产芝水库输入TN为40. 190 t，TP为1. 627 t，COD_{Mn}为109. 876 t。面源污染为产芝水库的主要污染源之一，且入库河流是面源污染入库的主要途径。因此对入库河流污染的治理成为治理水库面源污染的首要任务。本章首次将两级垂直流土地系统应用于入库河水的污染治理，为水库面源污染治理提供新技术。

8.1 试验材料

8.1.1 试验材料

本试验采用 3 种填料，分别为煤渣、陶粒和碎石。煤渣，来自中国海洋大学锅炉房，平均密度 1 500 kg/m^3，强度较低，孔隙率较大，初次浸泡后 pH = 7. 5，见图 8-1；生物陶粒，来自淄博博山陶粒厂，其密度为 1. 25 g/cm^3，粒径 2. 0～4. 0 mm，比表面积为 $(2\sim6)\times10^4\ m^2/g$，初次浸泡后，pH = 7. 5，见图 8-2；碎石来自建筑工地，粒径 1～3 cm，见图 8-3。

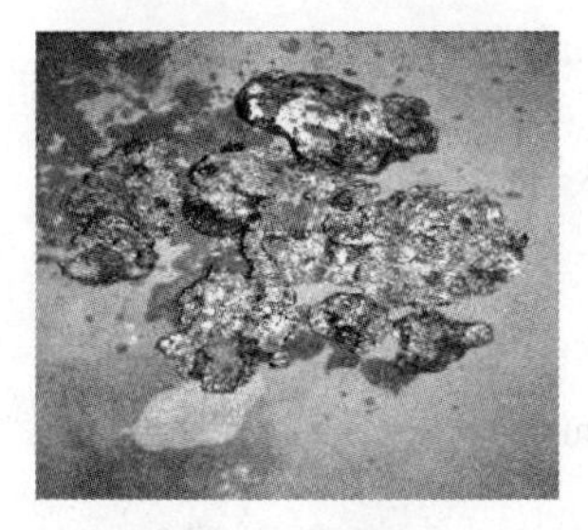

图 8-1　煤渣

Fig. 8-1　Cinder

图 8-2　陶粒

Fig. 8-2　Ceramic

图 8-3　碎石

Fig. 8-3　Gravel

实验用水：实验用水取自青岛市产芝水库J点库水，其水质情况具体见表8-1。

表8-1 进水水质

Table 8-1 Water quality of inflow

监测项目	TN (mg/L)	TP (mg/L)	COD_{Mn} (mg/L)	BOD_5 (mg/L)	SD (m)	Chl-a (mg/m^3)
监测值	0.819～2.871	0.058～0.091	1.34～4.69	4.060～6.518	0.918～1.540	1.243～4.494

8.1.2 试验装置

试验装置共3个，采用PVC板制作而成，进、出水管采用UPVC管、软橡胶管等。每个单元进水均由水泵来控制。其构造见图8-4、图8-5。

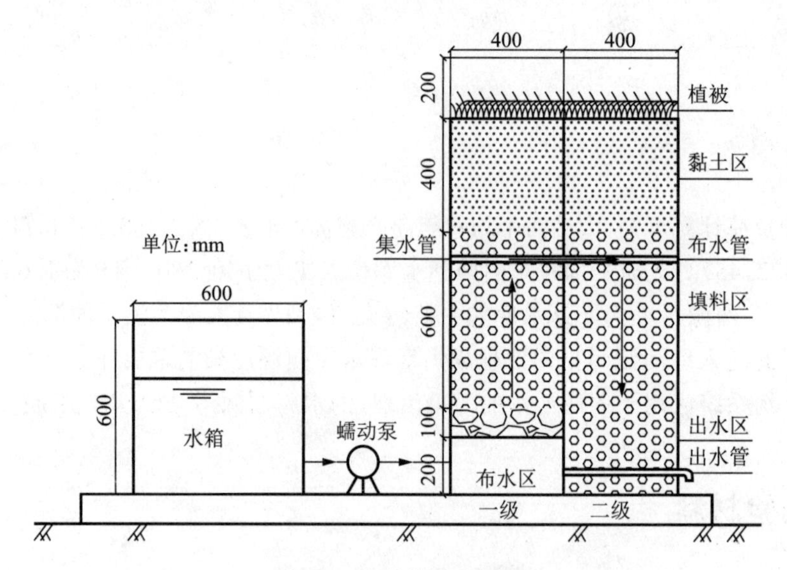

图8-4 实验装置示意图

Fig. 8-4 Schematic diagram of experimental equipment

图8-5 试验装置实体图

Fig. 8-5 Picture of experimental equipment

试验装置的直径和高度分别为800 mm和1 500 mm，其中布水区高度为200 mm，缓冲区高度为100 mm，填料区高度为600 mm，黏土区高度为400 mm，超高为200 mm。进水区包括进水水箱和蠕动泵，水箱尺寸为600 mm×600 mm×600 mm。布水方式采用穿孔板，穿孔板上层铺粒径为 15～30 mm 的卵石，厚度为 100 mm，起到均匀布水、截留部分悬浮物的作用。卵石上层为生物陶粒，其密度为 1.25 g/cm^3，粒径 2.0～4.0 mm，比表面积为(2～6)×10^4 m^2/g。集水管、布水管和出水管均为穿孔管，穿孔管管径 3 cm，管开孔，孔径 5 mm，间距 3 cm，与垂直方向成 15 ℃，2 排，材质为 UPVC 管。填料层以上覆盖 400 mm 厚黏土，黏土上种有草皮，起到保温、除臭作用。

8.2 试验方法

8.2.1 试验方法

试验分为两部分：第一部分为启动阶段，即挂膜阶段，见表 8-2；第二部分为运行阶段。当挂膜成功后，就开始了正式运行阶段。正式运行阶段具体分 4 个小阶段，具体参数见表 8-3。

表 8-2　启动阶段运行参数
Table 8-2　Parameters of start-up stage

运行起止时间	温度(℃)	pH	设计流量(L/d)	水力停留时间(h)	试验填料
3 月 22 日～5 月 2 日	19.7～28.6	6.8～7.6	50	144	陶粒、煤渣、碎石

表 8-3　运行阶段运行参数
Table 8-3　Parameters of running stage

运行阶段	第 1 阶段	第 2 阶段			第 3 阶段		第 4 阶段
运行起止时间	5 月 8 日～6 月 18 日	6 月 22 日～7 月 22 日	7 月 26 日～8 月 26 日	8 月 30 日～9 月 30 日	10 月 6 日～11 月 6 日	11 月 10 日～12 月 10 日	12 月 14 日～次年 1 月 14 日
设计流量(L/d)	50	50	50	50	25	35	35
设计 HRT (h)	144	96	168	192	144	144	144
设计水力负荷(m/d)	0.199	0.199	0.199	0.199	0.099	0.139	0.139
试验填料	陶粒、煤渣、碎石	陶　粒	陶　粒	陶　粒	陶　粒	陶　粒	陶　粒

运行第一阶段研究了不同生物填料对污染物去除效果的影响；第二阶段研究了不同水力停留时间对污染物去除效果的影响；第三阶段研究了不同水力负荷对污染物去除效果的影响；第四阶段研究了优化条件下对污染物的处理效果。在水样水质分析时，每个水样取 3 个重复，以保证实验数据的准确性。

8.3 启动试验

启动试验从 2009 年 3 月 22 日～5 月 2 日，采用产芝水库入库河流大沽河断面 J 点水样，见表 8-1。启动阶段试验进水 pH 为 6.8～7.6，温度为 19.7～28.6℃，启动期间进水流量控制在 50 L/d,水力停留时间为 144 h。运行 4 d 后开始测定各项水质指标。系统启动阶段的运行情况如图 8-6～图 8-11 所示。

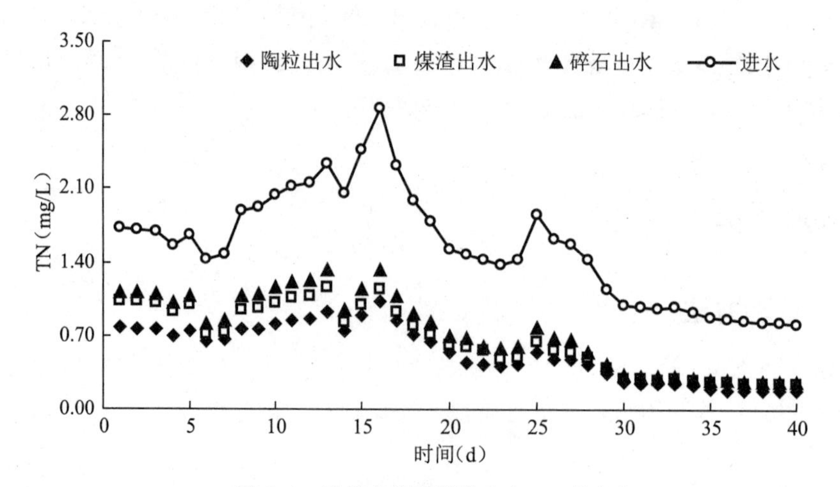

图 8-6 系统启动阶段进出水 TN 的变化

Fig. 8-6 The changes of TN in influent and effluent

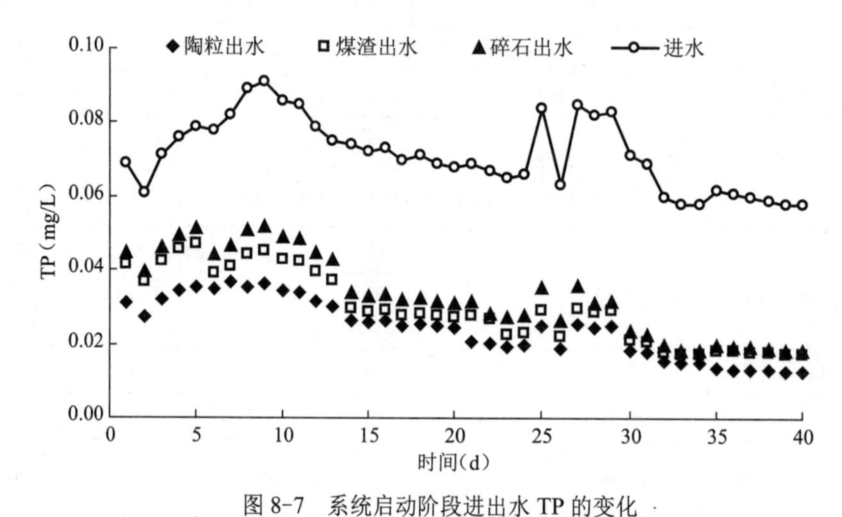

图 8-7 系统启动阶段进出水 TP 的变化

Fig. 8-7 The changes of TP in influent and effluent

启动期间进水水质见表 8-1,进水水质变化幅度不大,虽然进水浓度有一定的波动,各填料出水浓度一开始较不稳定,后来逐渐平稳,说明挂膜成功。

从图中还可以看出,系统对进水具有较好的处理效果,且陶粒挂膜处理效果比煤渣和碎石稍好,在浓度波动越大的阶段差别越明显。生物膜是在惰性载体表面形成的,有时均匀地分布在整个载体表面,而有时却非常不均匀;有时生物膜比较薄,而有时却相当厚,随着营养物质、时间、空间的改变而发生变化。由于生物膜主要是微生物细胞和它们所产生的胞外聚多物所组成,因而生物膜通常具有孔状结构,并具有很强的吸附性能[163]。

粗糙度和孔隙率是影响填料挂膜的主要因素。填料表面粗糙度越大,对微生物的捕捉能力就越强,挂膜越快。所以粗糙度是生物膜初期形成的主要影响因素。而填料的孔隙率也影响生物膜的附着性,较小的孔隙具有毛孔保水作用,因而对活动于水中的微生物

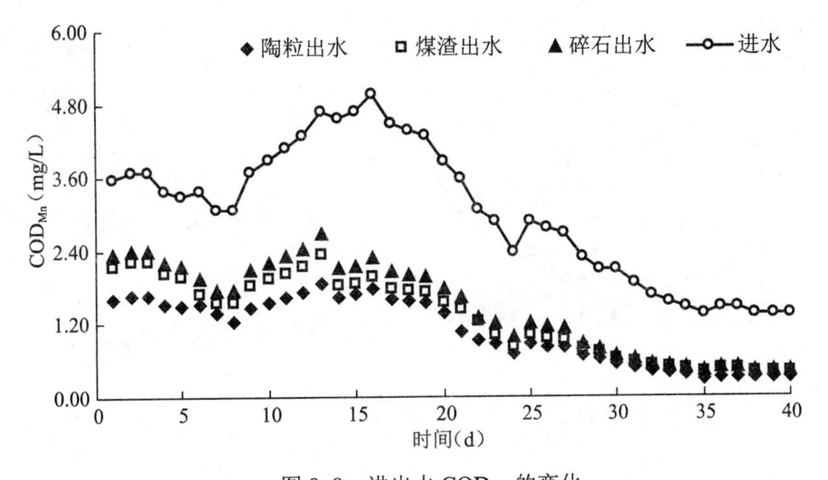

图 8-8　进出水 COD_{Mn} 的变化

Fig. 8-8　The changes of COD_{Mn} in influent and effluent

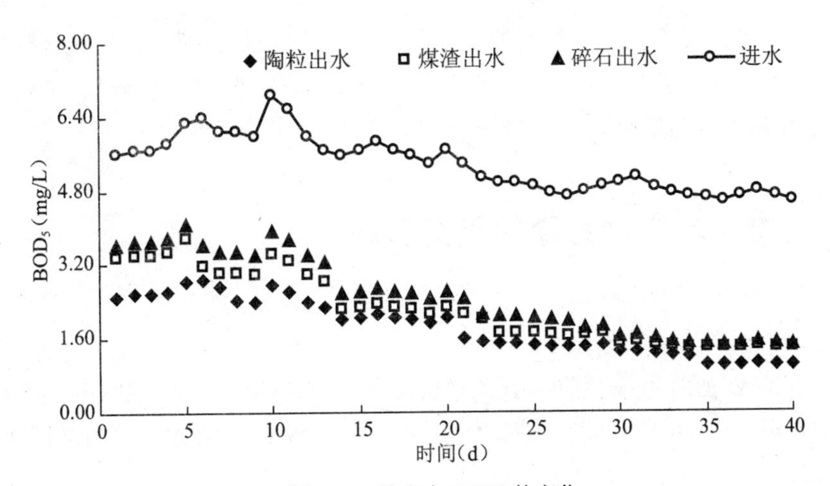

图 8-9　进出水 BOD_5 的变化

Fig. 8-9　The changes of BOD_5 in influent and effluent

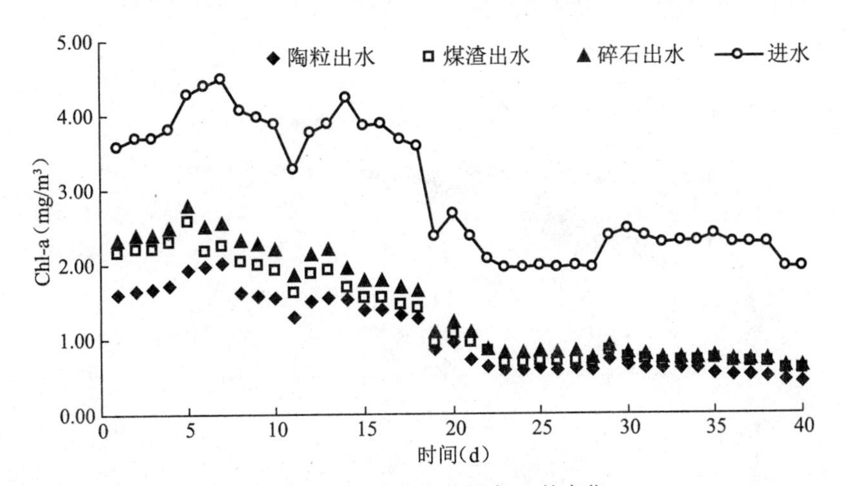

图 8-10　进出水叶绿素-a 的变化

Fig. 8-10　The changes of Chl-a in influent and effluent

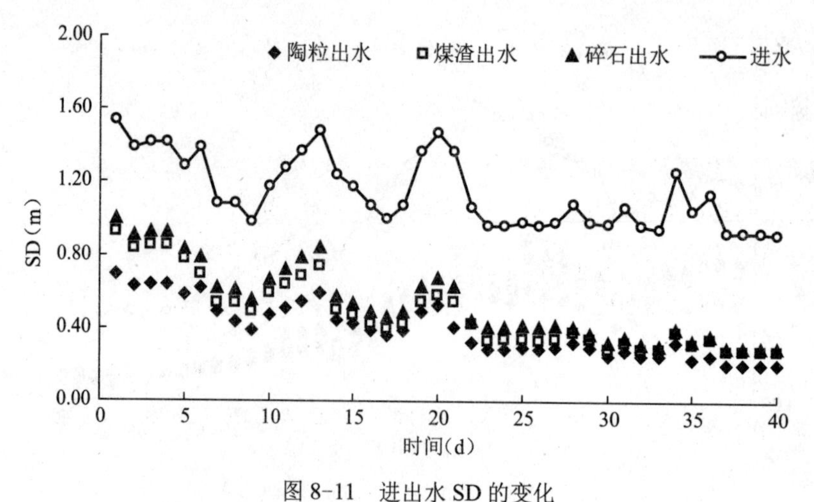

图 8-11　进出水 SD 的变化

Fig. 8-11　The changes of SD in influent and effluent

有较强的持留作用。理论上来讲煤渣的孔隙率应该大于陶粒，挂膜效果应该优于陶粒，而试验中却与理论不符，这是由于煤渣的物理强度低于陶粒，虽然在装柱时较大，但是随着水力冲击，其孔隙率逐渐降低，挂膜效果劣于生物陶粒。

8.4 各因素对污染物去除效果的影响

8.4.1 生物填料

当填料挂膜成功后，系统就进入正式运行阶段。本阶段运行从 2009 年 5 月 8 日～6 月 18 日，进水 pH 在 6.8～7.6 之间，温度在 18.9～29.9℃之间，水力停留时间为 144 h，进水量 50 L/d。

(1) TN。由图 8-12 可以看出，陶粒、煤渣和碎石三种生物填料对 TN 的去除率依次降低。其中生物陶粒去除效果最好，去除率最高为 67.21%，最低为 45.23%，平均值为

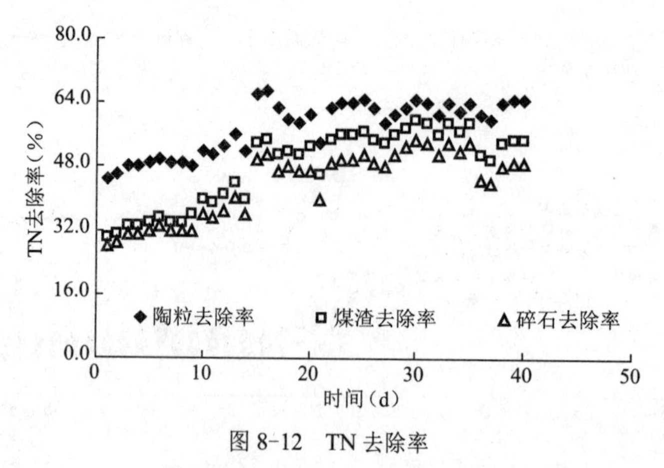

图 8-12　TN 去除率

Fig. 8-12　The remove rates of TN

58.08%；煤渣对 TN 的去除效果居中，最高去除率为 60.09%，最低为 30.22%，平均值为 48.20%；碎石对 TN 的去除效果最差，最高去除率为 60.09%，最低为 30.22%，平均值为 48.20%。

分析其原因，主要是因为煤渣虽然孔隙率高，但是物理强度不够，密度小，易随水漂浮，从而携带出污染物质；陶粒孔隙率比煤渣略小，但是物理强度大，生物膜生长稳定，透水面积大，物理化学性质较煤渣稳定，所以其比煤渣、碎石的处理效果都要好；碎石虽然物理化学性质较煤渣稳定，但是孔隙率小，生物生长量小，所以处理效果相对较差。由此可见，生物陶粒对 TN 的去除效果最好。

（2）TP。由图 8-13 可知，三种生物填料对 TP 的去除率总体不高，其中煤渣去除率最高，陶粒次之，碎石的去除率最低。其中煤渣最高去除率为 49.56%，最低为 32.31%，平均值为 41.57%；陶粒对 TP 的最高去除率为 45.37%，最低为 26.29%，平均值为 37.12%；碎石的最高去除率为 37.18%，最低为 22.26%，平均值为 31.39%。

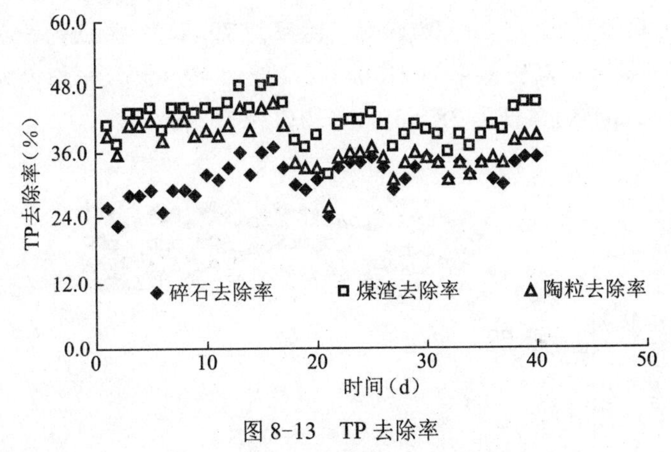

图 8-13　TP 去除率

Fig. 8-13　The remove rates of TP

水体中磷的去除主要由物理、化学和生物共同作用完成。除了生物降解作用外，物理吸附与化学沉淀对磷的去除也起到很大的作用，尤其是化学沉淀。可溶性的无机磷化物很容易与 Al^{3+}、Fe^{3+}、Ca^{2+} 等发生吸附和沉淀反应 [164～168]。煤渣之所以对磷的去除效果最好，很大一部分原因就是煤渣中的 Al^{3+}、Fe^{3+}、Ca^{2+} 可以和正磷酸盐发生反应沉淀，从而使磷得以去除。

（3）COD_{Mn}。由图 8-14 可知，三种生物填料对 COD_{Mn} 的去除率：陶粒去除率最高，煤渣次之，碎石的去除率最低。其中陶粒最高去除率为 67.26%，最低为 51.21%，平均值为 59.47%；煤渣对 COD_{Mn} 最高去除率为 60.20%，最低为 40.05%，平均值为 50.62%；碎石的最高去除率为 54.34%，最低为 37.16%，平均值为 46.17%。

系统对 COD_{Mn} 的去除率均较高，这是由于系统正常运行后对 COD_{Mn} 去除部分是由于非生物过程，即填料的沉淀和吸附，部分是由于植被的根际效应，而绝大部分是由于微生物的降解作用得以去除 [169]。

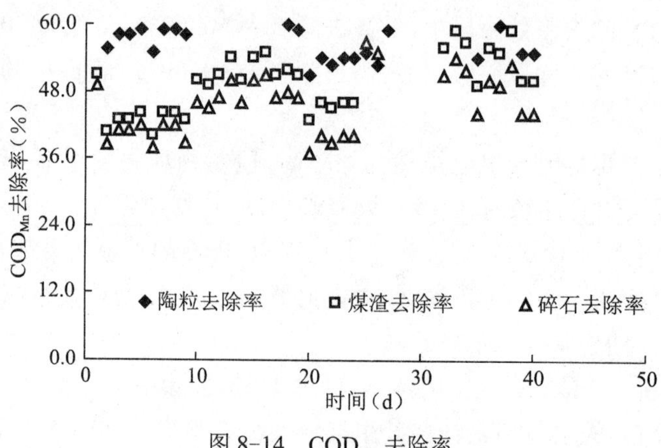

图 8-14 COD_{Mn} 去除率

Fig. 8-14 The remove rates of COD_{Mn}

（4）Chl-a。由图 8-15 可知，三种生物填料对 Chl-a 的去除率：陶粒去除率最高，煤渣次之，碎石的去除率最低。其中陶粒最高去除率为 79. 52%，最低为 56. 43%，平均值为 70. 22%；煤渣对 Chl-a 最高去除率为 71. 06%，最低为 40. 65%，平均值为 59. 84%；碎石的最高去除率为 65. 64%，最低为 38. 56%，平均值为 55. 39%。

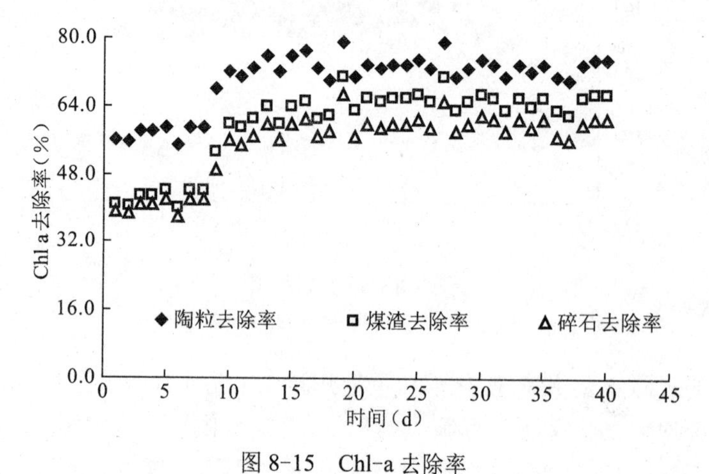

图 8-15 Chl-a 去除率

Fig. 8-15 The remove rates of Chl-a

水库是藻菌共生体系，藻类通过自身生长会吸收水体中的氮磷元素，该系统通过物理截留作用去除掉大部分的 Chl-a，从而达到较好的去除效果。另外由于系统对 TN、TP 等的去除，水体中营养元素逐渐减少，藻类生长环境变弱，水体中含藻量逐渐减少，这也是系统对 Chl-a 的高去除率的重要原因之一。填料对 Chl-a 的去除率的影响，占决定地位的因素仍是孔隙率大，生物膜覆盖面积大，对藻类的分解速度快，进而提高了陶粒的去除率。

（5）SD。由图 8-16 可知，三种生物填料对 SD 的影响中，陶粒去除率最高，碎石次之，煤渣的最低。其中陶粒的最高去除率为 54. 02%，最低为 35. 12%，平均值为 45. 82%；碎石的最高去除率为 62. 04%，最低为 26. 16%，平均值为 42. 09%；煤渣的最高去除率为 59. 63%，最低为 20. 45%，平均值为 38. 92%。

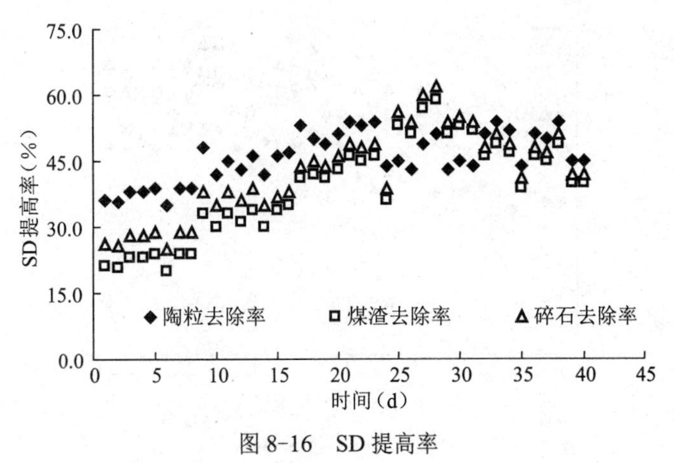

图8-16 SD提高率

Fig. 8-16 The increase rates of SD

由以上可知，经过系统处理后，进水的SD得到明显提高，这是由多重因素决定的：一是由于系统对进水中悬浮物质的截留作用；二是生物化学反应消耗了水体中的营养物质；三是根际效应对水体中物质的吸收；四是藻类高效率的去除。其中第一种和第四种直接决定了水体SD。由图中可以看出，装有陶粒的反应系统出水的SD仍是最高的，其中碎石占据第二位，煤渣占据第三位，这与以上研究结果有所不同，分析其原因，可能是煤渣密度较小，易随水流出，从而影响了其透明度。

总之，通过以上不同填料对TN、TP、COD_{Mn}、Chl-a和SD的影响分析，进行综合评价，由评价结果可知陶粒比煤渣、碎石对TN、TP、COD_{Mn}、Chl-a和SD的改善效果要好，且性价比较好。因此，在第二、第三阶段的试验中，主要以陶粒为填料，对其他影响因素进行试验研究。

8.4.2 水力停留时间对污染物去除效果的影响

水力停留时间(HRT)是指待处理污水在反应器内的平均停留时间，也就是污水与生物反应器内微生物作用的平均反应时间[173]。多以下式表示：

$$\theta=\frac{V}{Q} \tag{8-1}$$

式中：V—生物反应器的容积，m^3；Q—污水的平均日流量，m^3/d；θ—理论水力停留时间，d。

HRT是一个非常重要的参数，它不仅影响整个系统的处理效能，还直接决定了容积的大小，从而影响基建费用，因此，确定合理的HRT对于保证系统的处理效能及节省工程投资都具有十分重要的意义[171]。

本阶段运行从2009年6月22日～9月30日，进水pH在6.8～7.6之间，温度在18.9～25.6℃之间，填料为生物陶粒，进水量50 L/d，每次改变水力停留时间，系统要稳定运行4～6 d，然后开始连续测定各项水质指标进行分析。本书通过改变系统的水力停留时间，研究了不同水力停留时间对污染物去除效果的影响，并得出了系统相对优势的停留时间。实验结果见图8-17～图8-21。

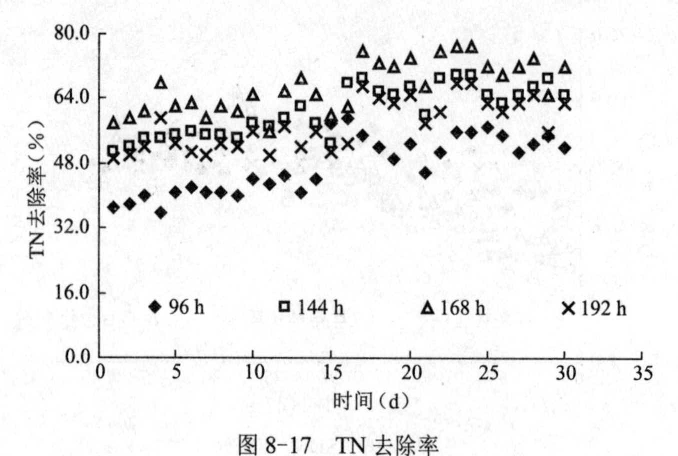

图 8-17 TN 去除率

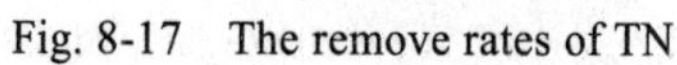
Fig. 8-17 The remove rates of TN

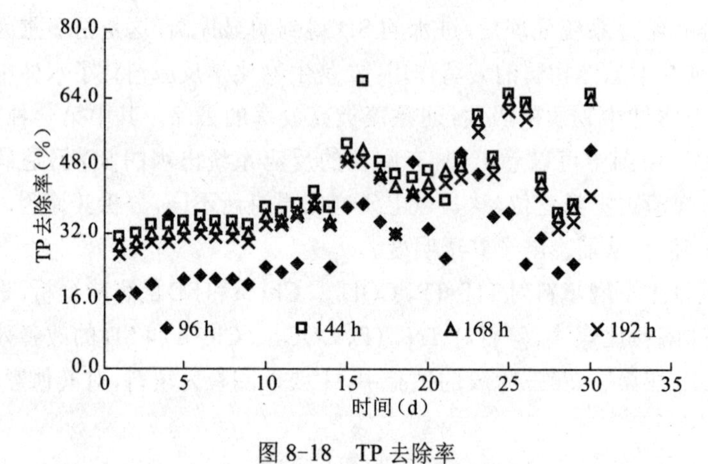

图 8-18 TP 去除率

Fig. 8-18 The remove rates of TP

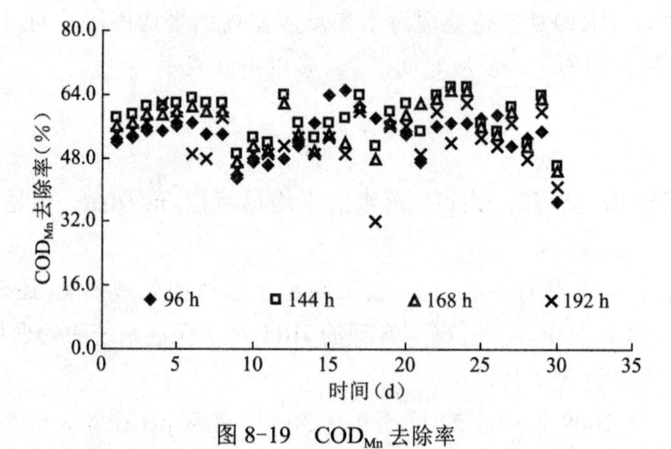

图 8-19 COD_{Mn} 去除率

Fig. 8-19 The remove rates of COD_{Mn}

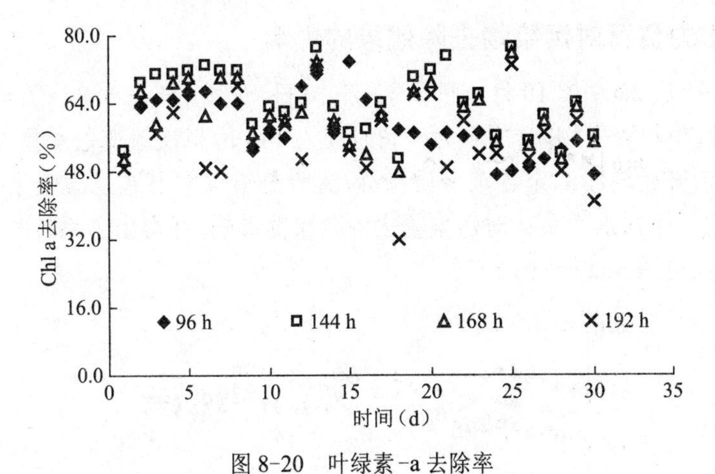

图 8-20 叶绿素-a 去除率

Fig. 8-20 The remove rates of Chl-a

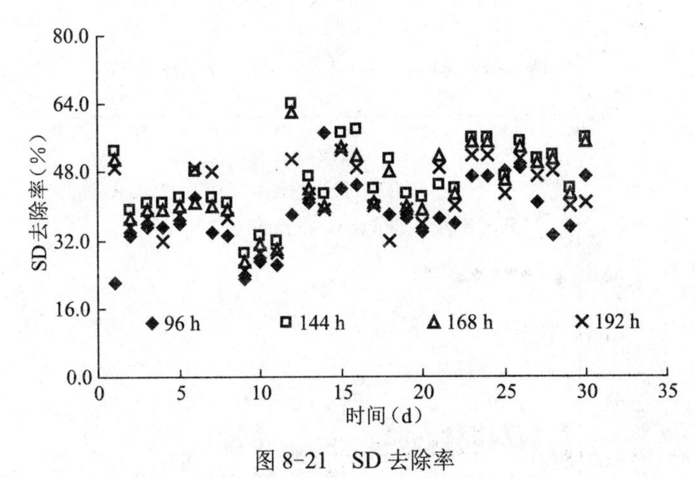

图 8-21 SD 去除率

Fig. 8-21 The remove rates of SD

由图 8-17～图 8-21 可知，不同的水力停留时间对 TN、TP、COD_{Mn}、Chl-a 和 SD 去除的影响不尽相同。其中四种不同的水力停留时间中，当停留时间为 168 h 时，对 TN 的去除率最高；当停留时间为 144 h 时，对 TP、COD_{Mn}、Chl-a 和 SD 的去除效果最好。

总体而言，随着水力停留时间的增加，对 TN、TP、COD_{Mn}、Chl-a 和 SD 等污染物的去除能力都在升高。总结其原因，增大水力停留时间，延长了污水与微生物的接触时间，使污水中的有机污染物得到充分的降解时间。水力停留时间越长，出水水质越好，更容易达到预定的要求。但是水力停留时间不能无限提高，因为如果水力停留时间过长，微生物吸收水中的营养物质而过度增长，生物膜就会慢慢老化，从而使水质变差，另外吸附或滞留在系统中的污染物质，由于过于饱和而逐渐向水体中释放，所以，当停留时间过长时，处理效果反而会变差。对于一定的反应器容积和进水底物浓度来讲，延长水力停留时间，系统对各种污染物的去除效果都有提高，但是不能无限提高系统的水力停留时间，因为从式 $V=\theta Q$ 可知，对于一定流量的污水来讲，延长水力停留时间就是增加反应器有效容积，而容积加大会增加基建投资。

8.4.3 水力负荷对污染物去除效果的影响

本阶段运行从2009年10月6日～12月10日，进水pH在6.8～7.6之间，温度为16.9～23.6℃，填料为生物陶粒，水力停留时间为144 h，每次改变进水量，系统要稳定运行4～6 d，然后开始连续测定各项水质指标，进行分析。本书通过改变系统的进水量即水力负荷，研究了不同水力负荷对污染物去除效果的影响，并得出了系统相对优势的水力负荷。实验结果见图8-22～图8-26。

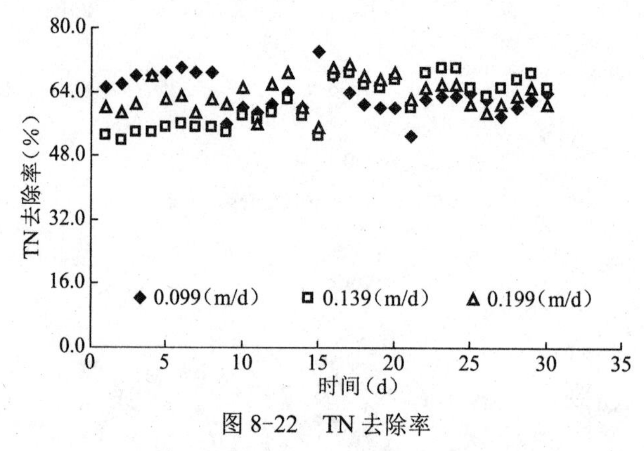

图8-22 TN去除率

Fig. 8-22 The remove rates of TN

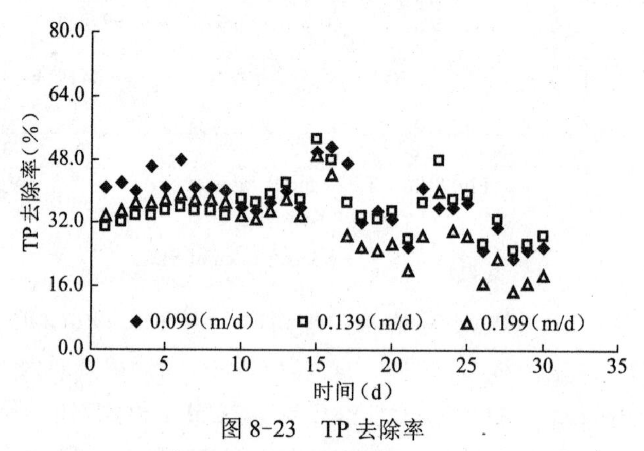

图8-23 TP去除率

Fig. 8-23 The remove rates of TP

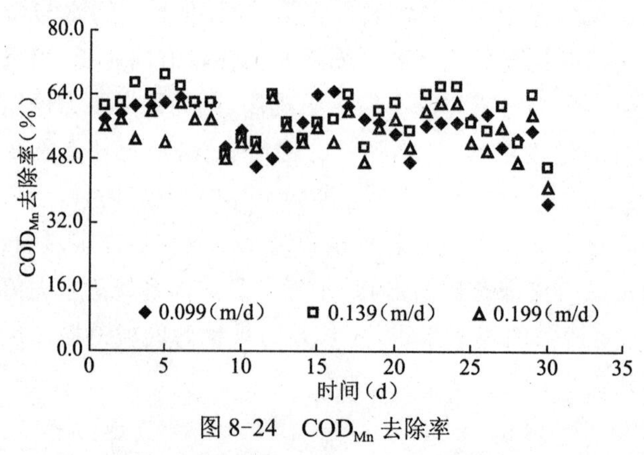

图8-24 COD_{Mn}去除率

Fig. 8-24 The remove rates of COD_{Mn}

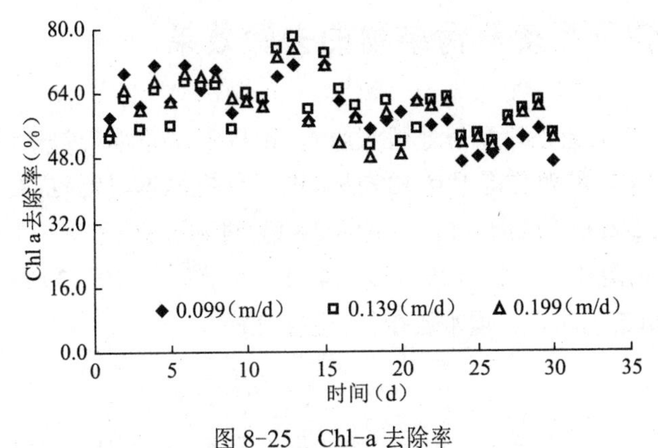

图 8-25　Chl-a 去除率

Fig. 8-25　The remove rates of Chl-a

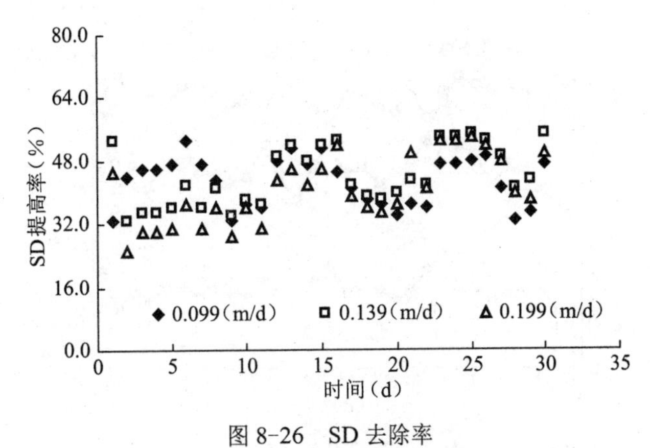

图 8-26　SD 去除率

Fig. 8-26　The remove rates of SD

由图 8-22～图 8-26 可知，不同的水力负荷对 TN、TP、COD_{Mn}、Chl-a 和 SD 去除效果表现出不同的影响。水力负荷为 0. 099 m/d 时，试验开始阶段，去除效果最好，但是随着试验时间的延长，处理效果逐渐降低，这可能因为开始时水力负荷小，污染物总量小而得到充分的降解，后期却会出现营养不足，微生物衰弱，而使得处理效果变差。水力负荷为 0. 139 m/d 时与水力负荷为 0. 099 m/d 时的情况恰好相反，主要是因为在运行完低负荷后，微生物衰竭，而这时水力负荷增加，污染物浓度增加，使得污染物得不到充分的降解，但是营养物质的增加又为微生物提供了养料，微生物量逐渐增加，所以试验后期处理效果明显增加。当水力负荷增加到 0. 199 m/d 时，处理效果较 0. 139 m/d 和 0. 099 m/d 时都要差，主要原因是水力负荷增加，污染物浓度增加，使其得不到充分的降解；第二个原因是水力负荷大，停留时间短，与微生物得不到充分的接触，处理效率变低；第三个原因是水力负荷较大，对微生物的冲击很大，有可能将已挂好的微生物膜冲下来，且被吸附在生物膜表面的有机物未来得及被降解即被出水带出，处理效果不一定能够保证达到出水要求 [172]。综合分析三种水力负荷的优缺点，当水力负荷为 0. 139 m/d 时相对效果最好。

8.5 优化条件下系统对污染物的去除效果

针对两级垂直流土地处理系统处理水源水，由以上试验分析得知，填料为生物陶粒，水力停留时间为144 h，水力负荷为0. 139 m/d时，系统的综合性能最好。

本阶段运行从2009年12月14日～1月14日，进水pH为6. 8～7. 6，温度为15. 9～22. 6 ℃，填料为生物陶粒，水力停留时间为144 h，水力负荷为0. 139 m/d时，系统要稳定运行4～6 d后开始连续测定各项水质指标，进行分析。

8.5.1 TN

由图8-27可以看出，系统对TN的去除率最高为66%，最低为54%，均值为60. 2%，去除率较高。

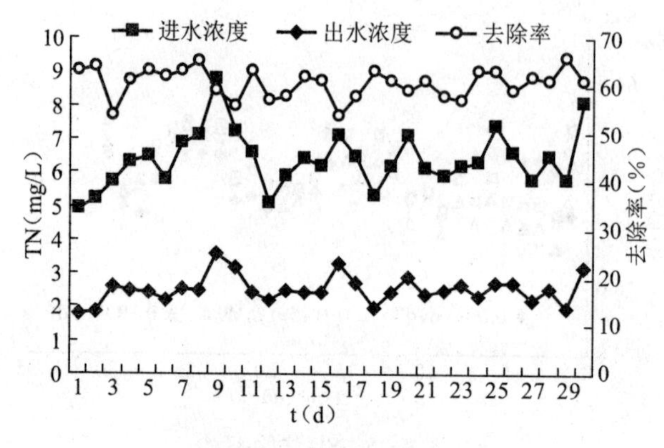

图8-27 TN的去除效果

Fig. 8-27 The removal of TN

8.5.2 TP

由图8-28可见，该系统除磷效果明显，最高可达79%，最低为54%，平均值为69. 3%。系统两级垂直流的特点增强了物理截留和化学沉淀的除磷效果，系统中植被的根际呼吸增加了系统的含氧量，为好氧条件下除磷提供相当的电子受体，所以达到较强的除磷效果。

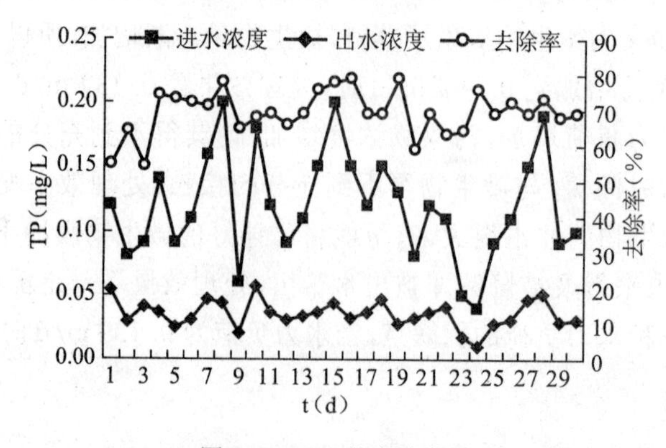

图8-28 TP的去除效果

Fig. 8-28 The removal of TP

8.5.3 COD_{Mn}

两级垂直流土地系统对微污染水中COD_{Mn}的去除效果见图8-29。由图可知，系统对COD_{Mn}的去除率均较高，最低为43%，最高为72%，平均去除率为56.8%。进水COD_{Mn}为4.5～9.6 mg/L，波动较大，但是出水COD_{Mn}均处于1.8～3.9 mg/L，水质稳定。

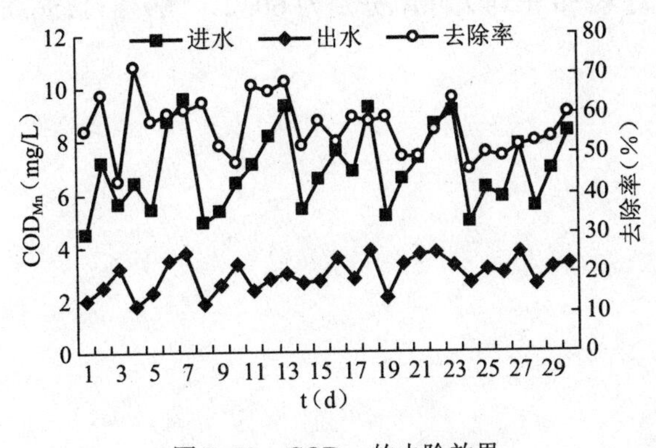

图8-29 COD_{Mn}的去除效果

Fig. 8-29 The removal of TN

8.5.4 Chl-a

由图8-30可以看出，系统对叶绿素-a的去除率非常高，最高为84%，最低为62%，平均值为70.6%。原水通过两级垂直流土地系统时，水中藻类会被生物陶粒的物理截留作用拦截下来，在陶粒中逐渐衰亡分解，最终被植物和微生物吸收利用，从而达到较高的去除效果。

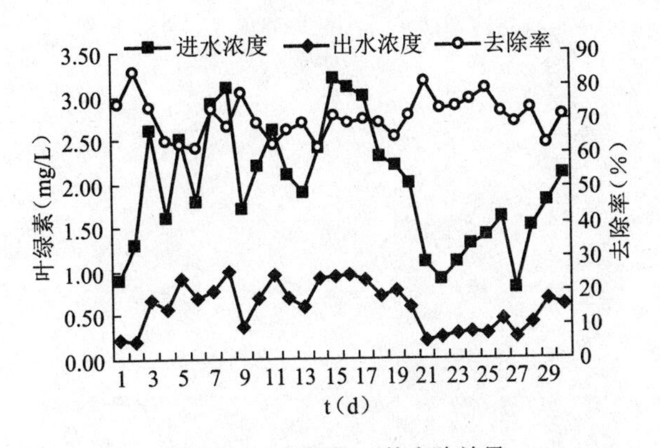

图8-30 叶绿素-a的去除效果

Fig 8-30 The removal of Chl-a

两级垂直流土地系统对TN、TP、COD_{Mn}和叶绿素-a的去除率较高，平均去除率分别为60.2%、69.3%、56.8%和70.6%，对水源水库水的净化效果较好。土地系统中的生物陶粒填料比表面积大，有利于微生物的附着生长，强化了微生物的种类和浓度，提高了净化效果。植物是生态土地的重要组成部分，不但能够吸收水体中的氮磷作为自身营养元素，还可以为土地复氧，改善土地的厌氧环境，提高系统的脱氮除磷效果。

8.6 小结

本章通过对两级垂直流土地系统治理入库河流污染的试验研究，优化了系统的工况参数，优化工况为填料为生物陶粒，HRT 为 144 h，水力负荷为 0. 139 m/d。优化工况下对 TN、TP、COD_{Mn} 和叶绿素-a 平均去除率分别为 60. 2%、69. 3%、56. 8%和 70. 6%。

第9章

底泥氮磷释放规律试验研究

9.1 水库底泥污染特征

9.1.1 样品采集

根据水库的地理、水动力特征及底泥厚度分布，在水库中设置了4个采样点，分别记为A（37°01′10″ N，120°26′06″ E）；B（36°57′33″ N，120°23′36″ E）；C（36°56′10″ N，120°25′43″ E）；D（36°56′06″ N，120°26′18″ E），见图9-1。其中，A为入库口，D为出库口，B、C为库中的两个点。2009年10月28日，采用GPS导航定位，利用直径75 mm、长约

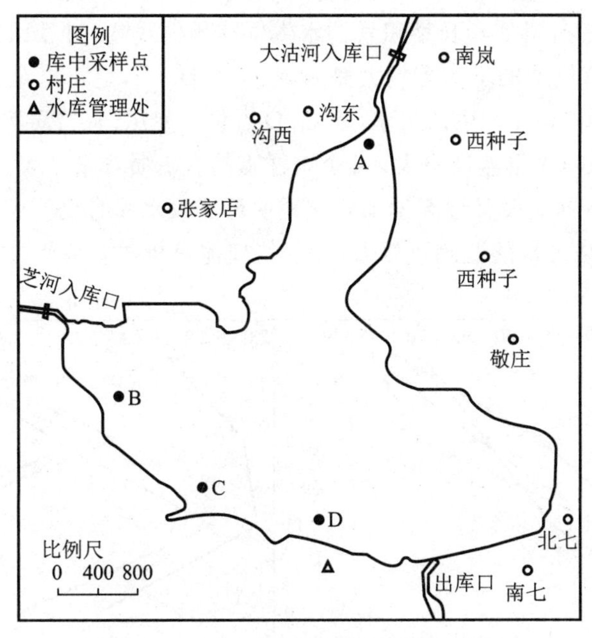

图9-1　产芝水库底泥采样点位置示意图

Fig. 9-1　Sampling station of sediment in the Chanzhi Reservoir

25 cm 的 PVC 管分别采集柱状底泥平行样 4 根，密封后运回实验室。在实验室将柱状样按 5 cm 分段，分为四层。同一点的分层样品，一部分进行离心（4 500 rpm，40 min）得间隙水，测定其中 TN、NH_4^+-N、NO_3^--N 和 TP 含量；剩余部分用于测定泥样含水率。另外，离心后的湿泥样部分进行 NH_4^+-N、NO_3^--N 的测定，部分置于室内通风处自然风干（避免阳光直射），测定烧失量（LOI，Loss-on-Ignition）。风干后的泥样采用四分法取样，研磨过 100 目筛，测定 TN 和 TP。

9.1.2 分析方法

间隙水中 TN、NH_4^+-N、NO_3^--N 和 TP 的测定方法采用国标 [173]。沉积物中有机质含量可以用烧失重 LOI 来表示，LOI 为将自然风干的泥样磨碎、过 100 目筛后在马弗炉中 550 ℃下烧 2 h，LOI 来自于前后损失的质量与原有沉积物质量的比值。含水率为新鲜泥样在 105 ℃下烘干 6 h 前后质量的差值与烘干前泥样质量的比值。底泥中 TN 用半微量开氏法测定，NH_4^+-N 采用 2 mol/L KCl 浸提 - 靛酚蓝比色法，NO_3^--N 采用酚二磺酸比色法，TP 用 $HClO_4$-H_2SO_4 法测定 [174]。

9.1.3 底泥污染特征

（1）底泥中含水率与有机质的含量变化。底泥中的含水率 WC 和有机质含量 LOI 对营养盐的富集和释放有重要的影响。含水率大小可以反映底泥的疏松情况，直接影响底泥的再悬浮程度，而底泥的再悬浮过程是营养盐在底泥与上覆水之间重新分配的重要途径 [175]。4 个采样点底泥含水率垂直分布见图 9-2。A 点是大沽河的入库口，此点的平均含水率比其他 3 点稍高。4 个采样点的含水率都随着深度的增加而递减，反映出表层底泥疏松，且具有不稳定性，容易受风浪等外力扰动而发生再悬浮 [176, 177]。

LOI 可粗略估计底泥中有机质的含量多少。水库底泥所含的有机质，一般包括周围地区生活污水带入的有机质和长期积累的水生生物死亡残骸。4 个采样点 LOI 的垂直分布情况见图 4-2。有机质的平均含量大概为 A＞C＞D＞B，这可能是由于 A 点有大沽河河水流入，携带了周围村庄的生活污水，而 C、D 点位于库尾，有机质沉积于此。但总体来说，有机质的水平方向含量差别不大。4 个采样点的有机质含量在表层较高，随深度增加递减，在 10～15 cm 的深度又逐渐增加。这说明近年来水库有机污染有增加的趋势。通过对底泥含水率和烧失量的监测可以看出，表层底泥有机质含量较高且疏松，易被扰动，

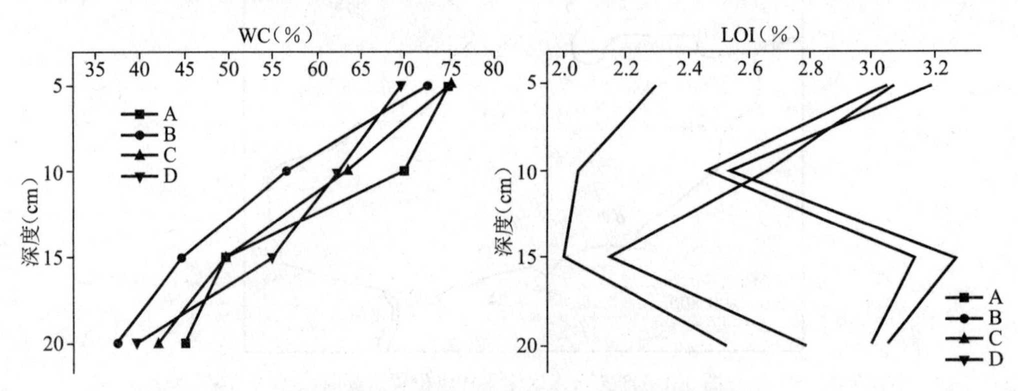

图 9-2 水库底泥柱样含水率和有机质的垂向变化

Fig. 9-2 Vertical characteristics of WC and LOI for core samples of sediments

这对上覆水水质会有一定的影响。

（2）底泥中氮和磷的分布特征。从图 9-3 可以看出，4 个采样点底泥 0～20 cm 中 TN、NH_4^+-N、NO_3^--N 和 TP 的垂直变化情况。NH_4^+-N 和 NO_3^--N 在 TN 中所占比例很小，故底泥中有机氮含量很高，这可能与周围农田施用化肥和水库养殖鱼类有关。对比 4 个采样点中 TN 含量，D 点最高，A 点和 B 点次之，C 点最低，其含量在 350～700 mg/kg 范围内。从垂向来看，4 个采样点的 TN 含量都呈现随深度增加而降低的趋势，反映出近年来外源氮的输入有增加的趋势。NH_4^+-N 和 NO_3^--N 的水平分布基本一致，都为 A＞D＞B＞C，说明两者有较好的相关性。但 NH_4^+-N 在 4 个采样点的垂向分布规律不明显，在深度上差别不大。而 NO_3^--N 含量随深度还是呈现递减的趋势，这与 TN 垂向分布有较好的相关性。

4 个采样点的 TP 分布在水平上差别较大，出库口 D 点的含量最高，A 点和 B 点次之，库中 C 点含量最低。这可能是由于 D 点位于水库下游排水口，受水动力影响小，氮的营养盐在此沉积。TP 在垂向上分布规律不明显，不同深度含量相差不大。

总的来说，自 10 cm 处向表层，氮磷含量多表现出增加趋势，这是因为近年来水库中不断增加的氮磷负荷，使得一些溶解或颗粒态的氮磷物质通过絮凝、吸附、沉降等作用蓄积于库底，从而逐步增加了表层沉积物中 TN 和 TP 含量。

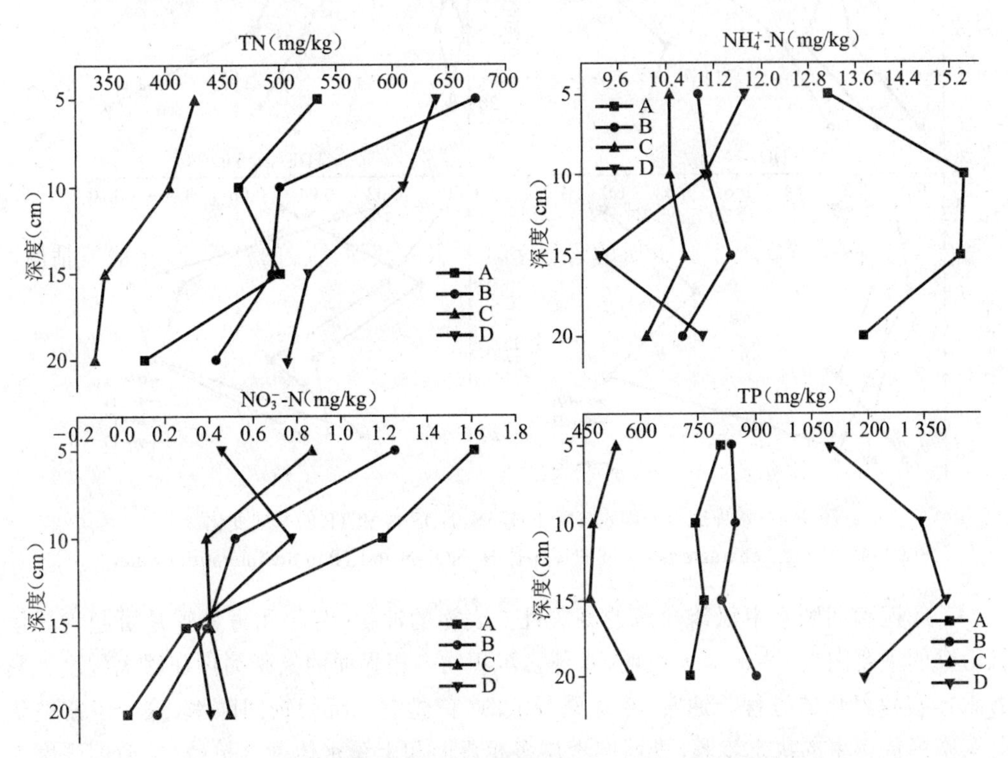

图 9-3　水库底泥柱样 TN、NH_4^+-N、NO_3^--N 和 TP 的垂向变化

Fig. 9-3　Vertical characteristics of TN, NH_4^+-N, NO_3^--N and TP for core samples of sediments

（3）间隙水中氮磷含量的分布特征。4 个采样点 0～20 cm 间隙水中 TN、NH_4^+-N、NO_3^--N 和 TP 的垂直变化情况见图 9-4。D 点的 TN 含量最高，B 点次之，A 点和 C 点较低。4 个采样点 TN 的含量随深度增加而递减。可以看出，间隙水中 TN 的空间分布与底

泥中 TN 的分布是一致的。NH_4^+-N 和 NO_3^--N 的水平分布基本一致，都为 A＞D＞B＞C。在垂向上，4 个采样点的 NO_3^--N 含量随深度变化不大，但 NH_4^+-N 含量随深度增加而增加。通过比较可以看出，间隙水中的氮主要以 NH_4^+-N 的形式存在。产芝水库水面开阔，表层沉积物易受到风浪的扰动，间隙水中的分子态 NH_3 在底部水流运动及再悬浮作用下，更易进入上覆水体，部分经物理挥发逸出水面，较大程度地降低了表层底泥中 NH_4^+-N 的含量；下层沉积物中通常处于缺氧环境，不仅适宜于厌氧微生物活动、反硝化和氨化作用，并且下层受水动力扰动作用较小，所以比上层沉积物更有利于 NH_4^+-N 的保存，从而使 NH_4^+-N 含量随深度的增加而增加，此结果与顾君等 [178] 的研究是一致的。

各监测点的总可溶性磷的含量在水平方向差别不大，C 点和 D 点的含量比 A、B 两点稍高一些，但含量均在 0.1 mg/L 以内。从垂向来看，除 B 点外，A、C、D 三点的含量是随深度先增加，到 15 cm 又逐渐减少。

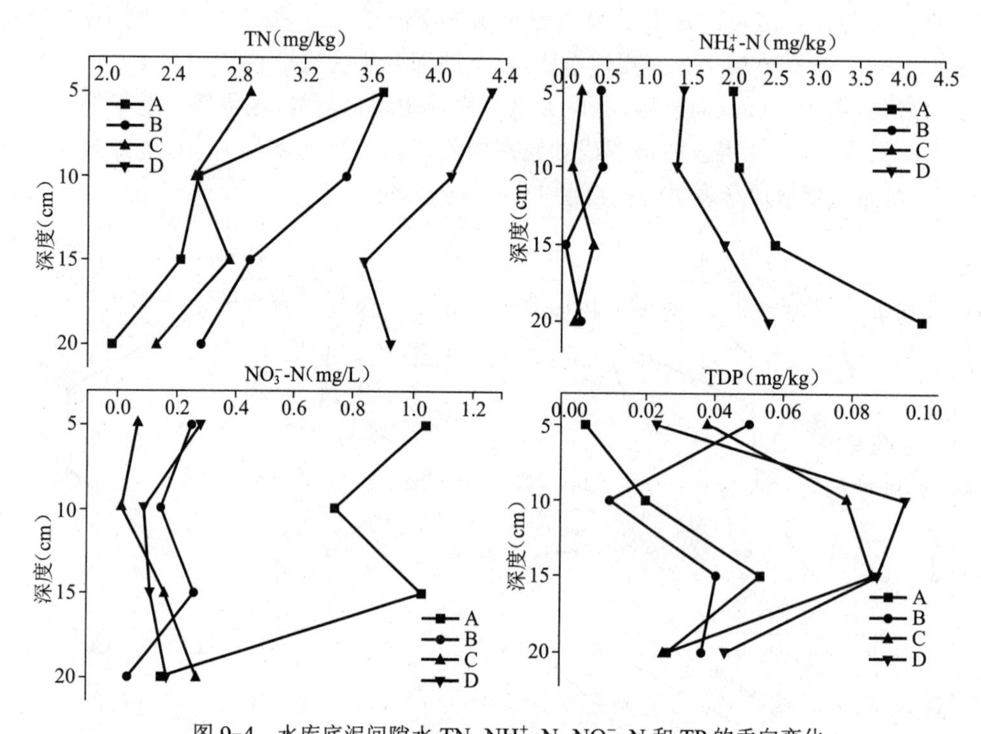

图 9-4 水库底泥间隙水 TN、NH_4^+-N、NO_3^--N 和 TP 的垂向变化

Fig. 9-4 Vertical characteristics of TN, NH_4^+-N, NO_3^--N and TP in the interstitial water

（4）底泥和间隙水中氮磷含量的相关性。底泥的冲刷、沉降和再悬浮是引起水环境内源污染的主要因素 [179]。研究表明，水体 - 沉积物多相界面的氮磷循环在很大程度上影响着水体富营养化的进程。通常，在氮磷释放时，首先进入沉积物间隙水，这一步常被认为是氮磷释放速率的决定步骤，进而向上层多相界面和上覆水体混合扩散，扩散的强度主要取决于沉积物间隙水中营养物质的浓度梯度 [180]。因此，底泥中的氮磷含量与间隙水中氮磷含量之间的关系，也是研究的重要内容。

根据 4 个监测点间隙水中的 TN、TP 与底泥中 TN、TP 含量，其相关性见表 9-1。除了 C 点外，其他三点底泥和间隙水中 TN 的相关系数较高，表明其相关性较好。A、B 两点底泥中 TP 与间隙水中 TP 相关水平低，这可能是由于这两点底泥中 TP 含量低且上覆水扰动作用较强。而 C、D 两点的相关系数都达到了 90% 以上，表明水库底泥中赋存氮磷物质的多少，在一定程度上决定了间隙水中氮磷的含量大小。

表 9-1　水库底泥 TN、TP 和间隙水 TN、TP 含量的相关性

Table 9-1　The relativity of TN and TP between the sediments and their interstitial water

采样点	底泥 TN-间隙水 TN		底泥 TP-间隙水 TP	
	关系表达式	r^2	关系表达式	r^2
A	$y=0.0087x-1.4127$	0.6880	$y=-0.0003x+0.2200$	0.1747
B	$y=0.0042x+0.9423$	0.6799	$y=-6.2E-5x+0.0870$	0.0165
C	$y=0.0033x+1.3704$	0.3346	$y=-0.0006x+0.3672$	0.9856
D	$y=0.0051x+1.0337$	0.8896	$y=0.0002x-0.2394$	0.9279

9.2 底泥氮磷释放规律的研究

9.2.1　试验材料与装置

（1）试验材料。供试底泥样品于 2009 年 10 月 28 日采自青岛市产芝水库 D 点（36°56′06″ N，120°26′ 18″ E），利用自制柱状采样器采集产芝水库混合区底泥深度为 20 cm 的原柱样，然后迅速密封、避光储存，当天带回实验室在 0～4℃下避光冷藏，及时分析其中理化性质并进行模拟实验，底泥理化性质见表 9-2。同时，在采样当天对所采底泥上覆水水质进行了现场监测，其中总氮（TN）浓度为 4.92 mg/L，总磷（TP）浓度为 0.47 mg/L，均为《地表水环境质量标准》超Ⅴ类水标准，水体处于严重富营养化状态。

（2）试验装置。

① 有机玻璃柱：24 个 D×H 为 100 mm×250 mm 的有机玻璃柱，其下端封闭，上端带有密封盖（图 9-5）；② 厌氧操作箱：1 个长×宽×高分别为 60 cm×40 cm×50 cm 的玻璃箱，其带 2 个内径为 10 cm 的操作口和 1 个氮气通入口（图 9-6）。

表 9-2　产芝水库底泥理化性质

Table 9-2　Characteristic of sediment in Chanzhi reservior

pH	含水率（%）	有机质含量（%）	TP（mg/kg）	TN（mg/kg）	氧化还原电位（mv）
7.23	56.52	3.28	625	468	-220

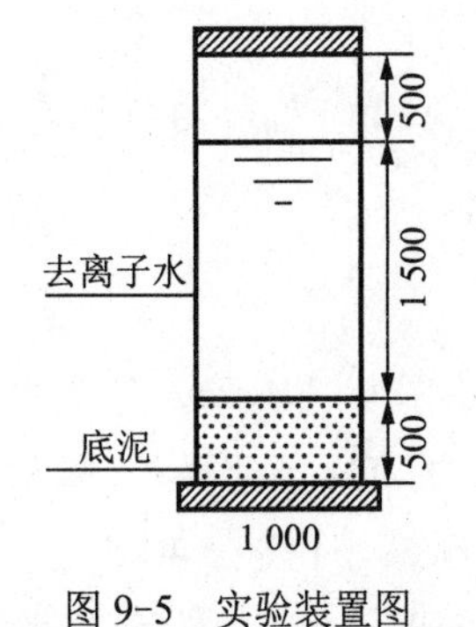

图 9-5　实验装置图

Fig. 9-5　Device of experiment

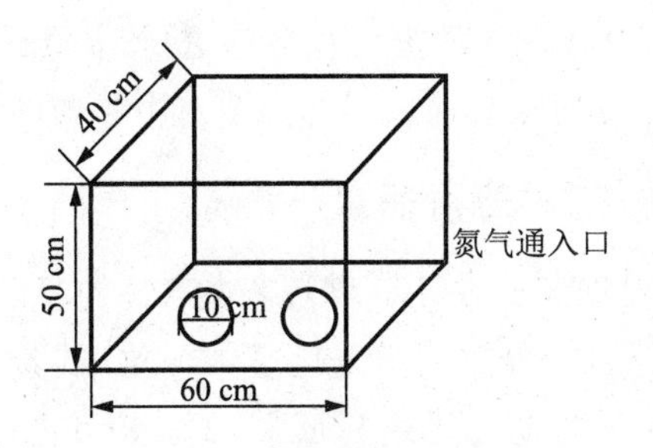

图 9-6　厌氧操作箱示意图

Fig. 9-6　Diagram of anaerobic box

9.2.2 试验方法

将冷藏保存的原状底泥在厌氧操作箱中取出，放入塑料桶中搅拌使其充分混匀。将200 g（湿重）混匀底泥在厌氧操作箱中置入有机玻璃柱中，压实整平使其接近于原始底泥的状态（样品柱中泥样处于统一高度5 cm），然后向柱内加入去离子水至20 cm刻度线，加水样时尽量避免扰动底泥，加盖密封，置于恒温振荡器内培养。试验共设计12个不同方案，每个试验方案做3个重复，共计36个样品。试验设计见表9-3。

表9-3 试验设计表

Table 9-3 Design of the experiment

温度	5 ℃	15 ℃	30 ℃
静止	a	b	c
20 r/min	d	e	f
60 r/min	g	h	i
120 r/min	j	k	l

试验开始后，每隔2 d采1次样。每次采样位置为水面以下10 cm处，采样量为50 mL。每次采完水样，立即向容器中补充等量的去离子水，并用氮气进行置换保证厌氧环境。试验共持续46 d。

（1）测试方法。水质分析指标包括TN、TP，其测定方法采用国家标准方法[181]。底泥TN测定采用半微量开氏法，TP用$HClO_4$-H_2SO_4法测定[182]。

（2）计算方法。沉积物氮磷释放通量采用下式计算：

$$JDM = M(t)/2A(t) \tag{9-1}$$

$$M(t) = V[C(t) - D(t-1)] \tag{9-2}$$

式中：JDM—沉积物氮磷释放通量，g/m²·d；$A(t)$—有机玻璃管的截面积，m²；V—沉积物上覆水的体积，m³；$M(t)$—由$t-1$到t时刻氮磷的质量变化，g；$C(t)$—t时刻直接测定的沉积物上覆水中氮磷的浓度，g/m³；$D(t-1)$—$t-1$时刻沉积物上覆水中氮磷的实际浓度，g/m³。

值得注意的是$C(t)$为t时刻测得的沉积物上覆水中氮磷的浓度，而$D(t-1)$是$t-1$沉积柱中取出V_0体积样品后，又加入V_0体积库水后的实际浓度，即由$t-1$到t时刻上覆水的初始浓度。其计算公式为

$$D(t) = [(V - V_0)C(t)]/V \tag{9-3}$$

式中：$D(t)$—t时刻沉积物上覆水中氮磷的实际浓度，g/m³；V_0—为每次取样体积，m³；$C(t)$—t时刻直接测得的上覆水中氮磷的浓度，g/m³。

9.2.3 释放通量

根据公式9-1计算沉积物TN的释放通量，结果如图9-7所示。各图中释放通量变化如下：① 释放通量变化基本一致，试验开始0～2 d内，TN迅速释放，释放通量达到最大值；在初期的迅速释放后，2～40 d内，释放通量逐渐减小；约在40 d之后TN释放通量逐渐趋于平衡。② 在温度相同的情况下，随着扰动强度的增大，释放通量逐渐增大；且

0 r/min 与 20 r/min、60 r/min、120 r/min 之间，释放通量存在明显分化，温度越低分化越明显。③ 随着时间的增加，扰动对释放通量的影响程度相对减弱，而温度的影响相对增强。

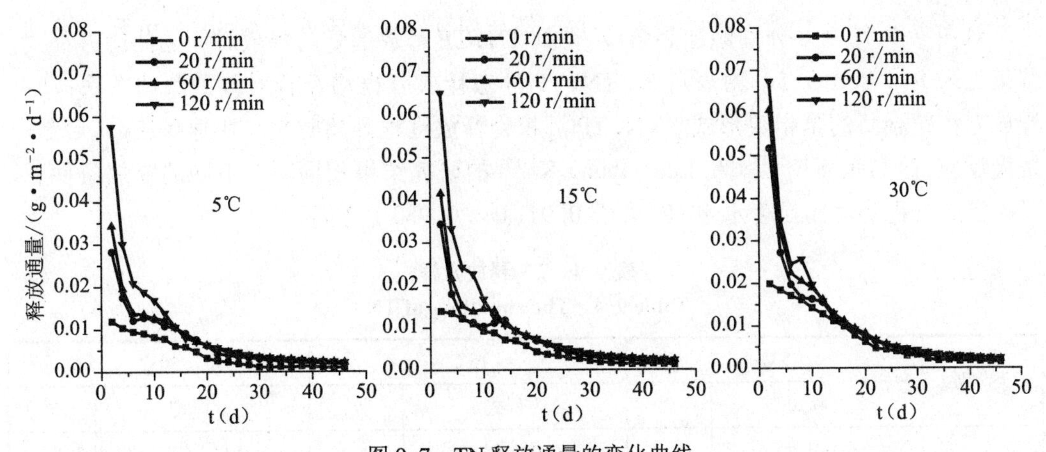

图 9-7　TN 释放通量的变化曲线

Fig. 9-7　The curve of TN release flux

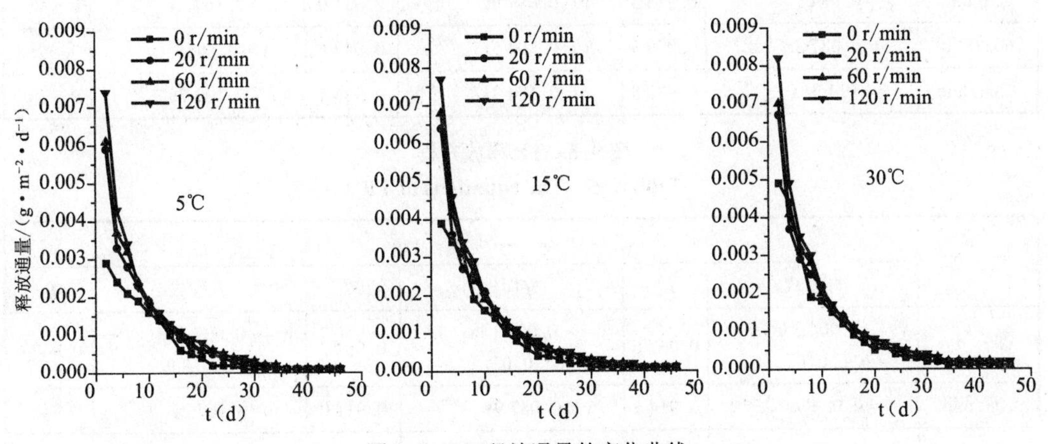

图 9-8　TP 释放通量的变化曲线

Fig. 9-8　The curve of TP release flux

图 9-7 所反映的现象说明，在温度和水动力联合作用下，TN 的释放通量具有一定的规律性。现象①的出现是由于模拟试验上覆水中 TN 的初始浓度为 0 mg/L，沉积物与上覆水浓度梯度较大，沉积物中 TN 迅速释放；随着时间的增加，上覆水中 TN 浓度不断增大，沉积物上覆水之间浓度梯度减小，释放通量从逐渐减小到趋于平衡。现象②表明扰动强度对释放通量的影响是显著的，在释放初期，进一步证实了动态释放的量级远大于静态扩散的量级这一理论；但不同的是在释放后期，动态与静态释放通量之间逐渐趋于一致没有体现出数量级差距，而且温度越高，这种差距越小，这表明了温度对 TN 释放通量的影响处于强势地位。现象③进一步表明温度和水动力联合作用下，随着时间的延长，反映平衡时，动态和静态释放通量趋于一致。如图 9-8 所示，TP 释放通量变化与 TN 基本一致，不同之处在于，约在 30 d 之后 TP 释放通量逐渐趋于平衡。

由以上可知，无论是TN还是TP的释放通量，在初期上覆水盐浓度为零时，在0～2 d均达到最大值，之后趋于稳定，且扰动强度越大，温度越高，释放通量越大。

9.2.4 释放规律

对图9-7、图9-8分别添加趋势线，得到TN、TP释放通量与释放时间之间的方程式，结果见表9-4和表9-5。由表可知，TN、TP静态释放方程均符合对数函数的关系；动态释放方程符合负的幂指数形式。TN、TP沉积物释放过程开始时是一快速反应，随后是一缓慢反应，这与张新明[183]和Lee-Hyung K[184]的研究结果相同。在不同的释放条件下，氮磷释放方程均达到显著水平，R^2介于0.911 0～0.983 1之间。

表9-4 TN释放方程

Table 9-4 The equations of TN

类 别	5℃		15℃		30℃	
	方程式	R^2	方程式	R^2	方程式	R^2
静 止	$y=-0.001\ln(x)+0.0037$	0.940 3	$y=-0.0014\ln(x)+0.0049$	0.936 6	$y=-0.0016\ln(x)+0.0058$	0.934 5
20 r/min	$y=0.0849x^{-0.9643}$	0.914 3	$y=0.0879x^{-0.9569}$	0.911 0	$y=0.1672x^{-1.1195}$	0.943 2
60 r/min	$y=0.0873x^{-0.9296}$	0.950 3	$y=0.1045x^{-0.9665}$	0.947 6	$y=0.205x^{-1.1594}$	0.951 1
120 r/min	$y=0.1591x^{-1.093}$	0.980 8	$y=0.1843x^{-1.1188}$	0.983 1	$y=0.2097x^{-1.1419}$	0.970 5

表9-5 TP释放方程

Table 9-5 The equations of TP

类 别	5℃		15℃		30℃	
	方程式	R^2	方程式	R^2	方程式	R^2
静 止	$y=-0.0043\ln(x)+0.0167$	0.937 6	$y=-0.0051\ln(x)+0.02$	0.954 5	$y=-0.0074\ln(x)+0.0289$	0.942 6
20 r/min	$y=0.0849x^{-0.9643}$	0.914 3	$y=0.0879x^{-0.9569}$	0.911 0	$y=0.1672x^{-1.1195}$	0.943 2
60 r/min	$y=0.0873x^{-0.9296}$	0.950 3	$y=0.1045x^{-0.9665}$	0.947 6	$y=0.205x^{-1.1594}$	0.951 1
120 r/min	$y=0.1591x^{-1.093}$	0.911 0	$y=0.1843x^{-1.1188}$	0.983 1	$y=0.2097x^{-1.1419}$	0.970 5

因此，描述氮磷静态释放可以用氮磷释放通量与释放时间对数的线性关系，即可以利用对数方程来描述如下：

$$y=a+b\ln(x) \tag{9-4}$$

式中：y—x小时沉积物氮磷的释放通量，$g/m^2\cdot d$；x—时间，h；a、b—常数。而描述氮磷动态释放可以用氮磷释放通量与释放时间幂指数的线型关系，即可以利用幂指数方程来描述如下：

$$y=ax^b \tag{9-5}$$

式中：y—x小时沉积物氮磷的释放通量，$g/m^2\cdot d$；x—时间，h；a、b—常数。

以上两个方程，虽然是在室内模拟试验的基础上得出的，但很好地反映了氮磷释放通量的变化关系。通过该方程可以得出氮磷的释放规律，并可以估算释放达到平衡后氮磷的释放量，本方程为治理产芝水库底泥污染提供了理论依据。

9.2.5　平衡释放通量

由 9. 2. 4 节可知，氮磷释放通量约在第 40 d 达到平衡，达到平衡后氮磷释放通量可以间接描述正在运行水库中底泥的释放通量。本试验运行 46 d，第 40～46 d 释放通量的平均值即为底泥氮磷平衡释放通量，计算方法见公式(9-6)和(9-7)。

静态平衡释放通量：

$$Flux=\int[a+b\ln(x)]dx/7 \tag{9-6}$$

动态平衡释放通量：

$$\underline{Flux}=\int[ax^{b}]dx/7 \tag{9-7}$$

其中 x 介于 40～46 d，计算结果见表 9-6。

表 9-6　平衡释放通量

Table 9-6　The balance release flux

单位：g/m^2/d

类　别	5℃		15℃		30℃	
	TN	TP	TN	TP	TN	TP
静　止	0. 000 5	0. 000 1	0. 001 3	0. 000 1	0. 001 6	0. 000 1
20 r/min	0. 001 9	0. 000 1	0. 002 0	0. 000 1	0. 002 1	0. 000 1
60 r/min	0. 002 3	0. 000 1	0. 002 4	0. 000 1	0. 002 2	0. 000 2
120 r/min	0. 002 4	0. 000 1	0. 002 5	0. 000 1	0. 002 6	0. 000 2

9.2.6　释放量估算

试验中，根据能量测定，静止相当于气象中的 0～2 级风引起的扰动强度；20 r/min 相当于 3～4 级风引起的扰动强度；60 r/min 相当于 5～6 级风引起的扰动强度；120 r/min 相当于 7～9 级风引起的扰动强度；根据产芝水库 2000～2009 年气象资料，取平均值统计见表 9-7。

表 9-7　产芝水库气象资料统计

Table 9-7　The weather data of the Chanzhi Reservoir

类　别		5℃	15℃	30℃
转　速	风力级别	天数(d)	天数(d)	天数(d)
静　止	0～2 级	30	33	31
20 r/min	3～4 级	58	63	68
60 r/min	5～6 级	23	21	17
120 r/min	7～9 级	7	8	6

沉积物氮磷释放量采用下式计算：

$$Tflux=Flux*t*A \tag{9-8}$$

式中：$Tflux$—沉积物氮磷释放量，t；$Flux$—沉积物氮磷平衡释放通量，g/m^2•d；t—时间，d，取 365 d; A—水库的底面积，km^2，年平均底面积为 42 km^2。计算结果见表 9-8。

表 9-8 底泥污染物释放量

Table 9-8 Release of sediment contaminants

类 别	TN (t)			TP (t)		
	5℃	15℃	30℃	5℃	15℃	30℃
静 止	0. 630	1. 802	2. 083	0. 126	0. 139	0. 130
20 r/min	4. 628	5. 292	5. 998	0. 244	0. 265	0. 286
60 r/min	2. 222	2. 117	1. 571	0. 097	0. 088	0. 143
120 r/min	0. 706	0. 840	0. 655	0. 0029	0. 034	0. 050
小 计	8. 186	10. 051	10. 307	0. 470	0. 526	0. 609
合 计	28. 544			1. 605		

由表 9-8 可以看出，产芝水库底泥每年向水体中释放的 TN 量为 28. 544 t，TP 量为 1. 605 t; 可使水体中 TN 的浓度增加 0. 071 mg/L，TP 的浓度增加 0. 004 mg/L。

大沽河平均每年向产芝水库输入 TN 为 193. 545 t，TP 为 7. 122 t，COD_{Mn} 为 472. 457 t; 芝河平均每年向产芝水库输入 TN 为 40. 190 t，TP 为 1. 627 t，COD_{Mn} 为 109. 876 t。综上所述，面源污染和内源释放氮磷贡献率的计算见表 9-9。

表 9-9 氮磷污染量统计

Table 9-9 The amounts of TN and TP from various pollutant sources

污染物	内 源	面 源	合 计	内源贡献率	面源贡献率
TN (t/a)	28. 544	233. 735	262. 279	10. 88%	89. 12%
TP (t/a)	1. 605	8. 749	10. 354	15. 50%	84. 50%

由表 9-9 可知，农业面源污染为产芝水库最大的污染源，其中氮为 233. 735 t/a，占总负荷的 89. 12%，磷为 8. 749 t/a，占总负荷的 84. 50%；内源为次要污染源，其中氮为 28. 544 t/a，占总负荷的 10. 88%，磷为 1. 605 t/a，占总负荷的 15. 50%。因此控制面源和内源污染是改善水库水质的关键。

9.3 小结

本章通过底泥与间隙水中氮磷含量的分析、不同温度和不同扰动条件下底泥与上覆水之间的氮磷交换试验，分析了底泥的污染特征、底泥与间隙水中氮磷的相关性，初步探讨了底泥中氮磷的释放规律，建立了释放通量与释放时间的定量表达式，并计算了内源对水库氮磷元素的贡献量，得到的主要结论如下。

(1) 产芝水库底泥中氮磷含量随深度增加而降低，间隙水中氮磷与底泥中的氮磷含量具有很好的相关性。

(2) 底泥与上覆水之间的氮磷交换试验表明，氮磷释放通量具有相似的变化规律，试验开始 0～2 d 内，氮磷迅速释放，释放通量达到最大值，在初期的迅速释放后，2～40 d 内，释放通量逐渐减小，约在 40 d 之后 TN 释放通量逐渐趋于平衡；在温度相同的情况下，随着扰动强度的增大，释放通量逐渐增大；随着时间的增加，扰动对释放通量的影响程度相对减弱，而温度的影响相对增强。

（3）建立了沉积物氮磷释放通量与时间的定量表达式，其中，静态释放可用对数方程 $y=a+b\ln(x)$ 表示，动态释放可以用幂指数方程 $y=ax^b$ 来表示。

（4）水库内源氮磷元素的贡献量计算表明，产芝水库底泥每年向水体中释放的 TN 量为 28.544 t，TP 量为 1.605 t。

底泥中氮磷释放的控制技术研究

产芝水库的主要污染源为面源污染和内源污染，在面源污染得到控制的条件下，内源污染成为亟待解决的问题。本研究提出了两种内源污染修复技术，一种是添加 PSAFS 抑制剂的化学技术，一种是生态调度技术。研究结果为产芝水库水污染的有效治理提供了科学依据。

10.1 聚硅硫酸铝铁抑制磷释放的技术研究

10.1.1 实验材料

（1）供试样品。供试底泥样品用自制柱状采样器采集青岛市产芝水库 D 点（36°56′06″ N，120°26′18″ E）深度为 20 cm 的原柱样，然后迅速密封、避光储存，当天带回实验室在 0～4 ℃下避光冷藏，并及时分析其中的理化性质并进行模拟实验。底泥理化性质见表 10-1。

表 10-1　产芝水库底泥理化性质

Table 10-1　Characteristic of sedimentin Chanzhi reservior

pH	含水率（%）	有机质含量（%）	TP（mg/kg）
7.23	56.52	3.28	625

（2）PSAFS 的制备[185,186]。室温下，取一定量的水玻璃（重庆井口化工厂，浓度 26%），用蒸馏水稀释成质量浓度为 2.5%，用 20%的硫酸溶液（成都科龙化工试剂厂，分析纯）和 1.0 mol/L 的氢氧化钠溶液（成都科龙化工试剂厂，分析纯）调节 pH 到 5.5 左右。活化 15 min，出现淡蓝色后，剧烈搅拌，按照预定比例先后加入 0.5 mol/L 的硫酸铝溶液和 0.5 mol/L 的硫酸铁溶液，用 0.25 mol/L 的氢氧化钠溶液调节混合溶液的水解度，并持续搅拌 10～30 min，然后静置熟化 2 d 后使用。

10.1.2　试验方法

（1）Al/Fe 的摩尔比。将冷藏保存的原状底泥在厌氧操作箱中取出，放入塑料桶中搅拌使其充分混匀。本实验在固定 [Al, Fe]/[Si] 摩尔比为 1∶5 的情况下，共设计 5 个不同的 Al/Fe 投加摩尔比例：3∶7、4∶6、5∶5、6∶4、7∶3，每个投加比例做 3 个重复，共 15 个样品。将 300 g（湿重）混匀底泥在厌氧操作箱中置入 D×H 为 10 cm×25 cm 的有机玻璃柱中，按照实验设计将不同 Al/Fe 摩尔比的 PSAFS2. 0 mL 依次投入玻璃柱内，用磁力搅拌器强力搅拌 30 min 使底泥和 PSAFS 充分混合（搅拌时用高纯氮气在玻璃柱上方进行吹脱，保证厌氧环境），压实整平使其接近于原始底泥的状态（15 个样品柱中泥样处于统一高度 5 cm），此时加盖密封，瓶盖上留有通气孔和进水口，采用虹吸法向柱内加入去离子水至 20 cm 刻度线，加水样时尽量避免扰动底泥，然后置于恒温器内避光培养，培养温度为（30±1）℃。

实验从第 0 h 开始，并于第 2、6、12、24 h 分别取样，之后每隔 24 h 采样 1 次，第 216 h 后，每隔 48 h 采样 1 次。每次采样位置为水面以下 10 cm 处，采样量为 50 mL。每次采完水样，立即向容器中补充等量的去离子水，并用氮气进行置换保证厌氧环境。实验共持续 888 h（37 d）。

（2）[Al, Fe]/[Si] 的摩尔比。在控制最佳 Al/Fe 摩尔比的条件下，设计 4 个不同的 [Al, Fe]/[Si] 投加比例：1∶10、1∶5、1∶1、2∶1，每个投加比例做 3 个重复，共 12 个样品。按照 1. 3. 1 的方法添加底泥和上覆水，然后置于恒温器内避光培养，培养温度为（30±1）℃。

实验从第 0 h 开始，并于第 2、6、12、24 h 分别取样，之后每隔 24 h 采样 1 次，第 216 h 后，每隔 48 h 采样 1 次。每次采样位置为水面以下 10 cm 处，采样量为 50 mL。每次采完水样，立即向容器中补充等量的去离子水，并用氮气进行置换保证厌氧环境。实验共持续 888 h（37 d）。

（3）投加量。控制最佳 Al/Fe 摩尔比和 [Al, Fe]/[Si] 摩尔比，设计 8 个不同的 PSAFS 投加量：0. 5 mL、1. 0 mL、1. 5 mL、2. 0 mL、2. 5 mL、3. 0 mL、3. 5 mL、4. 0 mL，每个投加量做 3 个重复，共 24 个样品。按照 1. 3. 1 的方法添加底泥和上覆水，然后置于恒温器内避光培养，培养温度为（30±1）℃。

实验从第 0 h 开始，并于第 2、6、12、24 h 分别取样，之后每隔 24 h 采样 1 次，第 216 h 后，每隔 48 h 采样 1 次。每次采样位置为水面以下 10 cm 处，采样量为 50 mL。每次采完水样，立即向容器中补充等量的去离子水，并用氮气进行置换保证厌氧环境。实验共持续 888 h（37 d）。

水样中 TP 含量采用过硫酸钾消解后钼锑抗分光光度法测定；底泥含水率的定义为 105 ℃烘干 12 h 的质量损失，底泥中采用硝酸－高氯酸消解，测定底泥全磷含量。

10.1.3　各因素对 PSAFS 抑制磷释放效果的影响

（1）Al/Fe 的摩尔比。恒温（（30±1）℃）条件下，固定 [Al, Fe]/[Si] 摩尔比为 1∶5，上覆水体 pH 为 7. 0 时，投加不同 Al/Fe 摩尔比的 PSAFS2. 0 mL/300 g，底泥上覆水中 TP 累积释放浓度随时间的变化见图 10-1。

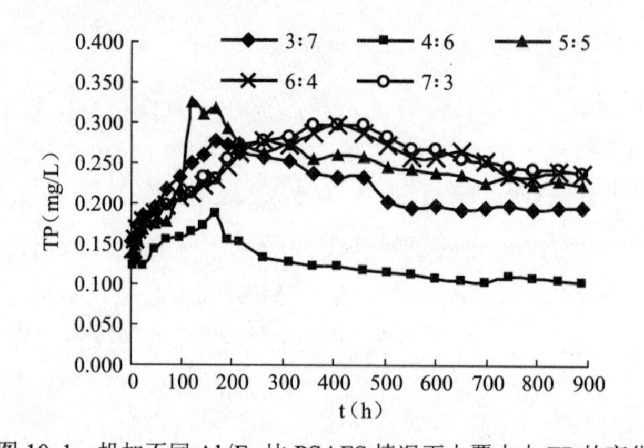

图 10-1 投加不同 Al/Fe 比 PSAFS 情况下上覆水中 TP 的变化
Fig. 10-1 Changes of TP in overlying watersafter adding PSAFS with different Al/Fe ratios

由图 10-1 可见，无论 Al/Fe 摩尔比如何变化，上覆水体中 TP 累积浓度与时间的关系呈现先增加后平衡的趋势，由此可见，PSAFS 抑制底泥磷释放具有很好的稳定性。当 Al/Fe 摩尔比大于等于 5∶5 时，上覆水体中 TP 累积释放浓度随着 Al/Fe 摩尔比增大而升高，即 PSAFS 抑制底泥磷释放效果变差；当 Al/Fe 摩尔比小于 5∶5 时，TP 累积释放浓度却随着 Al/Fe 摩尔比增大而降低；当 Al/Fe 摩尔比为 4∶6 时，TP 累积释放浓度最小，即 PSAFS 抑制底泥磷释效果最好。

图 10-1 所反映的现象说明，当 [Al, Fe]/[Si] 摩尔比一定时，减小 Al/Fe 摩尔比，即增加 Fe 离子质量浓度，上覆水体中 TP 累积释放浓度会降低，磷释放能力减弱，即 PSAFS 抑制底泥磷释放能力增强，这是由于 Fe 离子质量浓度增加，硅酸聚合度增加，聚合分子链加长，絮凝能力增强，更易与底泥中磷结合，磷与铁生成了更稳定的铁结合态磷，减少了向上覆水中释放；而当 Al/Fe 摩尔比减小到一定程度，即 Fe 离子含量增加到一定程度后，TP 累积释放浓度又会升高，即 PSAFS 抑制底泥磷释效果变差，这说明 Al/Fe 摩尔比具有一最佳值，适用于本实验的最佳 Al/Fe 摩尔比为 4∶6。

（2）[Al, Fe]/[Si] 的摩尔比。恒温（(30±1) ℃）条件下，固定 Al/Fe 摩尔比为 4∶6，上覆水体 pH 为 7. 0 时，投加不同 [Al, Fe]/[Si] 摩尔比的 PSAFS2. 0 ml/300 g，底泥上覆水中 TP 累积释放浓度随时间的变化见图 10-2。

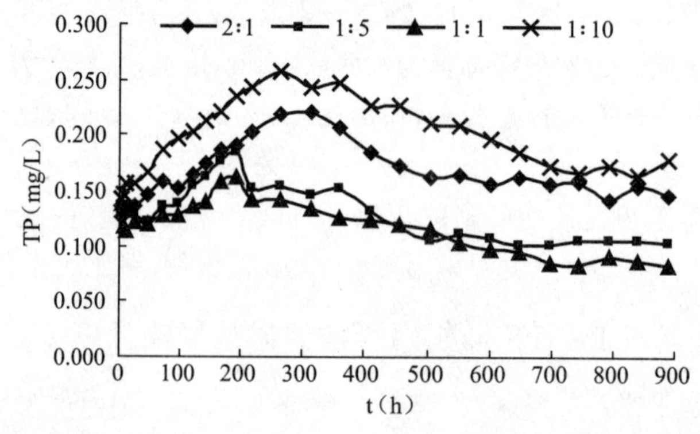

图 10-2 投加不同 [Al, Fe]/[Si] 比 PSAFS 情况下上覆水中 TP 的变化
Fig. 10-2 Changes of TP in overlying waters after adding PSAFS with different [Al, Fe]/[Si] ratios

由图 10-2 可见，当 [Al, Fe]/[Si] 摩尔比为 2∶1、1∶5 和 1∶10 时，TP 累积释放浓度较高，当 [Al, Fe]/[Si] 摩尔比为 1∶1 时，TP 累积释放浓度最低，[Al, Fe]/[Si] 摩尔比对抑制底泥磷释放的影响呈现"U"形变化，即有最佳值。本实验中，[Al, Fe]/[Si] 摩尔比为 1∶1 时，上覆水体中 TP 累积释放浓度最小，PSAFS 对抑制底泥磷释放效果最佳。

以上结果表明，当 [Al, Fe]/[Si] 摩尔比为 1∶5 和 1∶10 时，由于絮凝剂中 Si 质量浓度增加，而金属离子质量浓度不足，金属离子水解产生的多核羟基离子质量浓度很少，电中和作用差，不利于黏结架桥作用的充分发挥，所以聚磷作用就减弱。当 [Al, Fe]/[Si] 摩尔比为 2∶1 时，原则上来讲，其应该具有更好的抑制底泥磷释放的效果，但从图中可见，TP 累积释放浓度较高，这可能是由于 PSAFS 中金属离子质量浓度过高而使得其水解度过大，稳定性差，即使在 PSAFS 的卷扫作用下使底泥中的磷得以吸附，但很快随着金属离子的水解，又重新释放到水体中。因此，适用于本实验的最佳 [Al, Fe]/[Si] 摩尔比为 1∶1。

（3）PSAFS 投加量。恒温（(30±1) ℃）条件下，固定 Al/Fe 摩尔比为 4∶6，[Al, Fe]/[Si] 摩尔比为 1∶1，上覆水体 pH 为 7 时，投加不同剂量的 PSAFS，底泥上覆水中 TP 累积释放浓度随时间的变化见图 10-3。由图 10-3 可见，与空白相比较，投加一定量 PSAFS 对抑制底泥磷释放有很好的效果，且反应时间越长，稳定性越好。随着 PSAFS 投加剂量的增加，TP 累积释放浓度逐渐降低，当投加剂量为 2. 5 ml/300 g 时，TP 累积释放浓度达最低值，再逐渐增加投加剂量后，TP 累积释放浓度又逐渐升高。由此可见，PSAFS 抑制底泥磷释放的最佳投加剂量为 2. 5 ml/300 g，减少或增加投加剂量，抑制效果都下降。分析原因如下：若投加量不足，PSAFS 不能与底泥中的磷充分接触反应，在其卷扫吸附作用下，仍有一部分未被絮凝吸附，致使底泥中剩余磷含量较高，从而向上覆水中释放的磷累积浓度增加；若投加量过大，则絮体间的架桥作用所必需的粒子表面吸附活性点被 PSAFS 所包裹，使架桥所需的粒子表面活性点不足，而使得 PSAFS 颗粒间的吸附架桥作用较困难，底泥中的磷得不到很好的吸附反应，以致处理效果下降。

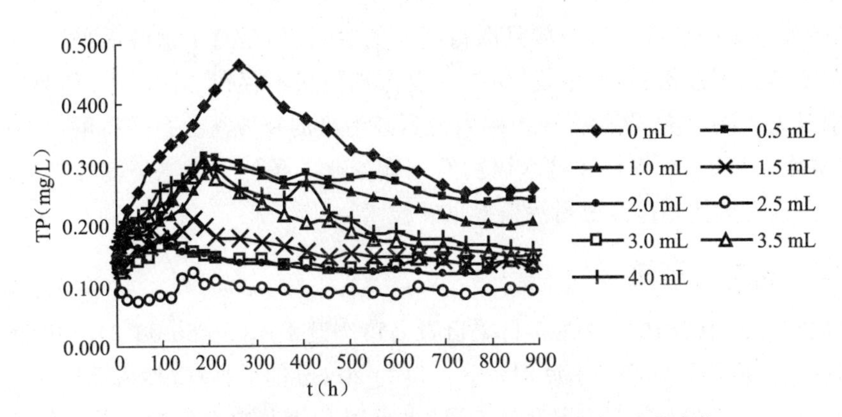

图 10-3　投加不同剂量 PSAFS 情况下上覆水中 TP 的变化

Fig. 10-3　Changes of TP in overlying waters after adding PSAFS with different doses

10.1.4　优化条件下 PSAFS 的应用

恒温（(30±1) ℃）条件下，Al/Fe 摩尔比为 4∶6，[Al, Fe]/[Si] 摩尔比为 1∶1，上覆水体 pH 为 7. 0，投加 2. 5 mL/300 g PSAFS，底泥上覆水中 TP 累积释放浓度随时间的变化见图 10-4。

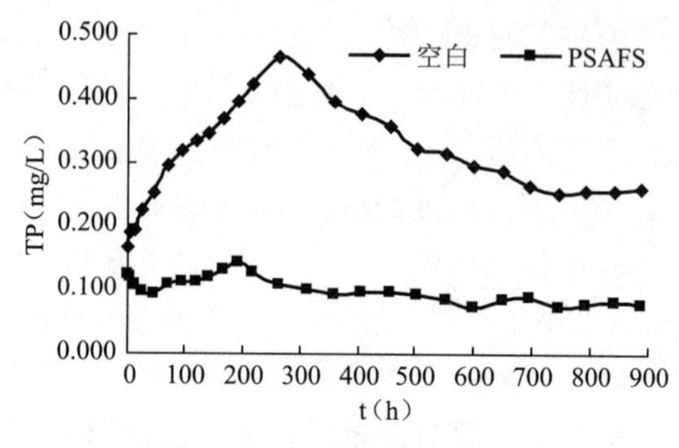

图 10-4　上覆水中 TP 的变化

Fig. 10-4　Changes of TP in overlying waters

由图 10-4 可见，在空白实验中，0～264 h（11 d），上覆水中 TP 的累积释放浓度急剧增加，至 264 h（11 d）时，TP 的累积释放浓度为 0. 465 mg/L，然后又逐渐下降，到 744 h（31 d）后趋于平衡，888 h（37 d）上覆水中 TP 浓度为 0. 258 mg/L。投加 PSAFS 后，0～192 h（8 d），上覆水中 TP 的累积释放浓度缓慢增加，至 192 h（8 d）时，TP 的累积释放浓度为 0. 142 mg/L，然后又逐渐下降，到 600 h（25 d）后趋于平衡，888 h（37 d）上覆水中 TP 浓度为 0. 078 mg/L，空白实验上覆水中 TP 的累积浓度是投加 PSAFS 的 2 倍多。由此可见，PSAFS 对抑制底泥磷释放效果明显，稳定性强。

综上所述，PSAFS 对底泥磷释放具有很好的抑制效果。当控制 PSAFS 中 Al/Fe 摩尔比为 4∶6、[Al, Fe]/[Si] 摩尔比为 1∶1、投加剂量 2. 5 mL/300 g、pH 为 7. 0 时，絮凝剂对抑制底泥磷释放可达到最有效和最稳定的效果。

10.2 生态调度治理底泥氮磷污染的技术研究

聚硅硫酸铝铁抑制底泥磷释放且取得明显的效果，但是对于水源水采用化学方法治理，人们从心理上不能接受；而生物、生态修复方法虽然不存在二次污染，但是见效太慢。因此，探求既无二次污染，又能快速控制内源氮磷污染的新方法已是亟待解决的问题。本书研究了调水温度、调水周期和调水比例等因素变化的条件下生态调度控制内源氮磷污染的有效性，为有效控制内源氮磷污染提供新技术。

10.2.1　材料与装置

供试底泥样品于 2010 年 4 月 1 日采自青岛市产芝水库（36°56′06″ N，120°26′18″ E），利用自制柱状采样器采集产芝水库混合区深度为 20 cm 的原柱样，然后迅速密封、避光储存，当天带回实验室在 0～4 ℃下避光冷藏，并及时分析其中理化性质并进行模拟实验。底泥理化性质见表 10-2。

表 10-2　产芝水库底泥理化性质

Table 10-2　Characteristic of sediment in Chanzhi reservior

pH	含水率（%）	有机质含量（%）	TP（mg/kg）	TN（mg/kg）	氧化还原电位（mV）
7. 52	52. 53	3. 16	676	475	−216

① 玻璃量筒：27 个内径为 5 cm、高 25 cm；② 厌氧操作箱：1 个长、宽、高分别为 500 cm、500 cm、500 cm 的玻璃箱，其带 4 个内径为 10 cm 的孔，分别为空气出口、氮气进口和 2 个操作口。

10.2.2　试验方法

将冷藏保存的原状底泥在厌氧操作箱中取出，放入塑料桶中搅拌使其充分混匀。将 100 g（湿重）混匀底泥在厌氧操作箱中置入玻璃量筒中，压实整平使其接近于原始底泥的状态（样品柱中泥样处于统一高度 5 cm），然后向柱内加入去离子水至 20 cm 刻度线，加水样时尽量避免扰动底泥，置于恒温培养箱内培养。试验共设计 27 个不同方案，试验设计见表 10-3，其中取水比例指每次取水所占上覆水的体积比。实验共进行 60 d，测定每次取样的水质 TN 和 TP。

表 10-3　试验设计表

Table 10-3　Design of experiment

取水比例		1/10			1/5			1/2		
培养温度		5 ℃	15 ℃	25 ℃	5 ℃	15 ℃	25 ℃	5 ℃	15 ℃	25 ℃
取样周期	5 d	样 A	样 B	样 C	样 D	样 E	样 F	样 G	样 H	样 I
	10 d	样 a	样 b	样 c	样 d	样 e	样 f	样 g	样 h	样 r
	20 d	样 [a]	样 [b]	样 [c]	样 [d]	样 [e]	样 [f]	样 [g]	样 [h]	样 [r]

水质指标包括 TN、TP，对其的测定采用国家标准方法。

10.2.3　温度对氮磷释放的影响

本实验旨在研究不同温度条件下，生态调度对底泥氮磷释放的影响，比较温度改变时，底泥氮磷释放随着温度的变化情况，目的在于寻求生态调度控制氮磷释放的最佳温度条件。换水周期为 5 d、10 d 和 20 d 时，温度对氮磷释放的影响见图 10-6～图 10-11。

（1）换水周期为 5 d 时，温度对氮磷释放的影响，见图 10-6、图 10-7。

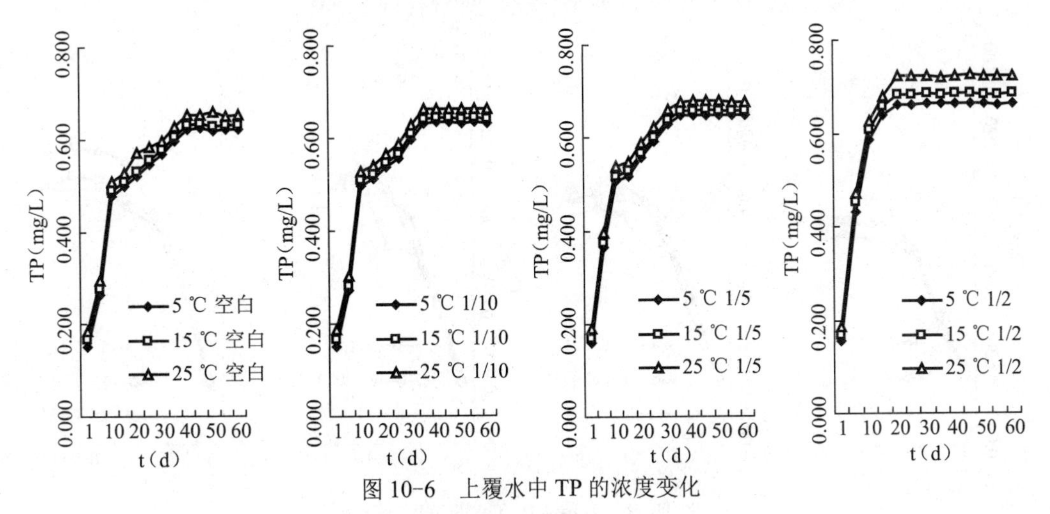

图 10-6　上覆水中 TP 的浓度变化

Fig. 10-6　Changes of TP in overlying waters

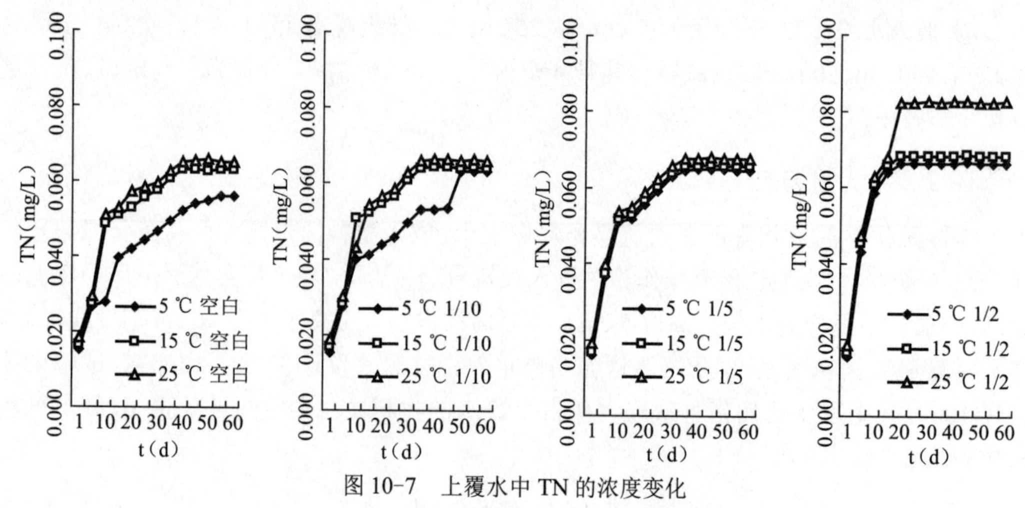

图 10-7 上覆水中 TN 的浓度变化

Fig. 10-7 Changes of TN in overlying waters

（2）换水周期为 10 天时，温度对氮磷释放的影响，见图 10-8、图 10-9。

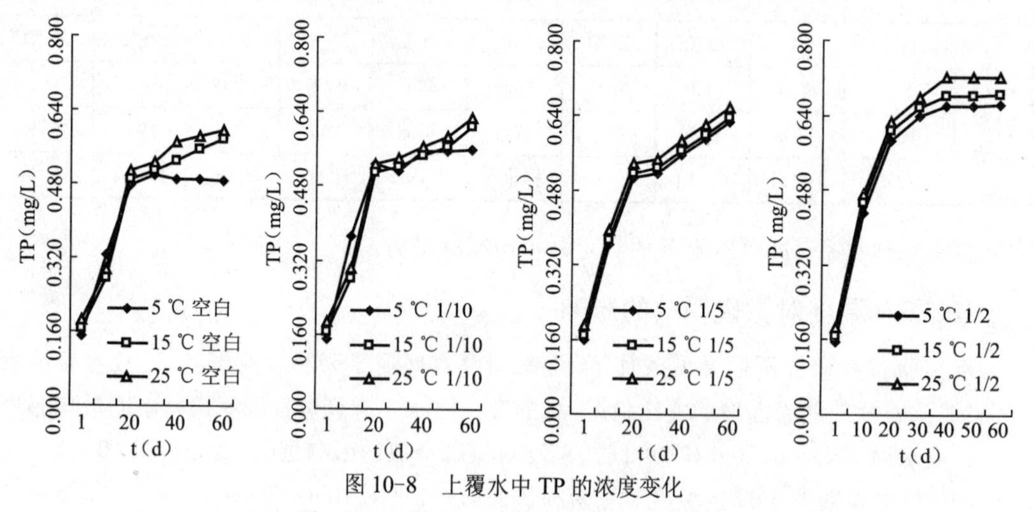

图 10-8 上覆水中 TP 的浓度变化

Fig. 10-8 Changes of TP in overlying waters

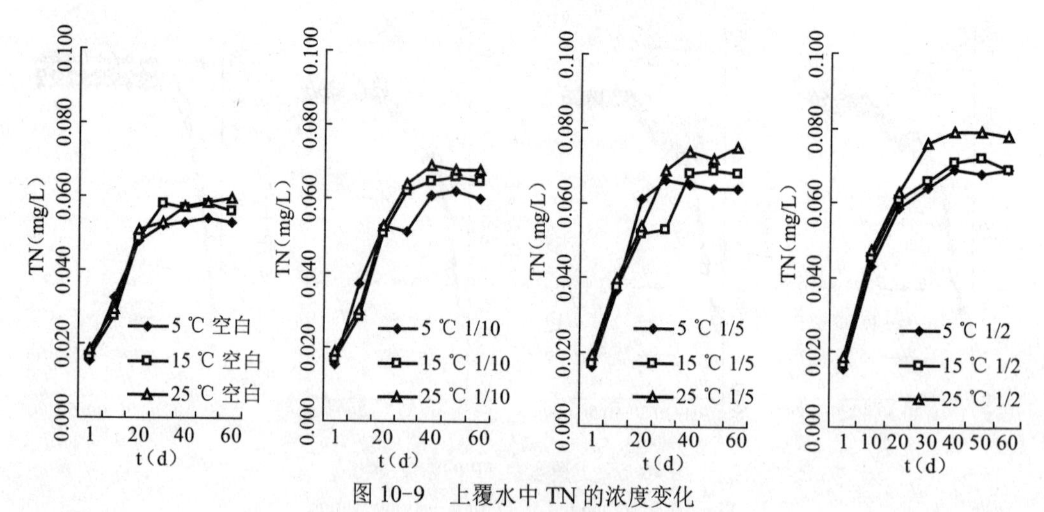

图 10-9 上覆水中 TN 的浓度变化

Fig. 10-9 Changes of TN in overlying waters

（3）换水周期为 20 天时，温度对氮磷释放的影响，见图 10-10、图 10-11。

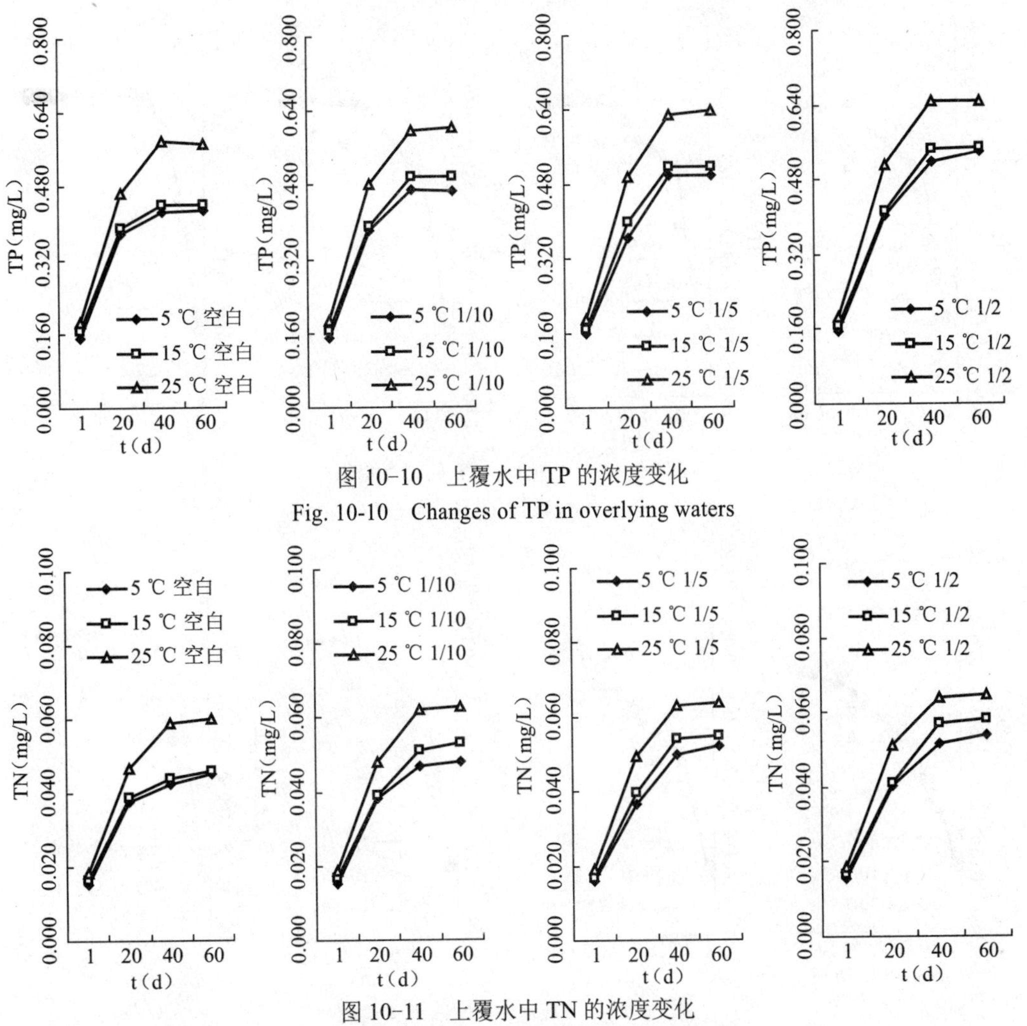

图 10-10　上覆水中 TP 的浓度变化

Fig. 10-10　Changes of TP in overlying waters

图 10-11　上覆水中 TN 的浓度变化

Fig. 10-11　Changes of TN in overlying waters

从图 10-6～图 10-11 可以看出，换水周期为 5 d、10 d 和 20 d 时，温度对氮磷释放的影响呈现出相似的规律。随着温度的升高，上覆水中氮磷的累积浓度逐渐升高；随着换水周期的延长，温度的影响越明显，当换水周期为 5 d 时差别最小，换水周期为 20 d 时差别最大。水体温度对底泥氮磷释放的影响主要是由以下因素引起的：各类营养盐的溶解取决于水体中营养盐的溶解度，而温度为影响饱和度的主要因素，温度升高，溶解度加大而导致底泥氮磷释放能力提高；温度升高，微生物活动能力增强，底泥中有机质的分解速度加快，更有利于氮磷的释放。由此可知，温度是生态调度控制氮磷污染的重要影响因素之一，且温度越高，越易于氮磷释放，对于底泥的清洁越有利，因此，在实际工程中，通过生态调度控制内源污染的最好时间应为一年中温度最高的时间。对于产芝水库来说，一年中温度最高点一般在 8 月份，也是丰水期，更有利于实际工程的操作。

10.2.4　调水周期对氮磷释放的影响

图 10-12～图 10-17 给出了调水周期对氮和磷释放的影响。

（1）培养温度 5 ℃时，调水周期对氮磷释放的影响，见图 10-12、图 10-13。

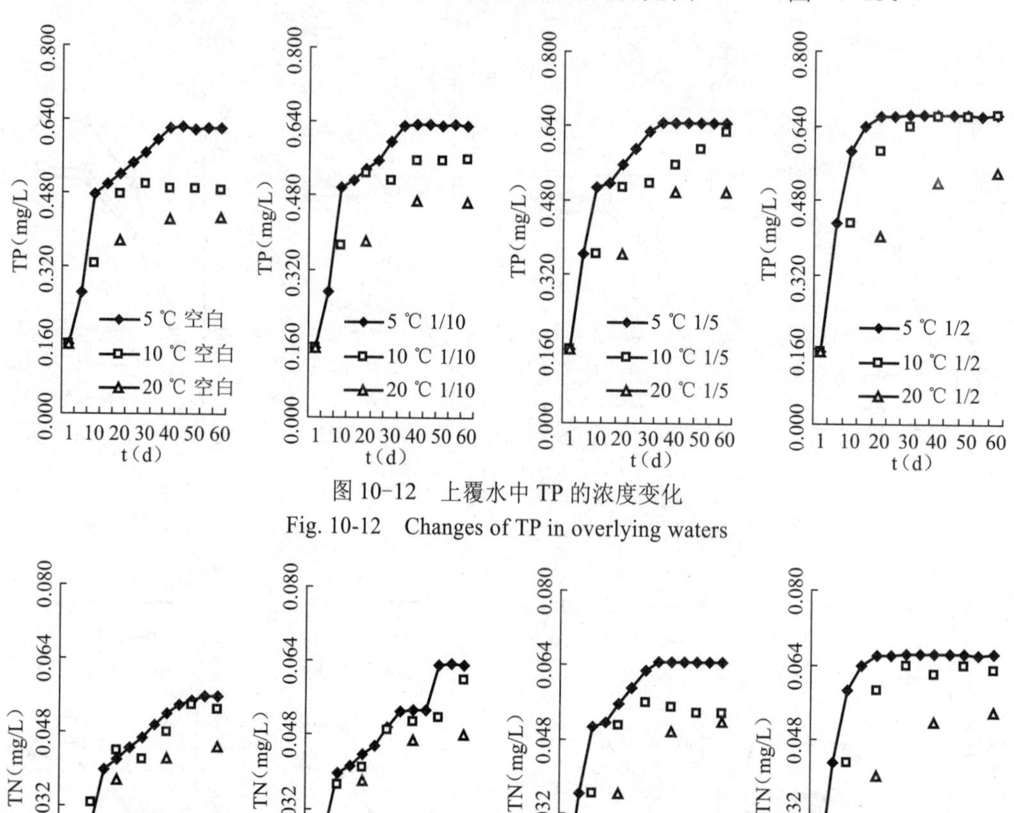

图 10-12 上覆水中 TP 的浓度变化

Fig. 10-12 Changes of TP in overlying waters

图 10-13 上覆水中 TN 的浓度变化

Fig. 10-13 Changes of TN in overlying waters

（2）培养温度 15℃时，调水周期对氮磷释放的影响，见图 10-14、图 10-15。

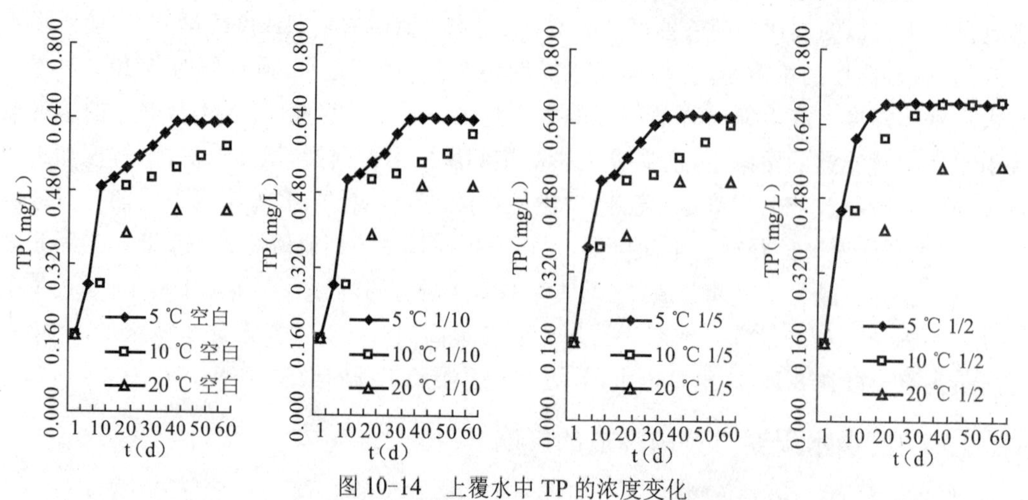

图 10-14 上覆水中 TP 的浓度变化

Fig. 10-14 Changes of TP in overlying waters

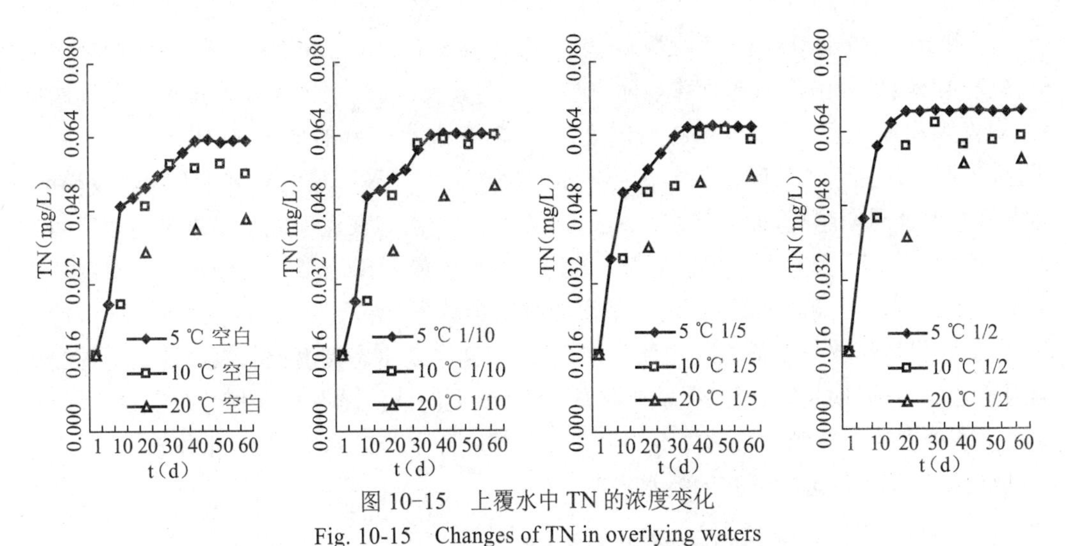

图 10-15　上覆水中 TN 的浓度变化

Fig. 10-15　Changes of TN in overlying waters

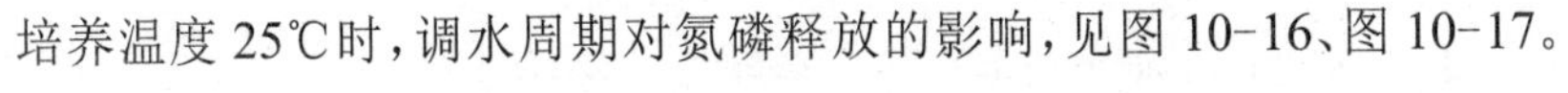

培养温度 25℃时，调水周期对氮磷释放的影响，见图 10-16、图 10-17。

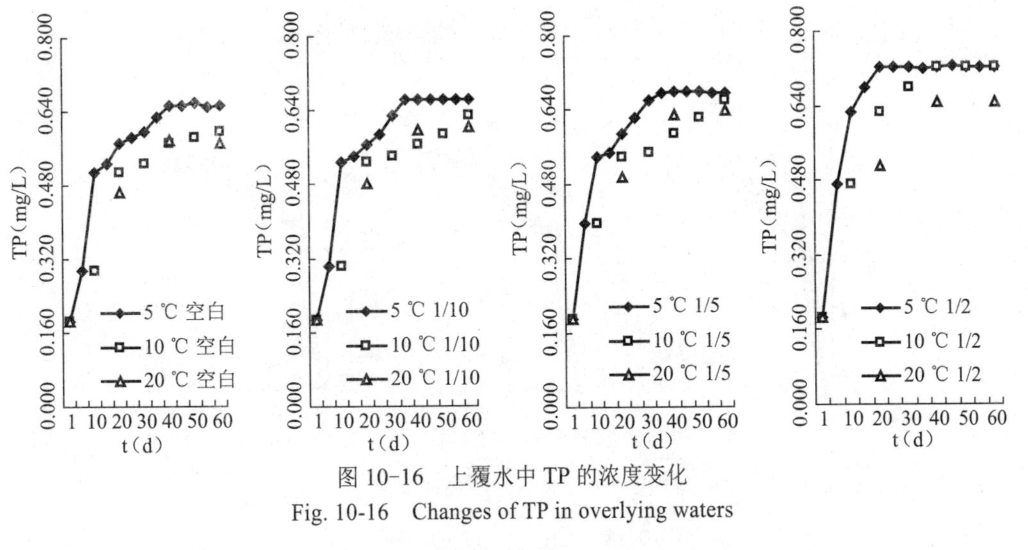

图 10-16　上覆水中 TP 的浓度变化

Fig. 10-16　Changes of TP in overlying waters

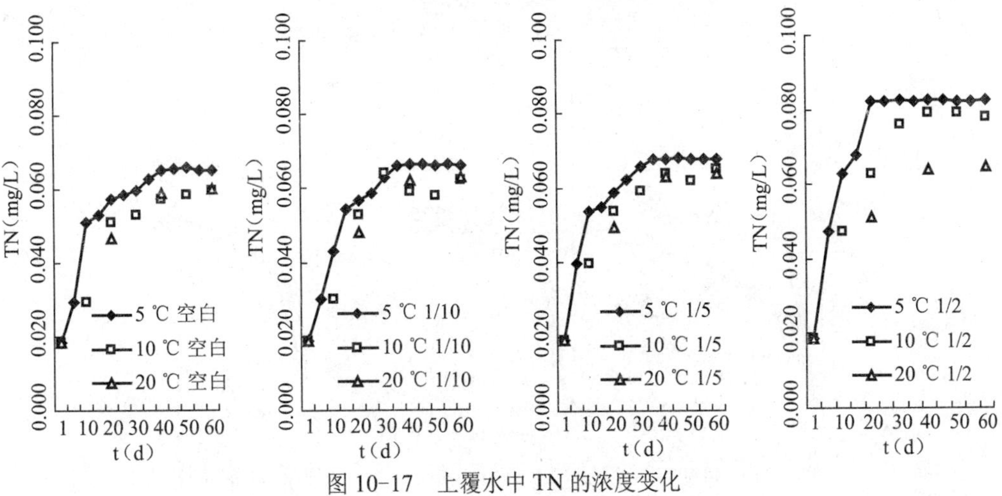

图 10-17　上覆水中 TN 的浓度变化

Fig. 10-17　Changes of TN in overlying waters

由图 10-12～图 10-17 可以看出，培养温度为 5 ℃、10 ℃和 20 ℃时，换水周期对氮磷释放的影响呈现出相似的规律。随着换水周期延长，上覆水中氮磷的累积浓度逐渐降低，即换水周期越短，氮磷累积释放浓度越大；随着取水比例的增大，换水周期的影响越明显，当取水比例为 1/2 时影响最大。换水周期对底泥氮磷释放的影响主要为浓度梯度，当上覆水调换周期越短，即上覆水水体更新越勤，上覆水与底泥间隙水中氮磷的浓度差越大，浓度梯度越大，越有利于氮磷释放，直到上覆水中的氮磷浓度与间隙水中的氮磷浓度平衡为止。所以更换周期越短，达到平衡的时间也越短，所以图中呈现出换水周期为 5 d 时，氮磷的累积释放浓度最大。由此可知，换水周期也是生态调度控制氮磷污染的重要影响因素之一，且周期越短，越易于氮磷释放，对于底泥的清洁越有利，因此，在实际工程中，通过生态调度控制内源污染的换水周期越短越好。对于产芝水库来说，水体较大，不易操作，应根据自身条件选择适宜的换水周期。

10.2.5 调水比例对氮磷释放的影响

图 10-18～图 10-23 给出了调水比例对氮、磷释放的影响。

（1）换水周期为 5 d 时，调水比例对氮磷释放的影响，见图 10-18、图 10-19。

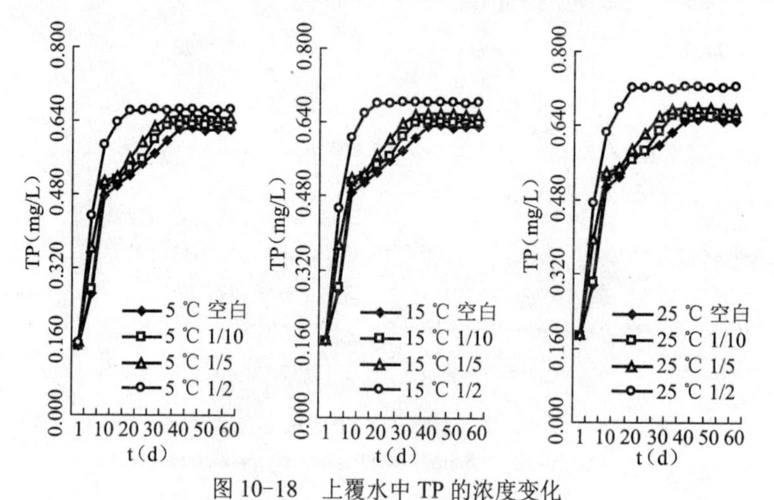

图 10-18　上覆水中 TP 的浓度变化

Fig. 10-18　Changes of TP in overlying waters

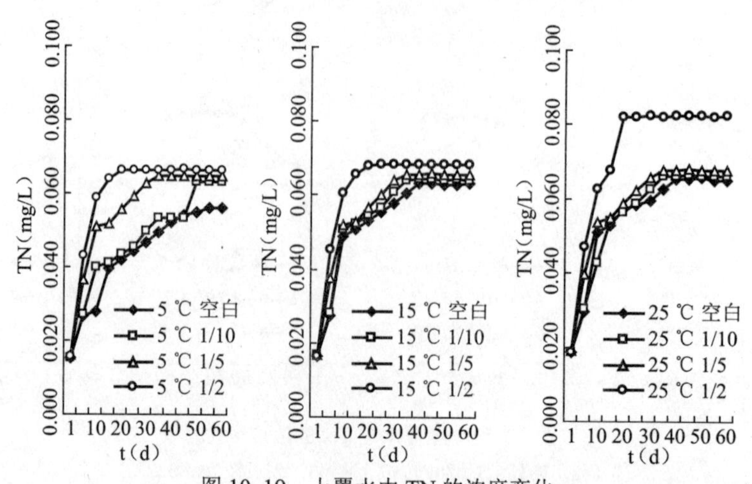

图 10-19　上覆水中 TN 的浓度变化

Fig. 10-19　Changes of TN in overlying waters

换水周期为 10 d 时，调水比例对氮磷释放的影响，见图 10-20、图 10-21。

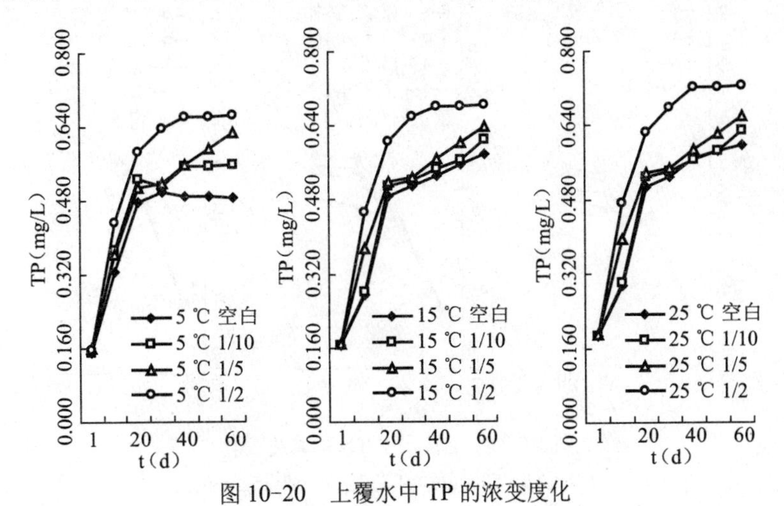

图 10-20　上覆水中 TP 的浓变度化

Fig. 10-20　Changes of TP in overlying waters

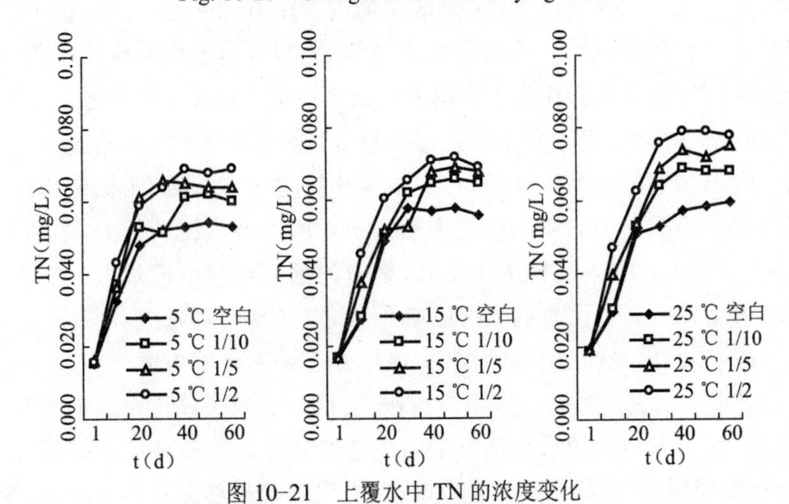

图 10-21　上覆水中 TN 的浓度变化

Fig. 10-21　Changes of TN in overlying waters

（3）换水周期为 20 d 时，调水比例对氮磷释放的影响，见图 10-22、图 10-23。

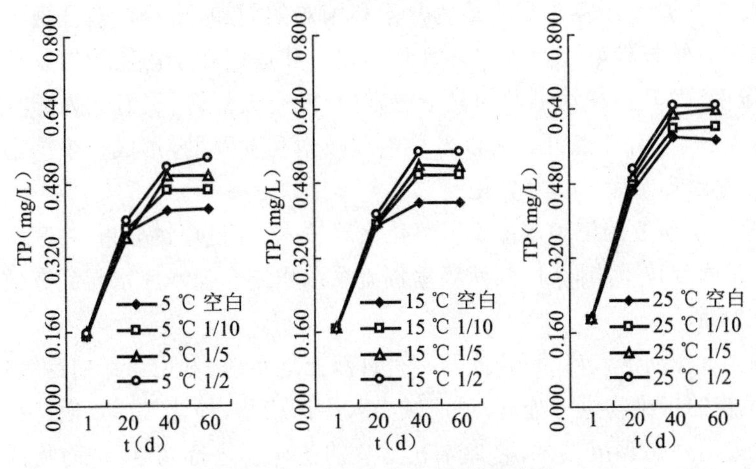

图 10-22　上覆水中 TP 的浓度变化

Fig. 10-22　Changes of TP in overlying waters

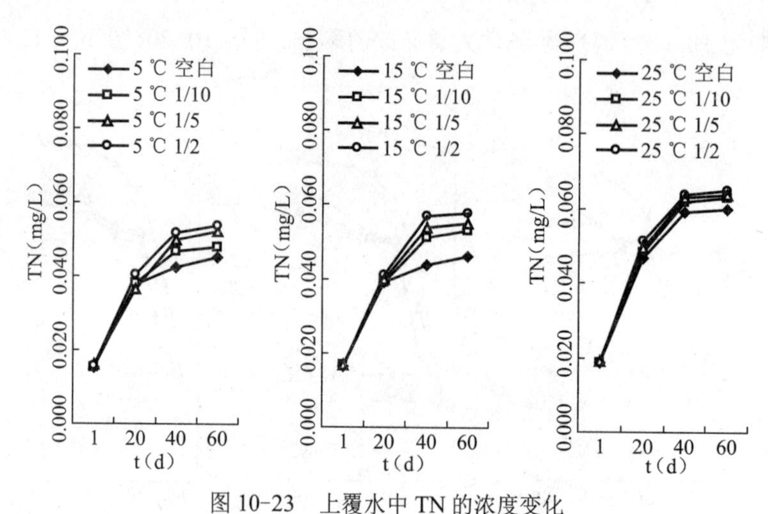

图 10-23 上覆水中 TN 的浓度变化

Fig. 10-23 Changes of TN in overlying waters

由图 10-18～图 10-23 可以看出，换水周期为 5 d、10 d 和 20 d 时，调水比例对氮磷释放的影响呈现出相似的规律。随着调水比例的增大，上覆水中氮磷的累积浓度逐渐升高，即调水比例越大，氮磷累积释放浓度越大。调水比例对底泥氮磷释放的影响与换水周期一样也主要为浓度梯度，当上覆水调换比例越大，即每次换水注入的去离子水越多，即上覆水与底泥间隙水中氮磷的浓度差越大，浓度梯度越大，越有利于氮磷释放，直到上覆水中的氮磷浓度与间隙水中的氮磷浓度平衡为止。所以调水比例越大，达到平衡的时间也越短，所以图中呈现出调水比例为 1/2 时，氮磷的累积释放浓度最大。由此可知，调水比例也是生态调度控制氮磷污染的重要影响因素之一，且比例越大，越易于氮磷释放，对于底泥的清洁越有利，因此，在实际工程中，通过生态调度控制内源污染的调水比例越大越好。对于产芝水库来说，水体较大，不易操作，应根据自身条件选择适宜的调水比例。

总之，温度、换水周期和调水比例对生态调度控制底泥氮磷释放都有较大的影响，当温度越高、换水周期越短，且换水比例越大时，越有利于氮磷的释放。因此，在夏季温度较高的季节，且为丰水期，更有利于利用生态调度技术降低底泥中的氮磷含量，使底泥污染得到根治。

富营养化治理是水污染处理中最为复杂和困难的问题，至今没有任何一种单一的生物、化学和物理方法能较好地治理水体富营养化。其原因在于污染源的复杂性和营养物质去除的高难度，尤其是在污染源的复杂性方面，既有天然源、又有人为源，既有外源、又有内源，既有点源、又有非点源。所以多种治理技术互补互助，形成一个严密的工程模式才能全面有效地治理水库的富营养化[169]。

结合本研究所研发的三种水库富营养化治理技术，经过探讨分析，将三种技术联合起来，在利用生态调度技术的同时，与两级垂直流系统相结合使水库水得到有效治理。工艺模式如图 10-24 所示。

工程模式中，在河流入库口，建立两级垂直流土地系统，利用系统的污染物去除功能，将入库河流携带的污染物进行处理，进而减少入库污染物，净化入库水质。在面源得到控制的条件下，采用生态调度技术，将库水在适宜的条件下进行调度，进而将内源污染物携带出库，调度的库水经过出库口的两级垂直流土地系统处理后，进入置换库储存。置换库的水作为补给水重新流入库内。周而复始，经过循环流动，水库水质将会得到修复和改善，以满足水体功能需要。

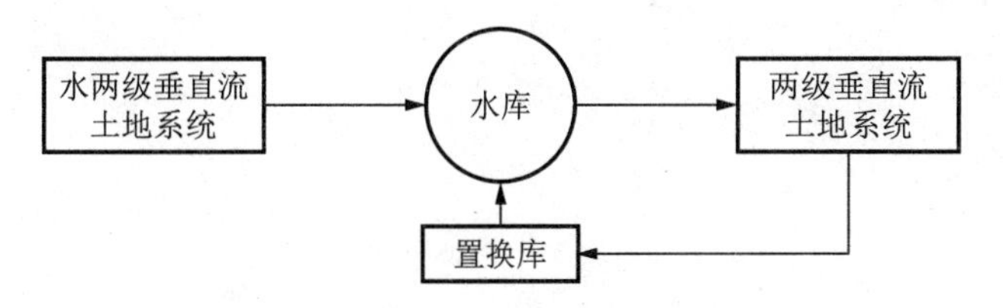

图 10-24　水库富营养化治理工程模式

Fig. 10-24　Process of eutrophication governance

10.3 小结

本章通过对 PSAFS 抑制底泥磷释放和生态调度治理底泥氮磷污染的技术研究，得到的主要结论如下。

（1）研究表明，聚硅硫酸铝铁对底泥磷释放具有很好的抑制效果。当控制 PSAFS 中 Al/Fe 摩尔比为 4∶6、[Al, Fe]/[Si] 摩尔比为 1∶1、投加剂量为 2. 5 mL/300 g、pH 为 7. 0 时，空白实验上覆水中 TP 的累积浓度是投加 PSAFS 的 2 倍多，且空白试验 TP 累积释放浓度的波动性远大于投加 PSAFS 的样品，抑制效果显著。

（2）研究证明，生态调度治理底泥氮磷污染具有可行性和有效性。当水体温度为 25 ℃、换水周期越短和调水比例越大时，对底泥中氮磷污染的治理效果越好。

第11章 结论

本书在自然地理和环境概况调查的基础上，对产芝水库进行了多次现场勘查取样，评价了水库及入库河流环境污染现状；通过大量的室内外试验，探讨了不同温度和不同扰动条件下沉积物氮磷的释放规律及其动力学过程、两级垂直流土地系统处理入库河水的有效性、聚硅硫酸铝铁抑制底泥磷释放和生态调度治理底泥氮磷污染的可行性；并结合水库的现状，建立了基于AE的地表水水质自动监测-预警系统和平面二维内源释放耦合水流-水质模型，对多污染源共同影响下不同水文年水库的水质分布进行预测；通过上述研究得到以下主要结论。

（1）结合地表水水质监测的实际需求，运用系统化、网络化、智能化和标准化于一体的设计理念，完成了原位水下水质自动检测系统，并自主设计了环境监测数据采集器。该系统以加拿大RBR 600XR系列和美国YSI 600系列多参数水质传感器等为基础，通过自主开发环境监测数据采集器，经由GPRS无线传输将数据传输到服务器端的自动监测数据库中。环境监测数据采集器采用GM8125实现串口扩展，并实现GPRS数据透传。该系统监测参数包括温度、盐度、水位、pH、浊度、DO、氨氮、硝酸盐氮和叶绿素-a。自动监测上位机软件通过socket编程，能够实时掌握水质参数的变化情况，并将监测数据保存到数据库中，进行数据统一管理和发布，还具有异常数据和传输错误报警、参数设置和数据报表等多种功能。

（2）本书讨论的水质评价方法主要包括支持向量机法和模糊综合评价法。SVM水质评判结果能够与产芝水库的水体功能相符合，且与模糊综合评价法进行比较，结果也基本一致。但是，在SVM训练过程中还发现，训练样本中的数据含有不确定性应引起重视，例如1-5二叉树方法与5-1二叉树方法在理论上训练结果应该一致，但是实际中发现，只有5-1二叉树方法得出的结果与实际水体功能相符合。因此，SVM方法作为新型的方法，在水质评价中的应用有待于进一步研究。而本书使用的改进模糊综合评价模型，经研究发现具有明显的合理性。该评价模型经过对比分析和详细验证，评价结果的表达更加准确、严密。

（3）使用BP人工神经网络进行水质预测，从预测值的预测趋势来看，都能反映水质随时间的变化趋势。在没有剔除异常年份数据的情况下，模拟值平均相对误差不到12%，并且能够正确反映出、模拟出实际水质的变化方向。通过软件自动剔除异常数据，修正各项参数，最好的一次预测结果平均相对误差是3.6%。因此，BP人工神经网络水质建模方法在水质预测中具有很强的实用性。

（4）改良了模糊综合评判模型，并利用模型对水库富营养化现状进行了评价。通过对模糊综合评判模型的改良，对产芝水库富营养化现状进行了综合评价，评价结果显示产芝水库库区为中富营养化至富营养化水平，入库支流为富营养化至重富营养化水平。

（5）利用组件式GIS技术搭建高效、稳定的平台，以适用于大多数地表水体水质评价和预测及基本的水文信息管理。该系统主要采用MS SQL Server数据库技术，实现了基础地理信息管理、水文资料管理、水质评价、水质预测等多种功能。基于Arc Engine的水质评价及预警系统能够帮助相关部门的决策者更好地针对水质状况进行管理。

（6）建立了沉积物氮磷释放通量与释放时间之间的方程式。通过室内柱状模拟试验，研究了沉积物中氮磷的释放规律，建立了不同温度和不同扰动条件下氮磷释放通量与释放时间的定量表达式，其中，静态释放可用对数方程$y=a+b\ln(x)$表示，动态释放可用幂指数方程$y=ax^b$来表示。

（7）构建了平面二维内源释放耦合水流-水质模型。将内源释放因子耦合于平面二维水流-水质模型中，通过对初始条件、边界条件和参数的确定及模型的验证，建立了含内源释放项的二维水流-水质模型，对多污染源共同影响下不同水文年水库的水质分布进行了预测，预测结果表明，中营养化占7.4%，中富营养化占16.7%，富营养化占75.9%。

（8）通过室内试验，对生物填料、水力停留时间和水力负荷进行了优选，优化工况下对TN、TP、COD_{Mn}和叶绿素-a平均去除率分别为60.2%、69.3%、56.8%和70.6%。

（9）通过室内试验研究了不同Al/Fe摩尔比、[Al, Fe]/[Si]摩尔比和投加剂量对PSAFS抑制底泥磷释放的影响。试验结果表明，优化条件下，空白试验上覆水中TP的累积浓度是投加PSAFS的2倍多，且空白试验TP累积释放浓度的波动性远大于投加PSAFS的样品，抑制效果显著。

（10）通过室内试验，研究了不同温度、不同调水周期和不同调水比例对底泥氮磷释放的影响，研究证明生态调度技术对底泥中氮磷污染的治理效果良好。

附录一　地表水环境质量标准 GB 3838—2002

前　言

为贯彻《中华人民共和国环境保护法》和《中华人民共和国水污染防治法》，防治水污染，保护地表水水质，保障人体健康，维护良好的生态系统，制定本标准。

本标准将标准项目分为地表水环境质量标准基本项目、集中式生活饮用水地表水源地补充项目和集中式生活饮用水地表水源地特定项目。地表水环境质量标准基本项目适用于全国江河、湖泊、运河、渠道、水库等具有使用功能的地表水水域；集中式生活饮用水地表水源地补充项目和特定项目适用于集中式生活饮用水地表水源地一级保护区和二级保护区。集中式生活饮用水地表水源地特定项目由县级以上人民政府环境保护行政主管部门根据本地区地表水水质特点和环境管理的需要进行选择，集中式生活饮用水地表水源地补充项目和选择确定的特定项目作为基本项目的补充指标。

本标准项目共计 109 项，其中地表水环境质量标准基本项目 24 项，集中式生活饮用水地表水源地补充项目 5 项，集中式生活饮用水地表水源地特定项目 80 项。

与 GHZB 1—1999 相比，本标准在地表水环境质量标准基本项目中增加了总氮一项指标，删除了基本要求和亚硝酸盐、非离子氨及凯氏氮三项指标，将硫酸盐、氯化物、硝酸盐、铁、锰调整为集中式生活饮用水地表水源地补充项目，修订了 pH、溶解氧、氨氮、总磷、高锰酸盐指数、铅、粪大肠菌群 7 个项目的标准值，增加了集中式生活饮用水地表水源地特定项目 40 项。本标准删除了湖泊水库特定项目标准值。

县级以上人民政府环境保护行政主管部门及相关部门根据职责分工，按本标准对地表水各类水域进行监督管理。

与近海水域相连的地表水河口水域根据水环境功能按本标准相应类别标准值进行管理，近海水功能区水域根据使用功能按《海水水质标准》相应类别标准值进行管理。批准划定的单一渔业水域按《渔业水质标准》进行管理，处理后的城市污水及与城市污水水质相近的工业废水用于农田灌溉用水的水质按《农田灌溉水质标准》进行管理。

《地面水环境质量标准》(GB 3838—83)为首次发布，1988 年为第一次修订，1999 年为第二次修订，本次为第三次修订。本标准自 2002 年 6 月 1 日起实施，《地面水环境质量标准》(GB 3838—88)和《地表水环境质量标准》(GB ZB1—1999)同时废止。

本标准由国家环境保护总局科技标准司提出并归口。本标准由中国环境科学研究院负责修订。本标准由国家环境保护总局2002年4月26日批准。本标准由国家环境保护总局负责解释。

1. 范围

1.1 本标准按照地表水环境功能分类和保护目标,规定了水环境质量应控制的项目及限值,以及水质评价、水质项目的分析方法和标准的实施与监督。

1.2 本标准适用于中华人民共和国领域内江河、湖泊、运河、渠道、水库等具有使用功能的地表水水域。具有特定功能的水域,执行相应的专业用水水质标准。

2. 引用标准

《生活饮用水卫生规范》(卫生部,2001年)和本标准表4～表6所列分析方法标准及规范中所含条文在本标准中被引用即构成为本标准条文,与本标准同效。当上述标准和规范修订时,应使用其最新版本。

3. 水域功能和标准分类

依据地表水水域环境功能和保护目标,按功能高低依次划分为五类:

Ⅰ类　主要适用于源头水、国家自然保护区;

Ⅱ类　主要适用于集中式生活饮用水地表水源地一级保护区、珍稀水生生物栖息地、鱼虾类产卵场、仔稚幼鱼的索饵场等;

Ⅲ类　主要适用于集中式生活饮用水地表水源地二级保护区、鱼虾类越冬场、洄游通道、水产养殖区等渔业水域及游泳区;

Ⅳ类　主要适用于一般工业用水区及人体非直接接触的娱乐用水区;

Ⅴ类　主要适用于农业用水区及一般景观要求水域。

对应地表水上述五类水域功能,将地表水环境质量标准基本项目标准分为五类,不同功能类别分别执行相应类别的标准值。水域功能类别高的标准值严于水域功能类别低的标准值。同一水域兼有多类使用功能的,执行最高功能类别对应的标准值。实现水域功能与达标功能类别标准为同一含义。

4. 标准值

4.1 地表水环境质量标准基本项目标准限值见表1。

4.2 集中式生活饮用水地表水源地补充项目标准限值见表2。

4.3 集中式生活饮用水地表水源地特定项目标准限值见表3。

5. 水质评价

5.1 地表水环境质量评价应根据水域功能的类别,选取相应类别标准,进行单因子评价,评价结果应说明水质达标情况,超标的应说明超标项目和超标倍数。

5.2 丰、平、枯水期特征明显的水域,应分水期进行水质评价。

5.3 集中式生活饮用水地表水源地水质评价的项目应包括表1中的基本项目、表2中的补充项目以及由县级以上人民政府环境保护行政主管部门从表3中选择确定的特定项目。

6. 水质监测

6.1 本标准规定的项目标准值，要求水样采集后自然沉降 30 min，取上层非沉降部分按规定方法进行分析。

6.2 地表水水质监测的采样布点、监测频率应符合国家地表水环境监测技术规范的要求。

6.3 本标准水质项目的分析方法应优先选用表 4～表 6 规定的方法，也可采用 ISO 方法体系等其他等效分析方法，但须进行适用性检验。

7. 标准的实施与监督

7.1 本标准由县级以上人民政府环境保护行政主管部门及相关部门按职责分工监督实施。

7.2 集中式生活饮用水地表水源地水质超标项目经自来水厂净化处理后，必须达到《生活饮用水卫生规范》的要求。

7.3 省、自治区、直辖市人民政府可以对本标准中未作规定的项目，制定地方补充标准，并报国务院环境保护行政主管部门备案。

表 1　地表水环境质量标准基本项目标准限值

mg/L

序号	标准值分类项目	Ⅰ类	Ⅱ类	Ⅲ类	Ⅳ类	Ⅴ类
1	水温(℃)	人为造成的环境水温变化应限制在： 周平均最大温升≤1 周平均最大温降≤2				
2	pH(无量纲)	6.0～9.0				
3	溶解氧≥	饱和率 90% (或 7.5)	6	5	3	2
4	高锰酸盐指数≤	2	4	6	10	15
5	化学需氧量(COD)≤	15	15	20	30	40
6	五日生化需氧量(BOD_5)≤	3	3	4	6	10
7	氨氮(NH3-N)≤	0.15	0.5	1.0	1.5	2.0
8	总磷(以 P 计)≤	0.02(湖、库 0.01)	0.1(湖、库 0.025)	0.2(湖、库 0.05)	0.3(湖、库 0.1)	0.4(湖、库 0.2)
9	总氮(湖、库，以 N 计)≤	0.2	0.5	1.0	1.5	2.0
10	铜≤	0.01	1.0	1.0	1.0	1.0
11	锌≤	0.05	1.0	1.0	2.0	2.0
12	氟化物(以 F^- 计)≤	1.0	1.0	1.0	1.5	1.5
13	硒≤	0.01	0.01	0.01	0.02	0.02
14	砷≤	0.05	0.05	0.05	0.1	0.1
15	汞≤	0.000 05	0.000 05	0.000 1	0.001	0.001
16	镉≤	0.001	0.005	0.005	0.005	0.01

续表

序号	标准值分类项目	Ⅰ类	Ⅱ类	Ⅲ类	Ⅳ类	Ⅴ类
17	铬(六价)≤	0.01	0.05	0.05	0.05	0.1
18	铅≤	0.01	0.01	0.05	0.05	0.1
19	氰化物≤	0.005	0.05	0.2	0.2	0.2
20	挥发酚≤	0.002	0.002	0.005	0.01	0.1
21	石油类≤	0.05	0.05	0.05	0.5	1.0
22	阴离子表面活性剂≤	0.2	0.2	0.2	0.3	0.3
23	硫化物≤	0.05	0.1	0.2	0.5	1.0
24	粪大肠菌群(个/升)≤	200	2 000	10 000	20 000	40 000

表 2　集中式生活饮用水地表水源地补充项目标准限值

mg/L

序号	项　目	标准值
1	硫酸盐(以 SO_4^{2-} 计)	250
2	氯化物(以 CL^- 计)	250
3	硝酸盐(以 N 计)	10
4	铁	0.3
5	锰	0.1

表 3　集中式生活饮用水地表水源地补充项目分析方法

序号	项　目	分析方法	最低检出限(mg/L)	方法来源
1	硫酸盐	重量法	10	GB 11899—89
		火焰原子吸收分光光度法	0.4	GB 13196—91
		铬酸钡光度法	8	1)
		离子色谱法	0.09	HJ/T 84—2001
2	氯化物	硝酸银滴定法	10	GB 11896—89
		硝酸汞滴定法	2.5	1)
		离子色谱法	0.02	HJ/T 84—2001
3	硝酸盐	酚二磺酸分光光度法	0.02	GB 7480—87
		紫外分光光度法	0.08	1)
		离子色谱法	0.08	HJ/T 84—2001
4	铁	火焰原子吸收分光光度法	0.03	GB 11911—89
		邻菲啰啉分光光度法	0.03	1)
5	锰	高碘酸钾分光光度法	0.02	GB 11906—89
		火焰原子吸收分光光度法	0.01	GB 11911—89
		甲醛肟光度法	0.01	1)

注:暂采用下列分析方法,待国家方法标准发布后,执行国家标准。
1)《水和废水监测分析方法》(第 3 版),中国环境科学出版社 1989 年版。

表4　集中式生活饮用水地表水源地特定项目标准限值

序号	项　目	标准值	序号	项　目	标准值
1	三氯甲烷	0.06	41	丙烯酰胺	0.000 5
2	四氯化碳	0.002	42	丙烯腈	0.1
3	三溴甲烷	0.1	43	邻苯二甲酸二丁酯	0.003
4	二氯甲烷	0.02	44	邻苯二甲酸二(2-乙基己基)酯	0.008
5	1,2-二氯乙烷	0.03	45	水合肼	0.01
6	环氧氯丙烷	0.02	46	四乙基铅	0.000 1
7	氯乙烯	0.005	47	吡　啶	0.2
8	1,1-二氯乙烯	0.03	48	松节油	0.2
9	1,2-二氯乙烯	0.05	49	苦味酸	0.5
10	三氯乙烯	0.07	50	丁基黄原酸	0.005
11	四氯乙烯	0.04	51	活性氯	0.01
12	氯丁二烯	0.002	52	滴滴涕	0.001
13	六氯丁二烯	0.0006	53	林　丹	0.002
14	苯乙烯	0.02	54	环氧七氯	0.000 2
15	甲　醛	0.9	55	对硫磷	0.003
16	乙　醛	0.05	56	甲基对硫磷	0.002
17	丙烯醛	0.1	57	马拉硫磷	0.05
18	三氯乙醛	0.01	58	乐　果	0.08
19	苯	0.01	59	敌敌畏	0.05
20	甲　苯	0.7	60	敌百虫	0.05
21	乙　苯	0.3	61	内吸磷	0.03
22	二甲苯①	0.5	62	百菌清	0.01
23	异丙苯	0.25	63	甲萘威	0.05
24	氯　苯	0.3	64	溴氰菊酯	0.02
25	1,2-二氯苯	1.0	65	阿特拉津	0.003
26	1,4-二氯苯	0.3	66	苯并(a)芘	2.8×10^{-6}
27	三氯苯②	0.02	67	甲基汞	1.0×10^{-6}
28	四氯苯③	0.02	68	多氯联苯⑥	2.0×10^{-5}
29	六氯苯	0.05	69	微囊藻毒素-LR	0.001
30	硝基苯	0.017	70	黄　磷	0.003
31	二硝基苯④	0.5	71	钼	0.07
32	2,4-二硝基甲苯	0.0003	72	钴	1.0
33	2,4,6-三硝基甲苯	0.5	73	铍	0.002
34	硝基氯苯⑤	0.05	74	硼	0.5

续表

序号	项 目	标准值	序号	项 目	标准值
35	2,4-二硝基氯苯	0.5	75	锑	0.005
36	2,4-二氯苯酚	0.093	76	镍	0.02
37	2,4,6-三氯苯酚	0.2	77	钡	0.7
38	五氯酚	0.009	78	钒	0.05
39	苯 胺	0.1	79	钛	0.1
40	联苯胺	0.000 2	80	铊	0.000 1

注:① 二甲苯:指对-二甲苯、间-二甲苯、邻-二甲苯;
② 三氯苯:指 1,2,3-三氯苯、1,2,4-三氯苯、1,3,5-三氯苯;
③ 四氯苯:指 1,2,3,4-四氯苯、1,2,3,5-四氯苯、1,2,4,5-四氯苯;
④ 二硝基苯:指对-二硝基苯、间-二硝基苯、邻-二硝基苯;
⑤ 硝基氯苯:指对-硝基氯苯、间-硝基氯苯、邻-硝基氯苯;
⑥ 多氯联苯:指 PCB-1016、PCB-1221、PCB-1232、PCB-1242、PCB-1248、PCB-1254、PCB-1260。

表 5 地表水环境质量标准基本项目分析方法

序号	项 目	分析方法	最低检出限(mg/L)	方法来源
1	水 温	温度计法		GB 13195—1991
2	PH	玻璃电极法		GB 6920—1986
3	溶解氧	碘量法	0.2	GB 7489—1987
		电化学探头法		GB 11913—1989
4	高锰酸盐指数		0.5	GB 11892—1989
5	化学需氧量	重铬酸盐法	10	GB 11914—1989
6	五日生化需氧量	稀释与接种法	2	GB 7488—1987
7	氨 氮	纳氏试剂比色法	0.05	GB 7479—1987
		水杨酸分光光度法	0.01	GB 7481—1987
8	总 磷	钼酸铵分光光度法	0.01	GB 11893—1989
9	总 氮	碱性过硫酸钾消解紫外分光光度法	0.05	GB 11894—1989
10	铜	2,9-二甲基-1,10-菲啰啉分光光度法	0.06	GB 7473—1987
		二乙基二硫代氨基甲酸钠分光光度法	0.010	GB 7474—1987
		原子吸收分光光度法(螯合萃取法)	0.001	GB 7475—1987
11	锌	原子吸收分光光度法	0.05	GB 7475—1987
12	氟化物	氟试剂分光光度法	0.05	GB 7483—1987
		离子选择电极法	0.05	GB 7484—1987
		离子色谱法	0.02	HJ/T 84—2001
13	硒	2,3-二氨基萘荧光法	0.000 25	GB 11902—1989
		石墨炉原子吸收分光光度法	0.003	GB/T 15505—1995
14	砷	二乙基二硫代氨基甲酸银分光光度法	0.007	GB 7485—1987
		冷原子荧光法	0.000 06	1)

续表

序号	项　目	分析方法	最低检出限(mg/L)	方法来源
15	汞	冷原子荧光法	0.000 05	1)
		冷原子吸收分光光度法	0.000 05	GB 7468—1987
16	镉	原子吸收分光光度法(螯合萃取法)	0.001	GB 7475—1987
17	铬(六价)	二苯碳酰二肼分光光度法	0.004	GB 7467—1987
18	铅	原子吸收分光光度法(螯合萃取法)	0.01	GB 7475—1987
19	氰化物	异烟酸-吡唑啉酮比色法	0.004	GB 7487—1987
		吡啶-巴比妥酸比色法	0.002	
20	挥发酚	蒸馏后4-氨基安替比林分光光度法	0.002	GB 7490—1987
21	石油类	红外分光光度法	0.01	GB/T 16488—1996
22	阴离子表面活性剂	亚甲蓝分光光度法	0.05	GB 7494—1987
23	硫化物	亚甲基蓝分光光度法	0.005	GB/T 16489—1996
		直接显色分光光度法	0.004	GB/T 17133—1997
24	粪大肠菌群	多管发酵法、滤膜法		1)

注:暂采用下列分析方法,待国家方法标准发布后,执行国家标准。
1)《水和废水监测分析方法》(第3版),中国环境科学出版社1989年版。

表6　集中式生活饮用水地表水源地特定项目分析方法

序号	项　目	分析方法	最低检出限(mg/L)	方法来源
1	三氯甲烷	顶空气相色谱法	0.000 3	GB/T 17130—1997
		气相色谱法	0.000 6	2)
2	四氯化碳	顶空气相色谱法	0.000 05	GB/T 17130—1997
		气相色谱法	0.000 3	2)
3	三溴甲烷	顶空气相色谱法	0.001	GB/T 17130—1997
		气相色谱法	0.006	2)
4	二氯甲烷	顶空气相色谱法	0.008 7	2)
5	1,2-二氯乙烷	顶空气相色谱法	0.012 5	2)
6	环氧氯丙烷	气相色谱法	0.02	2)
7	氯乙烯	气相色谱法	0.001	2)
8	1,1-二氯乙烯	吹出捕集气相色谱法	0.000 018	2)
9	1,2-二氯乙烯	吹出捕集气相色谱法	0.000 012	2)
10	三氯乙烯	顶空气相色谱法	0.000 5	GB/T 17130—1997
		气相色谱法	0.003	2)
11	四氯乙烯	顶空气相色谱法	0.000 2	GB/T 17130—1997
		气相色谱法	0.001 2	2)
12	氯丁二烯	顶空气相色谱法	0.002	2)

续表

序号	项 目	分析方法	最低检出限(mg/L)	方法来源
13	六氯丁二烯	气相色谱法	0. 000 02	2）
14	苯乙烯	气相色谱法	0. 01	2）
15	甲 醛	乙酰丙酮分光光度法	0. 05	GB 13197—1991
		4-氨基-3-联氨-5-巯基-1,2,4-三氮杂茂(AHMT)分光光度法	0. 05	2）
16	乙 醛	气相色谱法	0. 24	2）
17	丙烯醛	气相色谱法	0. 019	2）
18	三氯乙醛	气相色谱法	0. 001	2）
19	苯	液上气相色谱法	0. 005	GB 11890—1989
		顶空气相色谱法	0. 000 42	2）
20	甲 苯	液上气相色谱法	0. 005	GB 11890--1989
		二硫化碳萃取气相色谱法	0. 05	
		气相色谱法	0. 01	2）
21	乙 苯	液上气相色谱法	0. 005	GB 11890—1989
		二硫化碳萃取气相色谱法	0. 05	
		气相色谱法	0. 01	2）
22	二甲苯	液上气相色谱法	0. 005	GB 11890—1989
		二硫化碳萃取气相色谱法	0. 05	
		气相色谱法	0. 01	2）
23	异丙苯	顶空气相色谱法	0. 003 2	2）
24	氯 苯	气相色谱法	0. 01	HJ/T 74—2001
25	1,2-二氯苯	气相色谱法	0. 002	GB/T 17131—1997
26	1,4-二氯苯	气相色谱法	0. 005	GB/T 17131—1997
27	三氯苯	气相色谱法	0. 000 04	2）
28	四氯苯	气相色谱法	0. 000 02	2）
29	六氯苯	气相色谱法	0. 000 02	2）
30	硝基苯	气相色谱法	0. 000 2	GB 13194—1991
31	二硝基苯	气相色谱法	0. 2	2）
32	2,4-二硝基甲苯	气相色谱法	0. 000 3	GB 13194—1991
33	2,4,6-三硝基甲苯	气相色谱法	0. 1	2）
34	硝基氯苯	气相色谱法	0. 000 2	GB 13194—1991
35	2,4-二硝基氯苯	气相色谱法	0. 1	2）
36	2,4-二氯苯酚	电子捕获-毛细色谱法	0. 000 4	2）
37	2,4,6-三氯苯酚	电子捕获-毛细色谱法	0. 000 04	2）

续表

序号	项　目	分析方法	最低检出限(mg/L)	方法来源
38	五氯酚	气相色谱法	0.000 04	GB 8972—1988
		电子捕获-毛细色谱法	0.000 024	2)
39	苯　胺	气相色谱法	0.002	2)
40	联苯胺	气相色谱法	0.000 2	3)
41	丙烯酰胺	气相色谱法	0.000 15	2)
42	丙烯腈	气相色谱法	0.10	2)
43	邻苯二甲酸二丁酯	液相色谱法	0.000 1	HJ/T 72—2001
44	邻苯二甲酸二(2-乙基已基)酯	气相色谱法	0.000 4	2)
45	水合肼	对二甲氢基苯甲醛直接分光光度法	0.005	2)
46	四乙基铅	双硫腙比色法	0.000 1	2)
47	吡　啶	气相色谱法	0.031	GB/T 14672—1993
		巴比土酸分光光度法	0.05	2)
48	松节油	气相色谱法	0.02	2)
49	苦味酸	气相色谱法	0.001	2)
50	丁基黄原酸	铜试剂亚铜分光光度法	0.002	2)
51	活性氯	N,N-二乙基对苯二胺(DPD)分光光度法	0.01	2)
		3,3,5,5,-四甲基联苯胺比色法	0.005	2)
52	滴滴涕	气相色谱法	0.000 2	GB 7492—1987
53	林　丹	气相色谱法	4×10^{-6}	GB 7492—1987
54	环氧七氯	液液萃取气相色谱法	0.000 083	2)
55	对硫磷	气相色谱法	0.000 54	GB 13192—1991
56	甲基对硫磷	气相色谱法	0.000 42	GB 13192—1991
57	马拉硫磷	气相色谱法	0.000 64	GB 13192—1991
58	乐　果	气相色谱法	0.000 57	GB 13192—1991
59	敌敌畏	气相色谱法	0.000 06	GB 13192—1991
60	敌百虫	气相色谱法	0.000 051	GB 13192—1991
61	内吸磷	气相色谱法	0.002 5	2)
62	百菌清	气相色谱法	0.000 4	2)
63	甲萘威	高效液相色谱法	0.01	2)
64	溴氰菊酯	气相色谱法	0.000 2	2)
		高效液相色谱法	0.002	2)
65	阿特拉津	气相色谱法		3)
66	苯并(a)芘	乙酰化滤纸层析荧光分光光度法	4×10^{-6}	GB 11895—1989
		高效液相色谱法	1×10^{-6}	GB 13198—1991

续表

序号	项　目	分析方法	最低检出限(mg/L)	方法来源
67	甲基汞	气相色谱法	1×10^{-8}	GB/T 17132—1997
68	多氯联苯	气相色谱法		3)
69	微囊藻毒素-LR	高效液相色谱法	0.000 01	2)
70	黄　磷	钼-锑-抗分光光度法	0.002 5	2)
71	钼	无火焰原子吸收分光光度法	0.002 31	2)
72	钴	无火焰原子吸收分光光度法	0.001 91	2)
73	铍	铬菁R分光光度法	0.000 2	HJ/T 58—2000
		石墨炉原子吸收分光光度法	0.000 02	HJ/T 59—2000
		桑色素荧光分光光度法	0.000 2	2)
74	硼	姜黄素分光光度法	0.02	HJ/T 49—1999
		甲亚胺-H分光光度法	0.2	2)
75	锑	氢化原子吸收分光光度法	0.000 25	2)
76	镍	无火焰原子吸收分光光度法	0.002 48	2)
77	钡	无火焰原子吸收分光光度法	0.006 18	2)
78	钒	钽试剂(BPHA)萃取分光光度法	0.018	GB/T 15503—1995
		无火焰原子吸收分光光度法	0.006 98	2)
79	钛	催化示波极谱法	0.000 4	2)
		水杨基荧光酮分光光度法	0.02	2)
80	铊	无火焰原子吸收分光光度法	4×10^{-6}	2)

注：暂采用下列分析方法，待国家方法标准发布后，执行国家标准。

1)《水和废水监测分析方法》(第3版)，中国环境科学出版社1989年版。

2)《生活饮用水卫生规范》，中华人民共和国卫生部2001年版。

3)《水和废水标准检验法》(第15版)，中国建筑工业出版社1985年版。

附录二 《水环境监测规范》(SL 219—2013)

中华人民共和国水利部
关于批准发布水利行业标准的公告
(水环境监测规范)
2013年第82号

中华人民共和国水利部批准:《水环境监测规范》(SL 219—2013)为水利行业标准,现予以公布。

序号	标准名称	标准编号	替代标准编号	发布日期	实施日期
1	水环境监测规范	SL 219—2013	SL 219—1998	2013-12-16	2014-03-16

水利部
2013年12月16日

前　言

根据水利部水利行业标准修订计划,按照《水利技术标准编写规定》(SL 1—2002)的要求,修订《水环境监测规范》(SL 219—1998)。

本标准共12章和5个附录,主要技术内容有:

(1)监测站网规划与管理及监测断面、点的布设原则和方法;

(2)地表水、地下水、大气降水、水体沉降物、入河排污口调查与监测和应急监测、移动与自动监测,以及实验室质量保证与质量控制、数据处理与管理的主要技术内容、要求与指标;

(3)水生态监测和调查方法、采样与样品保存、监测频次、项目与分析方法、质量控制的主要技术内容、规定与要求。

本次修订的主要内容有:

(1)修订和补充了监测站网有关技术内容与要求;新增了监测站网规划、建设与管理;

(2)修订和补充了地表水监测有关技术内容与要求;新增了地表水水功能区监测要求;

(3)修订和补充了地下水监测有关技术内容与要求;新增了地下水水功能区监测要求;

(4)原水生生物监测修改为水生态调查与监测;新增了水生态调查与监测有关技术内容与要求;

(5)原水污染监测与调查,修改为入河排污口调查与监测和应急监测;修订和补充了入河排污口监测与调查有关技术内容与要求;新增了应急监测有关技术内容与要求;修订和补充了水污染动态监测有关技术内容与要求;

(6)新增了移动与自动监测技术内容与要求;

(7) 原实验室质量控制，改为实验室质量保证与质量控制；修订和补充有关技术内容与要求；新增了质量保证有关技术内容与要求；

(8) 修订和补充了数据处理与资料整理、汇编有关技术内容和要求；新增了电子记录、数据报送、资料刊印与数据库的技术内容与要求。

本标准为全文推荐。

本标准所替代标准的历次版本为：

SD 127—1984

SL 219—1998

本标准批准单位：中华人民共和国水利部

本标准主持机构：水利部水文局

本标准解释单位：水利部水文局

本标准主编单位：长江流域水环境监测中心

本标准参编单位：松辽流域水资源保护局

安徽省水文局

水利部水环境监测评价研究中心

黄河流域水环境监测中心

本标准出版发行单位：中国水利水电出版社

本标准主要起草人：彭　彪　李怡庭　李青山　周良伟

朱圣清　刘玲花　王丽伟　邱光胜

余明星　高俊杰

本标准审查会议技术负责人：焦得生

本标准体例格式审查人：曹　阳

1. 总　则

1.1 为规范水环境与水生态监测工作，保证监测成果的客观公正性、系统性和科学性，制定本标准。

1.2 本标准适用于水环境与水生态监测，不适用于海洋水体监测。

1.3 本标准编制的基本原则为：

(1) 水质、水量和水生态监测相结合。

(2) 满足水资源开发利用、节约与保护管理的要求。

(3) 监测技术的先进性和可行性相结合。

(4) 当前与长远发展相结合。

(5) 与现行国家、水利行业有关标准相衔接。

1.4 本标准主要引用以下标准：

《地表水环境质量标准》(GB 3838)

《生活饮用水卫生标准》(GB 5749)

《污水综合排放标准》(GB 8978)

《地下水质量标准》(GB/T U848)

1.5 水环境与水生态监测工作除应符合本标准规定外，尚应符合国家现行有关标准的规定。

2. 监测站网

2.1 一般规定

2.1.1 监测站网是指在流域内或者区域内，由适量的水质监测实验室与地表水、地下水、大气降水水质站和水生态监测站组成的水环境与水生态监测活动和监测信息收集系统。

2.1.2 水质站是为掌握水环境与水生态变化动态，收集和积累水体的物理、化学和生物等监测信息而进行采样和现场测定位置的总称。在监测目的、对象和内容方面可具有单一或多重性，在自然地理空间分布上具有唯一性。位置确定后，应设置站点标志物或固定的参照物，不得任意变更。

2.1.3 水质站按设站目的与作用，分为国家基本水质站和专用水质站。

(1) 为公共服务目的、经统一规划设立，能获取基本水环境与水生态要素信息的水质站为国家基本水质站。

(2) 为科学研究、工程建设与运行管理等特定目的服务而设立的水质站为专用水质站。

2.1.4 国家基本水质站按其重要性应分为重点水质站和一般水质站。省级水行政主管部门可根据实际情况，确定本行政区内的省级重点水质站。

(1) 重点水质站是为流域或区域水资源开发、利用、保护与管理、防灾减灾等提供重要的水资源质量、水环境与水生态要素信息；为长期和系统监测自然环境演变、分析人类活动对水资源与水生态环境的影响而设立的。

(2) 一般水质站为重点水质站以外的国家基本水质站。

2.1.5 符合下列条件之一的国家基本水质站应确定为国家重点水质站：

(1) 国家确定的重要江河干支流的控制河段、入海河口；重要湖泊控制水域；重要地下水漏斗区、超采区、海水入侵区和大型地下水水源地等控制区。

(2) 流域面积大于 10 000 km^2，年径流量大于 3 亿立方米的河流控制河段；流域面积不小于 5 000 km^2，年径流量大于 5 亿立方米的河流控制河段；流域面积小于 5 000 km^2，年径流量大于 25 亿立方米的河流控制河段。

(3) 常年蓄水量大于 10 亿立方米的湖泊；库容大于 5 亿立方米的水库；常年蓄水量或库容大于 1 亿立方米，周边或下游有大中城市、大型厂矿，对水资源管理有重要作用的湖泊和水库。

(4) 具有代表性，能反映流域水系水生态环境背景值基本情况的源头水域。

(5) 涉及水生态环境等水事敏感区域的国家级自然生态保护区、跨流域调水水源保护区，供水人口大于 50 万的饮用水水源地，对水资源管理和防灾减灾有重大影响的省界缓冲区和其他地表水与地下水功能区。

(6) 国家确定的重要水工程和水污染防治工程所涉及的江河湖库水域，对区域水环境与水生态有重大影响的入河排污口附近水域。

（7）有交换水文资料活动的河流出入国境河段或水域，流域面积大于 1 000 m^2 的河流出、入国境控制河段或水域。

2.1.6 国家基本水质站应保持相对稳定，监测项目与频次、监测质量、资料报送、汇编与存贮等均应符合本标准的规定。未经批准，不得降低技术要求和中止监测活动。

2.2 站网规划

2.2.1 全国水质监测站网实行统一规划。规划的组织编制、论证、审定及报批程序，应符合水利行业有关管理规定的要求。

2.2.2 根据监测目的或服务对象的不同，监测站网可分成国界、跨省（自治区、直辖市）和设区市等行政区界、集中式饮用水水源地、其他各类水功能区、入河排污口、水体沉降物、水生态等专业监测网或专用监测网。

2.2.3 监测站网规划主要包括监测站网现状与分析、规划原则与目标、功能和布局、站网组成、监测项目、管理方式、保障措施和效益评价等内容，并应遵循以下原则。

（1）流域与区域相结合，区域服从流域，以流域为单元进行统一规划。

（2）与水文站网（雨量观测站网、地下水观测井网）规划、流域水资源综合管理规划和相关专项规划相结合。

（3）与当地经济发展水平相适应，以满足水资源管理的要求为目标，完善现有监测站网。

（4）应布局合理、作用明确、相对稳定、适度超前、避免重复，具有较强的代表性。

（5）与监测技术发展水平相适应，实验室监测、移动监测与自动在线监测相结合；常规监测、动态监测和应急监测相结合。

2.2.4 地表水监测站网规划应在以下确定的范围进行：

（1）河源山区、干旱区和边远地区流域面积大于 5 000 km^2 的河流。

（2）温带、内陆和热带的丘陵山区和平原区流域面积大于 1 000 km^2 的河流。

（3）平原河网水量平衡区以及代表片区面积大于 30 km^2 的河流。

（4）面积大于 100 km^2 的湖泊，梯级水库群和库容大于 1 亿立方米的水库。

（5）引水、提水流量达 10～50 m^3/s，或灌溉面积大于万亩的输水干渠。

（6）不同水文地质区或植被区、土壤盐碱化区、地方病发病区、地球化学异常区、矿化度或总硬度变化率超过 50%的地区。

重要出入国界的河流、湖泊，跨省（自治区、直辖市）和设区市行政区的河流、湖泊、水库。

实施水功能区管理的河流、湖泊、水库，农村集中式饮水水源地。

重要的湿地沼泽等水生态涵养水域。

对区域水环境有较大影响的主要入河排污口。

2.2.5 地下水监测站网规划应在以下确定的范围进行：

（1）地面沉降区、海水入侵区域、次生盐渍化区。

（2）以地下水作为主要饮用水水源地的地区和实施地下水功能区管理的其他区域。

（3）重要水源补给区、矿产开发区、地方病发病区、生态脆弱区。

（4）以浅层地下水监测为重点，兼顾地下水不同类型区。

2.2.6 大气降水监测站网规划应在以下确定的范围进行：

（1）不同水文气象条件、不同地形与地貌区。

（2）大中城市市区、工业集中区和大气污染严重区。

（3）库容大于1亿立方米的水库和面积大于100 km^{2}的湖泊。

2.2.7 水质监测实验室规划应根据需要，按水系或设区市的范围确定。

2.2.8 监测站网规划应根据江河湖库水环境与水生态变化情况和经济社会发展的需求适时修改。修改监测站网规划，应按照规划编制程序经原批准机关批准。

2.3 站网建设与管理

2.3.1 水质监测实验室和国家基本水质站的设立，应依据监测站网规划，按照国家固定资产投资项目建设程序实施。国家基本水质站需优化调整的，应进行技术论证，并将优化调整方案报原批准机构审批。专用水质站的设立，视设站目的而定，但应避免与国家基本水质站重复设立。

2.3.2 省级水文机构管理的水质监测实验室、跨省（自治区、直辖市）界河流水质站和对流域水资源管理、防灾减灾有重大作用的水质站应接受流域管理机构的业务指导和监督。经流域管理机构与管理该实验室和水质站的省级水文机构协商一致后，可由流域管理机构与省级水文机构共同建设，共同管理。

2.3.3 国务院水行政主管部门直属水文机构负责组织实施全国水利系统水质监测站网规划、建设和管理工作；流域管理机构负责所属水质监测站网规划、建设与管理工作，并在所管辖范围内按照规定的权限对水质监测站网规划、建设和管理工作进行指导和监督；省级水文机构具体负责本行政区域的水质监测站网规划、建设和管理工作。

2.3.4 水质监测资料实行统一汇交制度并应符合以下要求：

（1）国家基本水质站的监测资料，由省级水文机构按月向流域管理机构汇交；流域管理机构汇总后及时报送国务院水行政主管部门直属水文机构。

（2）专用水质站的监测资料，按管理权限，向省级水文机构或流域管理机构汇交。

（3）入河排污口监测、水污染动态监测与公共水事件应急水质监测等其他监测资料，按管理权限向省级水文机构或流域管理机构汇交。

2.3.5 国家基本站监测资料由流域管理机构按年度整、汇编，刊印成年鉴，并报送国务院水行政主管部门直属水文机构。

3. 地表水监测

3.1 监测断面布设

3.1.1 水质监测断面布设应符合以下原则：

（1）能客观、真实反映自然变化趋势与人类活动对水环境质量的影响状况。

（2）具有较好的代表性、完整性、可比性和长期观测的连续性，并兼顾实际采样时的可行性和方便性。

（3）充分考虑河段内取水口和排污口分布，支流汇入及水利工程等影响河流水文情势变化的因素。

（4）避开死水区、回水区、排污口，选择河段较为顺直、河床稳定、水流平稳、水面宽阔、无浅滩位置。

(5) 与现有水文观测断面相结合。

3. 1. 2 河流监测断面布设应符合以下要求：

(1) 河流或水系背景断面布设在上游接近河流源头处，或未受人类活动明显影响的上游河段。

(2) 干、支流流经城市或工业聚集区河段在上、下游处分别布设对照断面和消减断面；污染严重的河段，根据排污口分布及排污状况布设若干控制断面，控制排污量不得小于本河段入河排污量总量的80%。

(3) 河段内有较大支流汇入时，在汇入点支流上游及充分混合后的干流下游处分别布设监测断面。

(4) 出入国境河段或水域在出入境处布设监测断面，重要省际河流等水环境敏感水域在行政区界处布设监测断面。

(5) 水文地质或地球化学异常河段，在上、下游分别布设监测断面。

(6) 水生生物保护区以及水源型地方病发病区、水土流失严重区布设对照断面和控制断面。

(7) 城镇饮用水水源在取水口及其上游 1 000 m 处分别布设监测断面。在饮用水源保护区以外如有排污口时，应视其影响范围与程度增设监测断面。潮汐河段或其他水质变化复杂的河段，在取水口和取水口上、下游 1 000 m 处分别布设监测断面。

(8) 水网地区按常年主导流向布设控制断面；有多个叉路时，按累加总径流量不小于80%布设若干个控制断面。

3. 1. 3 潮汐河段(入海河口)水质监测断面布设应充分考虑常年潮流界四季变化以及涨潮、落潮水流变化特点，并应符合以下要求：

(1) 在潮流界上游布设对照断面；潮流界超出本河段范围时，在本河段上游布设对照断面。

(2) 按 3. 1. 2 条的规定布设监测断面。设有挡潮闸的潮汐河段，在闸的上、下游分别布设监测断面。

(3) 在靠近入海口处布设监测断面；入海口在本河段之外时，在本河段下游处布设监测断面。

3. 1. 4 湖泊、水库监测断面布设应符合以下要求：

(1) 在湖泊、水库出入口、中心区、滞流区、近坝区等水域分别布设监测断面。

(2) 湖泊、水库水质无明显差异，采用网格法均匀布设，网格大小依据湖泊、水库面积而定，精度应满足掌握整体水质的要求。设在湖泊、水库的重要供水水源取水口，以取水口处为圆心，按扇形法在 100～1 000 m 范围内布设若干弧形监测断面或垂线。

(3) 河道型水库，应在水库上游、中游、近坝区及库尾与主要库湾回水区分别布设监测断面。

(4) 湖泊、水库的监测断面布设与附近水流方向垂直；流速较小或无法判断水流方向时，以常年主导流向布设监测断面。

3. 1. 5 地表水功能区监测断面布设应符合以下基本要求：

（1）按水功能区的管理要求布设监测断面，水功能区具有多种功能的，按主导功能要求布设监测断面。

（2）每一水功能区监测断面布设不得少于一个，并根据影响水质的主要因素与分布状况等，增设监测断面。

（3）相邻水功能区界间水质变化较大或区间有争议的，按影响水质的主要因素增设监测断面。

（4）水功能区内有较大支流汇入时，在汇入点支流的河口上游处及充分混合后的干流下游处分别布设监测断面。

（5）潮汐河流水功能区上、下游区界处分别布设监测断面。

（6）水网地区河流水功能区，根据区界内河网分布状况、水域污染状况和往复流运动规律等，在上、下游区界内分别布设监测断面。

（7）同一湖泊、水库只划分一种类型水功能区的，应按网格法均匀布设监测断面（点）；划分为两种或两种以上水功能区的，应根据不同类型水功能区特点布设监测断面（点）。

3.1.6 保护区监测断面布设应符合以下要求：

（1）自然保护区应根据所涉及保护区水域分布情况和主导流向，分别在出入保护区和核心保护区水域布设监测断面；保护区水域范围内有支流汇入时，应在汇入点支流河口上游处布设监测断面。

（2）源头水保护区应在河流上游未受人类开发利用活动影响的河段布设监测断面，或在水系河源区第一个村落或第一个水文站以上河段布设监测断面。

（3）跨流域、跨省（自治区、直辖市）及省（自治区、直辖市）内大型调水工程水源地保护区，应按 3.1.2～3.1.4 条的规定布设监测断面；水源地核心保护区应布设一个或若干个监测断面。

3.1.7 保留区监测断面布设应符合以下要求：

（1）保留区内水质稳定的，应在保留区下游区界处布设一个监测断面。

（2）保留区内水质变化较大的，应分别在区内主要城镇，重要取、排水口附近水域布设若干个监测断面。

3.1.8 缓冲区监测断面布设应符合以下要求：

（1）缓冲区监测断面应根据跨行政区界的类型、区界内影响水质的主要因素以及对相邻水功能区水质影响的程度布设。

（2）上、下游相邻行政区界缓冲区，区间水质稳定的，可在行政区界处布设一个监测断面；区间水质时常变化的，应分别在区界处的上下游布设监测断面。

（3）左、右岸相邻行政区界缓冲区，区间水质稳定的，在相邻行政区界河段的上游入境处、下游出境处分别布设监测断面。区内污染物随流态变化可能跨左、右岸相邻行政区界时，应增设监测断面。

（4）相邻行政区界缓冲区，两岸有支流汇入时，在汇入点支流河口上游增设监测断面；有入河排污口污水汇入时，应视其污染物扩散情况，在入河排污口下游 100～1 000 m 处增设监测断面。

（5）以河流为界，既有上、下游又有左、右岸交错分布的缓冲区，应根据具体实际情况，按2～4项的要求分别布设监测断面。

（6）湖泊、水库缓冲区应根据水体流态特点分别在区界处布设监测断面。河道型水库监测断面布设按照河流缓冲区布设方法与要求布设。相邻水功能区水质管理目标高于缓冲区水质管理目标的，在相邻水功能区区界处增设监测断面。

（7）水网地区和潮汐河流缓冲区，在上、下游区界处分别布设监测断面；河网分布和往复流运动规律复杂的，应根据污染程度或对相邻水功能区水质的影响程度，在区界内和各行政区界处增设若干个监测断面。

3.1.9 开发利用区监测断面布设应符合以下要求：

（1）饮用水源区应在取水口处、取水口上游500 m或1 000 m的范围内分别布设一个监测断面。

（2）工业用水区、农业用水区应分别在主要取水口上游1 000 m范围内布设监测断面。区间有入河排污口的，应在其下游污水均匀混合处布设监测断面。

（3）渔业用水区宜布设一个或多个监测断面。区内有国家、省级重要经济和保护鱼虾类的产卵场、索饵场、越冬场、洄游通道的，应根据区内水质状况增设监测断面。

（4）景观娱乐用水区可根据长度或水域面积，布设一个或多个监测断面。

（5）过渡区应在下游区界处布设监测断面，下游连接饮用水源区的应根据区界内水质状况增设监测断面。

（6）排污控制区应在下游区界处布设监测断面，区间入河污水浓度变化大的，应在主要入河排污口下游增设监测断面。

3.1.10 受水工程控制或影响的水域监测断面布设应符合以下要求：

（1）已建、在建或规划的大型水利工程，应根据工程类型、规模和涉水影响范围以及工程进度的不同阶段，综合考虑布设监测断面。

（2）灌溉、排水、阻水、引水、蓄水工程，应根据工程规模与涉水范围分别在取水处、干支渠主要控制节点和主要退水口布设监测断面。

（3）有水工建筑物并受人工控制河段，应视情况分别在闸（坝、堰）上、下布设监测断面，如水质常年无明显差别，可只在闸（坝、堰）上布设监测断面。

（4）在引、排、输、蓄水系统的水域，监测断面布设应控制引水、排水节点水量的80%；引、排、输水系统较长的，应适当增加监测断面布设数量。

3.1.11 河流、湖泊、水库在监测断面上采样垂线的设置应符合表3.1.11的规定；北方地区封冻期，应以断面冰底宽度作为水面宽度设置采样垂线。

表3.1.11　采样垂线的设置

<table>
<tr><th>水面宽（m）</th><th>采样垂线</th><th>说　明</th></tr>
<tr><td><50</td><td>1条（中泓）</td><td rowspan="4">（1）应避开污染带；考虑污染带时，应增设垂线；
（2）能证明该断面水质均匀时，可适当调整采样垂线；
（3）解冻期采样时，可适当调整采样垂线</td></tr>
<tr><td>50～100</td><td>2条（左、右岸有明显水流处）</td></tr>
<tr><td>100～1 000</td><td>3条（左岸、中泓、右岸）</td></tr>
<tr><td>>1 000</td><td>5～7条</td></tr>
</table>

3.1.12 河流、湖泊、水库在采样垂线上采样点的设置应符合表 3.1.12 的规定。

表 3.1.12 采样垂线上采样点的设置

水深(m)	采样点	说明
<5	1 点(水面下 0.5 米处)	(1) 水深不足 1.0 m 时,在水深 1/2 处; (2) 封冻时在冰下 0.5 m 处采样,有效水深不足 1.0 m 处时,在水深 1/2 处采样; (3) 潮汐河段应分层设置采样点
5～10	2 点(水面下 0.5 米、水底上 0.5 米处)	
>10	3 点(水面下 0.5 米、水底上 0.5 米、中层 1/2 水深处)	

3.1.13 湖泊、水库有温度分层现象时,应对湖泊、水库的水温、溶解氧进行监测调查,确定分层状况与分布后,分别在垂线上的表温层、斜温层和亚温层设置采样点。

3.1.14 水质站监测断面均应经现场核实和确认,并建立水质站监测断面档案,应主要包括以下内容与要求:

(1) 在地图上标明,并准确定位(经纬度精确到秒)。

(2) 在岸边设置固定标志或固定参照物。

(3) 文字说明断面周围环境的详细情况,并配以照片存档。

(4) 定期更新断面周围环境变化情况。

3.2 采样

3.2.1 采样频次与时间确定应遵循以下原则:

(1) 采集的样品在时间和空间上具有足够的代表性,能反映水资源质量自然变化和受人类活动影响的变化规律。

(2) 符合水功能区管理与水资源保护的要求。

(3) 充分考虑水工程调度与运行、入河污染物随水文情势变化在时间和空间上对水体影响的过程与范围。

(4) 宜以最低的采样频次,取得最具有时间代表性的样品;既要满足反映水体质量状况的需要,又要切实可行。

3.2.2 河流、湖泊、水库采样频次和时间应符合以下规定:

(1) 国家重点水质站应每月采样 1 次,全年不少于 12 次,遇特大水旱灾害期应增加采样频次。

(2) 国家一般水质站应在丰、平、枯水期各采样 2 次,或按单数或双数月采样 1 次,全年不少于 6 次。

(3) 出入国境河段或水域、重要钓际河流等水环境敏感水域,应每月采样 1 次,全年不少于 12 次。发生水事纠纷或水污染严重时,应增加采样频次。

(4) 河流水系背景监测断面应每年采样 6 次,丰、平、枯水期各 2 次。

(5) 流经城市或工业聚集区等污染严重的河段、湖泊、水库或其他敏感水域,应每月采样 1 次,全年不少于 12 次。

(6) 水污染有季节差异时,采样频次可按污染和非污染季节适当调整,污染季节应增加采样频次,非污染季节可按月采样,全年采样不少于 12 次。

(7) 水功能一级区中的保护区(自然保护区、源头水保护区)、保留区应每年采样6次,丰、平、枯水期各2次。

(8) 水功能一级区中的缓冲区、跨流域等大型调水工程水源地保护区，应每月采样1次，全年不少于12次；发生水事纠纷或水污染严重时，应增加采样频次。

(9) 水功能二级区中的重要饮用水源区应按旬采样，每月3次，全年36次。一般饮用水源区每月采样2次，全年24次。

(10) 其他水功能二级区每月采样1次，全年不少于12次；相邻水功能区区间水质有相互影响的或有水事纠纷的，应增加采样频次。

(11) 潮汐河段采样频次每年不少于3次，按丰、平、枯水期进行，每次采样应在当月大汛或小汛日采高平潮与低平潮水样各一个；全潮分析的水样采集时间可从第一个落憩到出现涨憩，每隔1～2 h采一个水样，周而复始直到全潮结束。

(12) 河流、湖泊、水库洪水期、最枯水位、封冻期、流域性大型调水期以及大型水库泄洪、排沙运行期，应适当增加采样频次。

(13) 受水工程控制或影响的水域采样频次应依据水工程调度与运行办法确定。

(14) 地处人烟稀少的高原、高寒地区及偏远山区等交通不便的水质站，采样频次原则上可按每年的丰、平、枯水期或按汛期、非汛期各采样1次。

(15) 除饮用水源区外，其他水质良好且常年稳定无变化的河流、湖泊、水库，可酌情降低采样频次。

(16) 为保证水质监测资料的可比性，国家基本水质站的采样时间统一规定在当月20日前完成，同一河段或水域的采样时间宜安排在同一时间段进行。

(17) 专用水质站的采样频次与时间，视监测目的和要求参照以上采样频次与时间确定。

3.2.3 采样器应有足够强度，且使用灵活、方便可靠，与水样接触部分应采用惰性材料，如不锈钢、聚四氟乙烯等制成。采样容器在使用前，应先用洗涤剂洗去油污，用自来水冲净，再用10%盐酸荡洗，自来水冲净后备用。

3.2.4 根据当地实际情况以及涉水、桥梁、船只、缆道和冰上等采样方式，可选择以下之一的采样器：

(1) 聚乙烯桶。

(2) 有机玻璃采样器。

(3) 单层采样器。

(4) 直立式采样器。

(5) 泵式采样器。

(6) 自动采样器。

3.2.5 根据监测目的与要求，可选用以下自动或人工采样方法之一采集样品：

(1) 定流量采样。

(2) 流速比例采样。

(3) 时间积分采样。

(4) 深度积分采样。

3.2.6 样品容器的选择与使用应符合以下要求：

（1）样品容器材质应化学稳定性好，不会溶出待测组分，且在保存期内不会与水样发生物理化学反应；对光敏性组分，应具有遮光作用；用于微生物检验用的容器应能耐受高温灭菌。

（2）测定有机及生物项目的样品容器选用硬质（硼硅）玻璃容器，测定金属、放射性及其他无机项目的样品容器选用高密度聚乙烯或硬质（硼硅）玻璃容器，测定溶解氧及生化需氧量（BOD_5）使用专用样品容器。

（3）样品容器在使用前应根据监测项目和分析方法的要求，采用相应的洗涤方法洗涤。

3.2.7 采样质量保证与质量控制应符合以下要求：

（1）采样人员应通过岗前培训考核，持证上岗，切实掌握采样技术，熟知水样固定、保存、运输条件。

（2）采样人员不得擅自变更采样位置；采样时应保证采样按时、准确、安全，断面、垂线、采样点的位置准确；必要时，使用定位仪（GPS）定位。

（3）当不能抵达指定采样位置时，应详细记录现场情况和实际调整的采样位置。水体异常可能影响样品代表性时，应立即进行现场调查和分析影响原因，及时调整采样计划和增设断面或垂线、测点，并予以详细记录。

（4）采样时，不得搅动水底沉积物，避免影响样品的真实代表性。用船只采样时，采样船应位于下游方向逆流采样；在同一采样点上分层采样时，应自上而下进行，避免不同层次水体混扰。

（5）采样容器容积有限需多次采样时，可将各次采集的水样放入洗净的大容器中混匀后分装，但不得用于溶解氧及细菌等易变项目的检验。

（6）细菌总数、大肠菌群、粪大肠菌群、油类、生化需氧量、有机物、硫化物、余氯、悬浮物、放射性等有特殊要求的检验项目，应单独采集样品；溶解氧、生化需氧量和挥发性有机污染物的水样应将水充满容器，密闭保存；油类的水样应在水面下 300 mm 单独采集，全部用于测定，不得用采集的水样冲洗采样器（容器）。

（7）水样装入容器后，应按规定要求立即加入相应的固定剂摇匀，贴好标签；或按规定要求低温避光保存。

（8）采样时应用签字笔或硬质铅笔做好现场采样记录，填写“水质采样记录表”，字迹应端正、清晰，项目完整。

（9）采样结束前，应核对采样计划、填好水样送检单、核对瓶签，如有错误或遗漏，应立即补采或重采。

（10）每批水样，应选择部分项目加采现场平行样、制备现场空白样，与样品一同送实验室分析。

3.2.8 样品预处理应注意以下事项：

（1）含有沉降性固体（如泥沙等）的水样，应将所采水样摇匀后倒入筒形玻璃容器（如量筒），静置 30 min；在水样表层 50 mm 以下位置，用吸管将水样移入样品容器后，再加入保存剂；测定总悬浮物和油类的水样除外。

（2）需要分别测定悬浮物和水中所含组分时，或规定使用过滤水样的，应采用 0.45 μm

玻璃纤维微孔滤膜或等效方法过滤水样后，再加保存剂或萃取剂保存样品。

（3）测定微量有机物质，采用现场液－液或液－固萃取分离，低温保存萃取物或固相萃取柱。

3.2.9 现场测定与观测应符合以下要求：

（1）水温、pH、溶解氧、电导率、透明度、感官性状等监测项目应在采样现场采用相应方法观测或检验。

（2）现场使用的监测仪器应经检定或校准合格，并在使用前进行仪器校正。

（3）采用深水电阻温度计或颠倒温度计测量时，温度计应在测点放置 5～7 min，待测得的水温恒定不变后读数。

（4）感官指标的观测：用相同的比色管，分取等体积的水样和蒸馏水作比较，对水的颜色进行定性描述。现场记录水的气味（嗅）、水面有无油膜和泡状等。

（5）水文参数的测量应符合现行国家和行业有关技术标准的规定。潮汐河流各点位采样时，还应同时记录潮位。

（6）测量并记录气象参数，如气温、气压、风向、风速和相对湿度等。

3.2.10 样品保存主要有冷藏、加入保存剂等方法，应符合以下基本要求：

（1）保存剂不应有干扰物影响待测物的测定；保存剂的纯度和等级应符合分析方法的要求。

（2）保存剂可预先加入样品容器中，也可在采样后立即加入，但应避免对其他测试项目的影响和干扰；易变质的保存剂不宜预先添加。

（3）常用水样保存方法应符合表 3.2.10 的规定；表中未列的，可参照分析方法的要求保存水样。

表 3.2.10　采样容器和常用水样保存方法

项　目	采样容器	保存方法及保存剂用量	保存时间
色度*	G、P		12 h
pH*	G、P		12 h
电导率*	G、P		12 h
悬浮物	G、P	0～4℃避光保存	14 d
碱度	G、P	0～4℃避光保存	12 h
酸度	G、P	0～4℃避光保存	30 d
总硬度	G、P	HNO_3，水样中加浓 HNO_3 10 mL	14 d
化学需氧量	G	H_2SO_4，pH ≤ 2.0	2 d
高锰酸盐指数	G	0～4 ℃避光保存	2 d
溶解氧*	溶解氧瓶	加入 $MnSO_4$，碱性 KI、NaN_3 溶液，现场固定	24 h
生化需氧量	溶解氧瓶		6 h
总有机碳	G	H_2SO_4，pH < 2.0	7 d
氟化物	P	0～4 ℃避光保存	14 d
氯化物	G、P	0～4 ℃避光保存	30 d

续表

项　目	采样容器	保存方法及保存剂用量	保存时间
溴化物	G、P	0～4 ℃避光保存	14 h
碘化物	G、P	NaOH，pH = 12. 0	14 h
硫酸盐	G、P	0～4℃避光保存	30 d
磷酸盐	G、P	NaOH，H_2SO_4，调 pH = 7. 0，$CHCl_3$ 0. 5%	7 d
总　磷	G、P	HC1，H_2SO_4，pH ≤ 2. 0	24 h
氨　氮	G、P	H_2SO_4，pH ≤ 2. 0	24 h
硝酸盐氮	G、P	0～4 ℃避光保存	24 h
总　氮	G、P	H_2SO_4，pH ≤ 2. 0	7 d
硫化物	G、P	1 L 水样加 NaOH 至 pH = 9. 0，加入 5% $C_6H_8O_6$，饱和 EDTA 3 mL，滴加饱和 Zn（AC）$_2$ 至胶体产生，常温避光。	24 h
挥发酚	G、P	NaOH，pH ≥ 9. 0	12 h
总　氰	G、P	NaOH，pH ≥ 9. 0	12 h
阴离子表面活性剂	G、P		24 h
钠	G、P	HNO_3，1L 水样中加浓 HNO_3 10 mL	14 d
镁	G、P	HNO_3，1L 水样中加浓 HNO_3 10 mL	14 d
钾	P	HNO_3，1 L 水样中加浓 HNO_3 10 mL	14 d
钙	G、P	HNO_3，1 L 水样中加浓 HNO_3 10 mL	14 d
锰	G、P	HNO_3，1 L 水样中加浓 HNO_3 10 mL	14 d
铁	G、P	HNO_3，1 L 水样中加浓 HNO_3 10 mL	14 d
镍	G、P	HNO_3，1 L 水样中加浓 HNO_3 10 mL	14 d
铜	P	HNO_3，1 L 水样中加浓 HNO_3 10 mL	14 d
锌	P	HNO_3，1 L 水样中加浓 HNO_3 10 mL	14 d
砷	G、P	HNO_3，1 L 水样中加浓 HNO_3 10 mL，DDTC 法，HC1 2 mL	14 d
硒	G、P	HCI，1 L 水样中加浓 HC1 2 mL	14 d
银	G、P	HNO_3，1 L 水样中加浓 HNO_3 10 mL	14 d
镉	G、P	HNO_3，1 L 水样中加浓 HNO_3 10 mL	14 d
六价铬	G、P	NaOH，pH = 8. 0～9. 0	14 d
汞	G、P	HCl，1%；如水样为中性，1 L 水样中加浓 HCl 10 mL	14 d
铅	G、P	HNO_3，1%；如水样为中性，1 L 水样中加浓 HNO_3 10 mL	14 d
油　类	G	HCl，pH ≤ 2. 0	7 d
农药类	G	加入 $C_6H_8O_6$ 0. 01～0. 02 g 去除残余氯，0～4 ℃避光保存	24 h
挥发性有机物	G	用浓 HCl 调至 pH = 2. 0，加入 $C_6H_8O_6$ 0. 01～0. 02 g 去除残余氯，0～4℃避光保存	12 h

续表

项 目	采样容器	保存方法及保存剂用量	保存时间
酚 类	G	用 H_3PO_4 调至 pH＝2.0，加入 $C_6H_8O_6$ 0.01～0.02 g 去除残余氯，0～4℃避光保存	24 h
微生物	G	加入 $Na_2S_2O_3$ 至 0.2～0.5 g/L 除去残余物，0～4 ℃避光保存	12 h
生 物	G、P	不能现场测定时用 HCHO 固定，4 ℃避光保存	12 h

注：1. “*”表示现场测定；
2. G—硬质玻璃瓶；P—聚乙烯瓶(桶)。

3.2.11 样品运输应符合以下要求：

(1) 水样采集后应立即送达实验室。采样位置距实验室较远的，应选用最快捷的运输方式，缩短采样与检验的间隔时间。

(2) 塑料样品容器应盖好内塞，拧紧外盖；玻璃样品瓶应塞紧磨口塞，贴好密封带；按要求需要冷藏的样品，应配备专门的隔热容器，并放入制冷剂；冬季应采取保温措施，防止样品瓶冻裂。

(3) 水样装运前，应逐一与样品登记表、样品标签和采样记录进行核对；核对无误后，按样品容器的规格和保存要求分类装箱，并有显著标识。

(4) 采取有效防护措施，防止样品在运输过程中因振动、碰撞等而导致破损。

(5) 样品送达实验室时，交接双方应认真核对，并在样品交接单上注明交接日期和时间，双方签字确认。实验室相关人员应制备室内质量控制样品，并对样品进行编码和标识。

3.3 监测项目与分析方法

3.3.1 监测项目的选择应符合以下原则：

(1) 国家和行业地表水环境、水资源质量标准中规定的监测项目。

(2) 国家水污染物排放标准中要求控制的监测项目。

(3) 反映本地区天然水化学特征与污染源特征的监测项目。

3.3.2 地表水监测项目应符合以下规定：

(1) 国家重点水质站和一般水质站监测项目应符合表 3.3.2 常规项目要求；潮汐河流常规项目还应增加盐度和氯化物等。国家重点水质站应增测表 3.3.2 中非常规项目；一般水质站可参照执行。

(2) 饮用水源区监测项目应符合表 3.3.2 常规项目要求，还应根据当地水质特征，增测表 3.3.2 中非常规项目。

(3) 其他水功能区监测项目除应符合表 3.3.2 常规项目要求，还应根据排入水功能区的主要污染物质种类增加其他监测项目。

(4) 受水工程控制或影响的水域监测项目除应符合表 3.3.2 常规项目要求，还应根据工程类型与规模、影响因素与范围等增加其他监测项目。泄洪期间应增测气体过饱和等监测项目。

(5) 专用水质站监测项目可根据设站目的与要求，参照表 3.3.2 常规项目和非常规项目确定。

3.3.3 分析方法选用应符合以下原则：

（1）选用国家标准分析方法、行业标准分析方法或统一分析方法。

（2）河流、湖泊、水库等地表水监测项目应优先选用地表水环境质量标准、渔业水质标准和生活饮用水卫生标准规定的分析方法。

（3）特殊监测项目尚无国家或行业标准分析方法或统一分析方法时，可采用 ISO 等标准分析方法，但应进行适用性检验，验证其检出限、准确度和精密度等技术指标均能达到质控要求。

（4）当规定的分析方法应用于基体复杂或干扰严重的样品分析时，应增加必要的消除基体干扰的净化步骤等，并进行可适用性检验。

表 3.3.2　地表水监测项目

	常规项目	非常规项目
河流	水温、pH、溶解氧、高锰酸盐指数、化学需氧量、五日生化需氧量、氨氮、总磷、总氮、铜、锌、氟化物、硒、砷、汞、镉、六价铬、铅、氰化物、挥发酚、石油类、阴离子表面活性剂、硫化物、粪大肠菌群	矿化度、总硬度、电导率、悬浮物、硝酸盐氮、硫酸盐、氯化物、碳酸盐、重碳酸盐、总有机碳、钾、钠、钙、镁、铁、锰、镍。其他项目可根据水功能区和入河排污口管理需要确定
湖泊水位	水温、pH、溶解氧、高锰酸盐指数、化学需氧量、五日生化需氧量、氨氮、总磷、总氮、铜、锌、氟化物、硒、砷、汞、镉、六价铬、铅、氰化物、挥发酚、石油类、阴离子表面活性剂、硫化物、粪大肠菌群、氯化物、叶绿素-a、透明度	矿化度、总硬度、电导率、悬浮物、硝酸盐氮、硫酸盐、氯化物、碳酸盐、重碳酸盐、总有机碳、钾、钠、钙、镁、铁、锰、镍。其他项目可根据水功能区和入河排污口管理需要确定
饮用水源地	水温、pH、溶解氧、高锰酸盐指数、化学需氧量、五日生化需氧量、氨氮、总磷、总氮、铜、锌、氟化物、硒、砷、汞、镉、六价铬、铅、氰化物、挥发酚、石油类、阴离子表面活性剂、硫化物、粪大肠菌群、氯化物、硫酸盐、硝酸盐氮、总硬度、电导率、铁、锰、铝	三氯甲烷、四氯化碳、三溴甲烷、二氯甲烷、1,2-二氯乙烷、环氧氮丙烷、氯乙烯、1,1-二氯乙烯、1,2-二氯乙烯、三氯乙烯、四氯乙烯、氯丁二烯、六氯丁二烯、苯乙烯、甲醛、乙醛、丙烯醛、三氯乙醛、苯、甲苯、乙苯、二甲苯[a]、异丙苯、氯苯、1,2-二氯苯、1,4-二氯苯、三氯苯[b]、四氯苯[c]、六氯苯、硝基苯、二硝基苯[d]、2,4-二硝基甲苯、2,4,6-三硝基甲苯、硝基氯苯[e]、2,4-二氯苯酚、2,4,6 三氯苯酚、五氯酚、苯胺、联苯胺、丙烯酰胺、丙烯腈、邻苯二甲酸二丁酯、邻苯二甲酸二(2-乙基己基)酯、水合肼、四乙基铅、吡啶、松节油、苦味酸、丁基黄原酸、活性氯、滴滴涕、林丹、环氧七氯、对硫磷、甲基对硫磷、马拉硫磷、乐果、敌敌畏、敌百虫、内吸磷、百菌清、甲萘威、溴氰菊酯、阿特拉津、苯并(a)芘、甲基汞、多氯联苯[f]、微囊藻毒素-LR、黄磷、钼、钴、铍、硼、锑、镍、钡、钒、钛、铊

注：a 二甲苯指邻二甲苯、间二甲苯和对二甲苯；
b 三氯苯指 1,2,3-三氯苯、1,2,4-三氯苯和 1,3,5-三氯苯；
c 四氯苯指 1,2,3,4-四氯苯、1,2,3,5-四氯苯和 1,2,4,5-四氯苯；
d 二硝基苯指邻二硝基苯、间二硝基苯和对二硝基苯；
e 硝基氯苯指邻硝基氯苯、间硝基氯苯和对硝基氯苯；
f 多氯联苯指 PCB-1016、PCB-1221、PCB-1232、PCB-1242、PCB-1248、PCB-1254 和 PCB-1260。

4. 地下水监测

4.1 监测井布设

4.1.1 地下水监测井布设应遵循以下原则：

（1）以地下水类型E和开采强度分区为基础，并根据监测目的和精度要求合理布设各类监测。

（2）以平原区和浅层地下水为重点，平面上点、线、面相结合布设各类监测井，垂向上分层布设各类监测点。

（3）以特殊类型区地下水监测为重点，兼顾基本类型区地下水监测。

（4）与地下水功能K管理相结合，重点监测地下水开采层或供水层。

（5）与地下水水文监测井相结合，并优先选用符合监测条件的民井或生产井。

（6）监测井密度在主要供水区密，一般地区稀。污染严重区密，非污染区稀。

4.1.2 下列地区应布设地下水监测井：

（1）以地下水为主要供水水源的地区。

（2）饮水型地方病（如高氟病）高发地区。

（3）污水灌溉区、垃圾填埋处理场地区、地下水回灌区、大型矿山排水区及大型水利工程或工业建设项目区等。

（4）超采区、次生盐渍和污染严重区。

（5）不同水文地质单元区。

（6）地下水功能区。

4.1.3 在布设地下水监测井之前，应收集本地区有关资料，主要包括以下内容：

（1）区域地下水类型区、自然水文地质单元特征、地下水补给条件、地下水流向及开发利用情况。

（2）城镇及工农业生产区分布、污染源及污水排放特征、土地利用与水利工程状况等。

（3）监测井有关参数，如井位、钻井日期、井深、成井方法、含水层位置、抽水试验数据、钻探单位、使用价值、水质资料等。

（4）自流泉水有关情况，如出露位置、成因类型、补给来源、流量、水温、水质和利用情况等。

4.1.4 地下水对照监测井布设应符合以下要求：

（1）根据区域水文地质单元状况，在地下水补给来源垂直于地下水流的上游方向应设置一个至数个对照监测井。

（2）水文地质单元跨行政区界时，在地下水流入行政区界处应设置一个对照监测井。

（3）地下水水文地质单元或行政区界内有多处补给来源时，应分别设置数个对照监测井；控制水量不得少于地下水补给来源水量的80%。

4.1.5 地下水控制监测井布设应符合以下要求：

（1）根据地下水流向、流程以及主要含水层纵向和垂向分布状况与范围，在纵向和垂向应分别布设数个控制监测井和垂向采样点。

（2）供水水源地保护区范围内控制监测井布设数量，应能控制地下水水量和主要污染物来源的80%。

（3）对于点污染源，如工业或生活排污口、垃圾堆放点等形成的点状污染扩散，应沿地下水流向，自排泄点由密而疏，呈圆形或扇形放射线式布设若干控制监测井。

(4) 对于线污染源，如废污水沟渠、污染河流等形成的条带状污染扩散，应以平行及垂直于地下水的流向(呈放射线式)分别布设若干控制监测井；污染物浓度高和渗透性强的地区应适当增设控制监测井。

(5) 对于面污染源，如农业施肥、污废水灌溉等形成的面状污染扩散，可呈均匀网状布设若干控制监测井。

(6) 综合考虑地下含水层透水性和地下水流速，适当调整控制监测井纵向和垂向之间的距离；必要时，可适当扩大监测范围。

4.1.6 在缺乏基本资料或开展地下水资源质量普查工作时，可采用正方形、正六边形、四边形等网格法或放射法均匀布设监测井。网格大小应依监测与调查目的、范围、精度要求以及区域内地下水水文地质单元分布状况而定。

4.1.7 地下水功能区监测井布设应符合以下基本要求：

(1) 布设前收集地下水功能区水文地质条件、生态、环境保护等信息。

(2) 根据监测区域水文地质单元状况，在地下水一级功能区内分别布设一个至数个对照监测井和控制监测井。

(3) 地下水功能区监测井布设具体方法同 4.1.4～4.1.6 条。

4.1.8 地下水监测井布设密度，应根据水文地质条件、地下水类型、开采强度及污染状况等合理选定。以地下水为主要供水水源的地区，监测井布设密度不得低于表 4.1.8 最低限要求。其他地下水水功能区、污染严重区、超或强开采区应按表 4.1.8 要求的上限加密。

表 4.1.8 地下水监测井网布设密度

单位：眼(10^3 km^2)

<table>
<tr><th colspan="2" rowspan="2">基本类型区名称</th><th colspan="4">开采强度分区</th></tr>
<tr><th>超采区</th><th>强开采区</th><th>中等开采区</th><th>弱开采区</th></tr>
<tr><td rowspan="5">平原区</td><td>冲积平原区</td><td>8～14</td><td>6～12</td><td>4～10</td><td>2～6</td></tr>
<tr><td>内陆盆地平原区</td><td>10～16</td><td>8～14</td><td>6～12</td><td>4～8</td></tr>
<tr><td>山间平原区</td><td>12～16</td><td>10～14</td><td>8～12</td><td>6～10</td></tr>
<tr><td>黄土台塬区</td><td colspan="4" rowspan="5">参照冲积平原区弱开采区监测站布设密度布设</td></tr>
<tr><td>荒漠区</td></tr>
<tr><td rowspan="3">山丘区</td><td>一般基岩山丘区</td></tr>
<tr><td>岩溶山区</td></tr>
<tr><td>黄土丘陵区</td></tr>
</table>

(1) 地下水水质监测井布设密度，宜控制在同一地下水类型区内水位基本监测井布设密度的10%左右。地下水成分较复杂的区域或地下水受污染的区域应适当加密。

(2) 平原地区应充分考虑本地区水文分区、流域面积、河渠网密度、机井密度、产汇流立体特点等，以面上的分布均匀及综合代表性强为原则，确定地下水监测井网布设密度。

4.1.9 地下水二级水功能区水质监测井布设密度应符合以下规定：

(1) 功能区内控制监测井布设不得少于一个。

（2）特大型（日允许开采量>15 万立方米）集中式地下水供水水源区，监测井布设数量应不小于区内开采井数的 1/2。

（3）大型（5 万立方米<日允许开采量<15 万立方米）集中式地下水供水水源区，监测井布设数量应不小于区内开采井数的 1/3。

（4）中型（日允许开采量<5 万立方米）和小型（日允许开采量<1 万立方米）集中式地下水供水水源区，监测井布设数量应不小于区内开采井数的 1/4。

（5）其他地下水二级水功能区监测井布设密度应不小于 1 个/100 平方千米。

4.2 采样

4.2.1 采样时间与频次应满足以下要求：

（1）国家重点水质监测井应在每月采样 1 次，全年 12 次；背景值监测井不得少于每年枯水期采样 1 次。

（2）国家一般水质监测井应在采样月采样，不得少于丰、平、枯水期各采样一次。

（3）地下水污染严重区域的监测井，应在每月采样一次，全年不得少于 12 次。

（4）以地下水作为主要生活饮用水源的地区，日供水量不小于 1 万立方米的监测井应在每月采样 1 次，全年不少于 12 次；日供水量小于 1 万立方米的监测井，应在采样月采样 1 次，不得少于丰、平、枯水期各采样 1 次。

（5）国家基本监测井的采样时间统一规定在采样月的 20 日前完成。同一水文地质单元的监测井采样时间应基本保持一致。

（6）专用监测井采样时间与频次，按监测目的与要求确定。

（7）遇到特殊情况（水质发生异常变化）或发生污染事故，可能影响地下水供水安全时，应增加采样频次。

4.2.2 地下水功能区采样时间与频次应符合以下要求：

（1）特大型、大型集中式供水水源区和跨省级行政区的监测井，应在每月采样 1 次，全年 12 次。

（2）中型集中式供水水源区、分散式开发利用区应在每季度的采样月采样 1 次，全年 4 次。

（3）其他地下水二级功能区应在丰、平、枯水期的采样月各采样 1 次。偏远地区每年汛期和非汛期至少各采样 1 次。

（4）地下水功能区水质良好且稳定的，可适当降低采样频次，但不得少于汛期和非汛期各采样 1 次；水污染严重或用水矛盾突出、有纠纷的，应适当增加采样频次。

4.2.3 采样器与样品容器应符合以下要求：

（1）地下水水质采样器分为自动式与人工式，自动式用电动泵进行采样，人工式分为活塞式与隔膜式，可按当地实际情况和监测要求合理选用。

（2）采样器在监测井中应能准确定位，并能取到足够量的代表性水样。

（3）样品容器的要求同本标准地表水监测相关条款规定。

4.2.4 采样方法与注意事项应符合以下要求：

（1）利用水位测量井采样时，应先量测地下水位，然后再采集水样。

（2）采样时采样器放下与提升时动作要轻，应避免搅动井水和井壁及底部沉积物，以避免影响水样真实性。

(3) 采集分层水样时，应按含水层分布状况采集；或在地下水水面0.5 m以下、中层和底部0.5 m以上采集，并同时记录采样深度。

(4) 用机井泵采样时，应待抽水管道中停滞的水排净，新水更替后再采样。

(5) 自流地下水应在水流流出处或水流汇集处采样。

(6) 除特殊监测项目外，应用监测井水荡洗采样器和水样容器2～3次；挥发性或半挥发性有机污染物项目，采样时水样注满容器，上部不留空隙；石油类、重金属、细菌类、放射性等特殊监测项目的水样分别单独采样。

(7) 水样采集量应满足监测项目与分析方法所需量及备用量要求。

(8) 水样采入或装入容器后，应盖紧、密封容器瓶，贴好标签；需加入保存剂的水样，应立即加保存剂后密封。

(9) 采集水样后，应按要求现场填写采样记录；字迹应端正、清晰，各栏内容填写齐全。

(10) 核对采样计划、采样记录与水样，如有错误或漏采，应立即重采或补采。

4.2.5 采样质量保证与质量控制应符合以下要求：

(1) 采样人员应经岗前培训，切实掌握地下水采样技术，熟知采样器具的使用和样品固定、保存、运输条件等，持证上岗。

(2) 每次检验工作结束后，样品容器应及时清洗。

(3) 地下水水样容器和其他污水样品容器应分类存放，不得混用。

(4) 尽量缩短采样与分析的时间间隔，需在现场监测的项目应在水样采集后立即测定；不能及时检验的项目应加入保存剂或在低温下保存。

(5) 水位、水温、pH、电导率、浑浊度、色、嗅和味应在采样现场观测和测定。

(6) 现场使用的监测仪器应经检定或校准合格，并在使用前进行仪器校正。

(7) 每批水样，应选择部分项H加采现场平行样、制备现场空白样，与样品一同送实验室分析。

4.2.6 样品保存应满足以下要求：

(1) 样品中易发生物理或化学变化的监测项目，应根据待测物的性质选择适宜的样品保存方法。

(2) 不须或不能采用向样品中加入保存剂的监测项目，应采用低温保存、现场测定、预处理(如萃取)或控制从采样到测定的时间间隔等方法，并应在保存期内测定完毕。

(3) 地下水样品保存方法应符合本标准地表水监测相关技术要求。

4.2.7 样品交接签字确认后，实验室质量控制人员应制备室内质量控制样品，并对样品进行编码和标识。

4.3 监测项目与分析方法

4.3.1 监测项目选择应符合以下原则：

(1) 反映本地区地下水主要天然水化学与水污染状况。

(2) 满足地下水资源管理与保护要求。

(3) 按本地区地下水功能用途选择，并应符合相应质量标准的规定。

（4）矿区或地球化学高背景区，可根据矿物成分、丰度来选择。

（5）专用监测井按监测目的与要求选择。

4.3.2 地下水水质监测项目分为常规和非常规项目两类，应符合以下要求：

（1）国家重点监测井和一般监测井应符合表4.3.2中常规项目要求。地球化学背景高的地区和地下水污染严重区的控制监测井，应根据主要污染物增加有关监测项目。

（2）生活饮用水水源监测井的监测项目，应符合表4.3.2中常规项目要求，并根据实际情况增加反映本地区水质特征的其他有关监测项目。

表4.3.2 地下水监测项目

常规项目	非常规项目
pH、总硬度、溶解性总固体、钾、钠、钙、镁、硝酸盐、硫酸盐、氯化物、重碳酸盐、亚硝酸盐、氟化物、氨氮、高锰酸盐指数、挥发酚、氰化物、砷、汞、六价铬、铅、铁、锰、总大肠菌群	色、嗅和味、浑浊度、肉眼可见物、铜、锌、钼、钴、阴离子合成洗涤剂、电导率、溴化物、碘化物、亚硝胺、硒、铍、钡、镍、六六六、滴滴涕、细菌总数、总α放射性、总β放射性

（3）水源性地方病流行地区应另增加碘、钼、硒、亚硝胺以及其他有机物、微量元素和重金属等监测项目。

（4）沿海地区和北方盐碱区应另增加电导率、溴化物和碘化物等监测项目。

（5）农村地下水可选测有机氯、有机磷农药等监测项目。有机污染严重区域应增加苯系物、烃类等挥发性有机物监测项目。

（6）进行地下水水化学类型分类，应测定钙、镁、钠、钾阳离子以及氯化物、硫酸盐、重碳酸盐、硝酸盐等天然水化学项目。

（7）用于锅炉或冷却等工业用途的，应增加侵蚀性二氧化碳、磷酸盐等监测项目。

（8）矿泉水水源调查应增加反映矿泉水特征和质量的监测项目。

4.3.3 分析方法的选用应符合以下原则：

（1）采用国家标准分析方法，并与相关质量标准的规定一致。

（2）专用监测井、地下水资源普查的监测项目，其分析方法可选用国家或水利行业标准分析方法。

（3）特殊监测项目尚无国家或行业标准分析方法时，可采用ISO等标准分析方法，但须进行适用性检验，验证其检出限、准确度和精密度等技术指标均能达到质控要求。

5. 大气降水监测

5.1 监测站布设

5.1.1 大气降水监测站布设应符合以下原则：

（1）根据本地区气象、水文、地形、地貌等自然条件，以及城市功能与工业布局、大气污染源位置与排污强度等布设。

（2）污染严重区密，非污染区稀；城镇区域密，荒僻区域疏。

（3）与现有水文雨量观测站网相结合，统一规划与布设大气降水监测点。

（4）具有较好的代表性。

5.1.2 监测站布设应符合以下要求：

（1）监测站四周（25 m×25 m）无遮挡雨、雪、风的高大树木或建筑物，并考虑风向（顺风、背风），地形等因素，避开主要工业污染源及主要交通污染源。

（2）在本地区主导风上风向一侧，设置对照监测点；对照监测站宜以省级行政区为单元进行统一规划设置。

（3）人口不小于 50 万的城市，分别在城区、郊区和远郊（清洁对照点）布设监测站点；城区面积较大或区内具有明确功能分区的，视城区面积和功能分区适当增设监测站点。

（4）人口小于 50 万的城市，分别在城区和郊区设置两个监测站点。

（5）库（湖）容在 1 亿立方米以上或水面面积在 50 km^2 以上的水库、湖泊，根据水面大小，设置 1～3 个监测站点。

（6）按现有水文面雨量观测站的 3%～5%进行布设；边远山区监测站点布设密度可适当降低。

（7）专用监测站点布设按监测目的与要求设置。

5. 1. 3 大气降水基本监测站点站网密度，宜控制在同一类型区内雨量基本观测站布设密度的 10%左右，地形地貌复杂的区域或地下水污染区应适当加密。国家重点大气降水监测站点宜占大气降水基本监测站点总数的 20%左右。

5. 1. 4 以现有水文雨量观测站网为基础，可选用降雨等值线（抽站）法及网格法、放射式法等，布设大气降水监测站点和确定站网密度。

（1）等值线法，以现有雨量站绘制降雨等值线图，然后用较少雨量站监测资料再绘制降雨等值线图，采用降雨等值线图量算各场降雨面平均雨量，计算抽样误差，选取满足要求的雨量站网密度及大气降水监测站点。

（2）网格法，按布设方式，可分为矩形、正多边形等网格布点法，网格大小应根据当地自然环境条件、待测区域污染状况等确定。

（3）放射式法，以掌握污染状况、分布范围的变化规律为重点，按布设方式可分为同心圆布点法和扇形布点法。

5. 1. 5 监测站点选择与采样器安装应符合以下要求：

（1）监测站点选择在开阔、平坦、多草、周围 100 m 内没有树木的地方。

（2）采样器安放在楼顶上时，周围 2 m 范围内不得有障碍物。

（3）降水采样器安装在距地面相对高度 1. 2 m 以上，以避免样品沾污。

5. 2 采样

5. 2. 1 采样时段与时间的确定应符合以下要求：

（1）降水水样在降水初期采集，特别是干旱后的第一次降水。

（2）各季节盛行风向不同时，按季节采样。

（3）当降水量在非汛期大于 5 mm；讯期大于 10 mm；雪大于 2 mm 时采样。

（4）与水文雨量观测时段相结合，少雨季节，按 1 段 8 时采样或 2 段 8 时与 20 时采样；多雨季节，按 4 段 14 时、20 时、2 时与 8 时采样。

（5）每次采样以 24 h 作为一次采样周期，若一天中有几次降雨（雪）过程，可合并为一个样品测定；若遇连续几天降雨（雪），则将 9 时至次日 9 时的降雨（雪）视为一个样品。

（6）自动采样器防尘盖须在降雨（雪）开始 1 min 内打开，在降雨（雪）结束后 5 mm 内关闭。

5.2.2 采样频次的确定应符合以下规定：

(1) 国家重点监测站点逢降雨(雪)即测。

(2) 少雨季节时，每次采样按 1 段或 2 段采样 1～2 次；多雨季节时，每次采样按 4 段采样 2～4 次。

(3) 干旱或半干旱地区，一般监测站点每年不得低于采样 4 次，每季度各 1 次。

(4) 湿润地区和大气污染严重地区在雨季时，适当增加采样频次，并可按常年降水场次与月均降水量大小确定各月采样频次。

(5) 偏远和交通不便的地区，采样频次可适当降低，但每年不得低于多雨和少雨季节各一次。

(6) 专用监测站点按监测目的与要求确定。

5.2.3 采样器可分为降雨和降雪两种类型，容器由聚乙烯、搪瓷或玻璃材质制成。聚乙烯适用于无机监测项目样品采集，搪瓷和玻璃适用于有机监测项目样品采集。采样器的选择应符合以下要求：

(1) 降雨采样器，按采样方式可分为人工采样器和自动采样器，前者为上口直径 40 cm 的聚乙烯桶，后者带有湿度传感器，降水时自动打开，降水停后自动关闭。

(2) 降雪采样器，可使用上口直径大于 60 cm 的聚乙烯桶或洁净聚乙烯塑料布平铺在水泥地或桌面上进行；用塑料布取样时，只取中间 15 cm×15 cm 范围内雪样，装入采样桶内，在室温下溶化。

(3) 利用现有水文雨量观测站设施采集降水样品时，应避免干沉降物对降水水质的影响。

5.2.4 采样应符合以下要求：

(1) 降水出现有其偶然性，且降水水质随降水历时而变化，在利用水文雨量观测站采样设施时，应特别注意采样代表性。

(2) 样品量应满足监测项目与采用的分析方法所需水样量以及备用量的要求。

(3) 采样过程中应避免干沉降物污染样品和降水样品的蒸发影响。

(4) 采样时应记录降水类型、降水量、气温、风向、风速、风力、降水起止时间等。

(5) 暴雨时，应采取有效措施防止降水溢出储水器；冬季结冰期，应防止储水器和雨量杯等冻结破裂。

5.2.5 采样质量保证与质量控制应符合以下要求：

(1) 采样器具与样品容器在使用前，应用 10%(*V*/*V*)盐酸浸泡后，再用纯水洗净。

(2) 样品采集后，应尽快过滤以除去降水样品中的颗粒物，滤液装入干燥清洁的容器中，于 4 ℃下保存。

(3) 过滤选用 0.45 μm 微孔滤膜，应在使用前用 10%(*V*/*V*)盐酸浸泡 24 h 后，用纯水洗净后浸泡于去离子水中备用。

(4) 测试电导率、pH 的样品不得过滤；应先进行电导率测定，然后再测定 pH。

(5) 每批水样，应选择部分项目加采现场平行样、制备现场空白样，与样品一同送实验室分析。

5.2.6 样品保存方法应符合表 5.2.6 的要求。

表 5.2.6 大气降水样品保存方法

监测项目	容　器	保存方法	保存期限
电导率、pH、亚硝酸根、硝酸根、氨氮、碳酸根、碳酸氢根、亚硝酸根	P	4 ℃，冷藏	1 d
氟离子、氯离子、硫酸根、磷酸根、溴离子、钾、钠、钙、镁、铅、镉	P	4 ℃，冷藏	1 个月
甲酸根、乙酸根	G	4 ℃，冷藏	1 个月
注：P—聚乙烯瓶（桶）；G—硬质玻璃瓶			

5.3 监测项目与分析方法

5.3.1 监测项目分为常规与非常规项目，见表 5.3.1。监测项目的选择应符合以下要求：

（1）国家重点监测站点和一般监测站点的监测项目应符合表 5.3.1 中常规项目要求，并可根据本地区降水水质特征增加其他有关监测项目。

（2）专用监测站点可按监测目的与要求，参照表 5.3.1 确定监测项目。

表 5.3.1 大气降水监测项目

常规项目	非常规项目
pH、电导率、硝酸盐、亚硝酸盐、氨氮、氟离子、氯离子、硫酸根、钾、钠、钙、镁	碳酸根、碳酸氢根、磷酸根、亚硫酸根、溴离子、铅、镉、甲酸根、乙酸根

5.3.2 分析方法应选用需要样品量少，方法灵敏度高的国家或行业标准分析方法。

6. 水体沉降物监测

6.1 监测断面布设

6.1.1 水体沉降物监测断面的布设应根据本地区、河段的土壤与地球化学背景状况、水土流失状况、泥沙运动与沉积特点以及污染源分布和主要污染物种类等情况进行布设。

6.1.2 水体沉降物监测断面的布设应符合以下原则：

（1）与现有水文测站水质监测断面和垂线相结合。

（2）与水体水力学特征、泥沙运动特征等相结合。

（3）与水土流失状况和侵蚀强度相结合。

（4）与沉降物的物理和化学组分以及在纵、横和垂向的分布特点、分布状况相结合。

（5）专用站监测断面（点）按监测目的与要求布设。

6.1.3 河流监测断面布设应符合以下要求：

（1）河流水系源头区监测断面应设置在上游受人类活动影响相对较小或水系上游的第一个水文站；城市河段对照监测断面应设置在该河段上游处。

（2）根据多年平均输沙量的沿程变化，在现有水文泥沙观测站中选取监测断面。

（3）在城市河段、支流入口处、大型或重要灌区的出口处、不同水质类别水域，应选择在水流平缓、冲刷作用较弱、泥沙沉积较为稳定处布设监测断面。

（4）根据沉降物中物理和化学组成的分布不同，在纵、横和垂向可分别布设监测断面。

（5）监测断面上的采样点按左、右两岸近岸与中泓布设；近岸采样点位置选在距离湿岸线 2～10 m 处。如因砾石等采集不到样品，可略作移动，但应做好记录。

（6）布设排污口区监测断面时，应在其上游 50 m 不受污水影响的区域设对照采样点。在排污口下 50～1 000 m 处布设若干监测断面或采样点，也可按放射式布设。

6. 1. 4 湖泊、水库监测断面布设应符合以下要求：

（1）湖泊、水库应根据功能分区分别布设监测断面。

（2）湖泊、水库应在主要入、出湖（库）支流口、城市河段、库湾湖汊水域、不同水质类别和不同水生生物分布水域布设监测断面。

（3）监测断面与水质监测断面、垂线尽量一致；有入湖、库排污口的，可参照 6. 1. 3 条布设方法与要求，按河流或扇形布设监测断面。

（4）水库监测断面还应考虑水库冲淤运行的泥沙运动变化，在库区及下游河段适当增设监测断面。

6. 1. 5 污染严重及敏感的河流、湖泊、水库省界缓冲区，应布设沉降物监测断面；水土流失严重区应增设监测断面和岸上水土流失区土壤采样点。

6. 1. 6 柱状样品监测断面应设置在河段、湖泊、水库沉积较为均匀、稳定、代表性较好处。

6. 1. 7 悬浮物监测断面布设同地表水监测断面（垂线），并可在水文泥沙（悬移质）观测站中选取符合监测要求的断面。

6. 2 采样

6. 2. 1 采样频次与时间应符合以下要求：

（1）国家基本水质站监测断面沉积物样品每年应采样 1～2 次，分别在汛期和非汛期进行。悬浮物（悬移质）样品可不定期进行，通常在丰水期采集。

（2）水生态调查与监测的监测断面，沉积物样品每年应采样 1 次，在平水期与水生态调查和监测同期进行。

（3）专用站监测断面、排污口区监测断面和柱状样品视监测目的与要求确定。

6. 2. 2 沉积物采样器材质应强度高、耐磨及耐蚀性良好；悬浮物采样器同水质采样器。沉积物采样器可根据河床的软硬程度，选用以下类型：

（1）挖式、锥式或抓式沉积物采样器，用于较深水域，水流流速大时需与铅鱼配用。

（2）管式沉积物采样器，用于柱状样品采集。

（3）水深小于 1. 5 m 时，可选用削有斜面的竹杆采样；在浅水区或干涸河段可用金属铲或塑料勺等采样。

6. 2. 3 沉降物样品采集应与水质采样同步进行，采样注意事项与质量控制应符合以下要求：

（1）采样前，采样器应用水样冲洗，采样时应避免搅动底部沉积物。

（2）样品采集后应沥去水分，除去砾石、植物等杂物。供无机物分析的样品应放置于塑料瓶（袋）中；供有机污染物分析的样品应置于棕色广口玻璃瓶中，瓶盖应内衬洁净铝箔或聚四氟乙烯薄膜。

(3) 为保证样品代表性,可在同一采样点多次采集,装入同一容器中混匀。

(4) 柱状样品可按样柱上部 30 cm 内间隔 5 cm,下部按 10 cm 间隔(超过 1 m 时酌定)用塑料刀切成小段,分段取样。

(5) 沉积物采样量为 0.5～1.0 kg(湿重);悬浮物采样量为 0.5～5.0 g(干重),监测项目多时应酌情增加;也可从水文泥沙观测(河床沉积物、悬移质和泥沙粒径分析)样品中,选取符合各监测项目技术要求的样品。

6.3 样品保存与预处理

6.3.1 沉降物样品保存应符合以下要求:

(1) 沉积物样品采集后,于 −40～−20 ℃冷冻保存,并在样品保存期内测试完毕。

(2) 悬浮物采用 0.45 μm 滤膜过滤或离心等方法将水分离后冷冻保存。

(3) 沉降物样品按表 6.3.1 的方法与要求保存。

表 6.3.1 沉降物样品保存方法与要求

测定项目	容器	样品保存方法与要求
颗粒度	P、G	小于 4 ℃,保存期 6 个月,样品在分析前严禁冷冻和烘干处理
总固体,水分	P、G	冷冻保存,保存期 6 个月
氧化还原电位	G	尽快分析
有机质	P、G	冷冻保存,保存期 6 个月,室温溶解
油类	P、G	尽快分析(80 g(湿样)/1 mL,浓 HCl,4 ℃下密封保存,保存期 28 d)
硫化物	P、G	尽快分析(80 g(湿样)/2 mL,1 mol/L,醋酸锌摇匀,4 ℃下避光密封保存,保存期 7 d)
重金属	P、G	于 −20℃下,保存期 6 个月(汞为 30 d,六价铬为 1 d)
有机污染物	G	尽快萃取或 4 ℃下避光保存至萃取,可萃取有机物在萃取后 40 d 内分析,挥发性、半挥发性、难挥发性有机物保存期分别为 7 d、10 d 和 14 d
注:P—塑料;G—玻璃		

6.3.2 沉降物样品干燥方法的选用,应符合以下监测项目的技术要求:

(1) 真空冷冻干燥法,适用于对热、空气不稳定的组分。

(2) 自然风干法,适用于较稳定组分。

(3) 恒温干燥(105 ℃)法,适用于稳定组分。

6.3.3 沉降物样品干燥脱水后,应按下列粉碎、过筛和缩分步骤制备样品:

(1) 剔除砾石、贝壳、植物等杂质,平摊在有机玻璃板上;然后挑拣剔除明显的砾石与动植物残体,用聚乙烯棒或玻璃棒将样品反复碾压过 20 目筛,至筛上不含泥土为止。

(2) 粗磨样品过 20 目筛后采用四分法取其两份,一份交样品库按表 6.3.1 的要求保存,另一份作为测试样品预备磨细。其余粗磨样可用于 pH、元素形态含量等项目的分析。

(3) 使用球磨机粉碎,或玛瑙研钵人工研磨碎样方法制成细磨样品,至全部样品通过 80～200 目筛(视测定项目过筛要求)。

(4) 测定汞、砷、硫化物等项目样品宜采用人工碎样方法,并且过 80 目筛。

(5) 过筛后的细磨样品应再采用四分法缩分取其两份,一份交样品库存放,另一份作样品测试用。

（6）沉降物样品、粗磨样品和细磨样品应装入棕色广口瓶或相应储样容器中，贴上标签后供测试用或冷冻保存。

（7）分析油类、硫化物、有机污染物可用新鲜样品，按方法规定要求进行样品前处理。

6.3.4 沉降物样品制备应注意以下事项：

（1）测定金属的样品应使用玛瑙钵体与玛瑙球的球磨机粉碎，或玛瑙研钵人工研磨碎样。

（2）测定金属项目的样品应使用尼龙网筛；测有机污染项目的样品应使用不锈钢网筛。

（3）测定热不稳定组分、有机物的样品应采用自然风干法干燥；或同时制备两份湿样样品，一份用于污染物测定，一份用于含水量测定。

6.3.5 沉降物样品预处理主要包括全分解方法、酸溶浸法、形态分析样品的处理方法和有机污染物的提取方法，见附录B。预处理方法的选择应根据监测目的、执行标准和分析方法的要求，选择符合所执行标准规定的样品预处理方法。

6.3.6 样品制备、预处理质量控制应符合以下要求：

（1）样品风干室和磨样室应分设，并通风良好，整洁，无尘，无易挥发性化学物质。

（2）制样工具及容器，如搪瓷盘、玛瑙研磨机（球磨机）或玛瑙研钵、尼龙筛、不锈钢筛等制样工具及容器，应每处理一份样后擦抹（洗）干净，防止交叉污染。

（3）制样过程中，采样时的样品标签应与所制样品标签一致，样品名称、编码、流转编码统一规范。

（4）样品的保存应符合表6.3.1规定的要求。

（5）每批水样，应选择部分项目加采现场平行样、制备现场空白样，与样品一同送实验室分析。

（6）选择背景结构、组分、含量水平尽可能与待测沉降物样品一致或近似的标准样品，如ESS系列、GSS系列和GSD系列等土壤与水系沉积物标准样品，进行准确度控制；每批样品每个监测项目标准样品测试，不少于2次。

6.4 监测项目与分析方法

6.4.1 监测项目的选择应符合以下原则：

（1）能反映监测区域或河段沉降物基本特征。

（2）全国沉降物评价统一要求的监测项目。

（3）矿区或土壤地球化学高背景区监测项目，根据矿物成分、丰度及土壤背景选择。

6.4.2 监测项目分为常规与非常规项目，见表6.4.2。

表6.4.2　水体沉降物监测项目

常规项目	非常规项目
pH、铜、铅、锌、镉、铬、汞、砷、总氮、总磷、六六六、滴滴涕、有机磷农药、6种多环芳烃、有机质	颜色、嗅、氧化还原电位、泥沙颗粒级配、硫化物、镍、硒、三氯乙醛、多氯联苯、氯酚类、有机硫农药等

（1）国家基本站监测项自应符合表6.4.2水体沉降物常规项目的要求；水库、湖泊还

应增加总氮、总磷监测项目。

(2) 根据当地实际情况，国家基本站可选择表6.4.2中有关非常规监测项目；根据监测目的与要求，还可选择不同形态和可提取态(吸附态)的监测项目。

(3) 专用站监测项目按监测目的与要求，可参照表6.4.2确定。

6.4.3 分析方法的选用应符合以下原则：

(1) 采用国家和行业标准分析方法。

(2) 特殊监测项目尚无国家或行业标准分析方法时，可采用ISO等标准分析方法，但应进行适用性检验，验证其检出限、准确度和精密度等技术指标均能达到质控要求。

7. 水生态调查与监测

7.1 监测断面与调查单元布设

7.1.1 水生态调查与监测涉及水质、沉降物、水生生物监测与河岸带(包括湖滨带)调查四个方面。开展水生态调查与监测前，应调查和收集待调查与监测区域范围内河流、湖库的有关基础资料，主要包括以下内容：

(1) 水文气象、水下地形等河流、河段或水域基本信息。

(2) 河滩地(缓冲带)随水位交替变化的宽度与面积、支流(渠闸)汇入与流出的水量，以及人工调控下河流、河段或水域的水文情势。

(3) 水域周边工农业生产布局、土地利用、水土流失与植被分布状况。

(4) 河流、河段或水域水生生物群落和本土鱼类基本情况。

(5) 国家和省级濒危、珍稀和特有保护生物以及外来物种。

(6) 水域水深、流速、水温和沉降物分布状况。

(7) 潮汐运动与含盐量变化基本规律以及水质状况等。

7.1.2 监测断面(垂线、点)布设应符合以下原则：

(1) 根据全国河流水生态分区和全国湖泊地理分区确定的不同水生态类型与特征，开展水文水资源、物理结构、水质、生物以及社会服务功能等方面的调查监测工作。

(2) 与水生生物生长及分布特点相结合。

(3) 与水文站、水质站和水体沉降物监测断面(垂线、点)相结合。

(4) 符合经济、方便和长期监测的连续性要求。

(5) 具有较好的代表性，能反映调查与监测水域范围内不同水域实际状况。

(6) 具有较好的完整性，既能反映调查与监测水域水生生物状况，又能反映人类活动对水体生态状况的影响。

7.1.3 监测断面(垂线、点)布设应符合以下要求：

(1) 在相对受人类活动影响较少的水域应布设对照监测断面。

(2) 在河流的激流与缓流水域(河滩、河汊、静水区)、城市河段、纳污水域、水源保护区、支流与汇流处、潮汐河段潮间带等代表性水域，应分别布设监测断面。

(3) 在湖泊、水库的进出口、岸边水域、开阔水域、汊湾水域、纳污水域等代表性水域，应分别布设监测断面；水库下泄低温水，应根据影响范围布设若干个监测断面。

（4）河流、湖泊、水库水面宽度小于 50 m，可在中心布设 1 条采样垂线；宽度在 50～100 m 的，应布设左右 2 条采样垂线；宽度大于 100 m 的，采样垂线布设不得少于左、中、右 3 条采样垂线。

（5）入河排污口（含温水排放口）水域，分别在排污口上游 500～1 000 m 和下游 500 m、1 000 m 以及大于 1 500 m 处，布设对照和控制监测断面。

（6）采集鱼样时，应按鱼类的摄食和栖息特点，如肉食性、杂食性和草食性，表层和底层等在监测水域范围内采集。

7.1.4 河流水生态调查与监测纵向评价河段、监测河段和监测断面与监测点位的布设（图 7.1.4）应符合以下要求：

（1）河流上、中、下游河段，山区与平原河段；顺直、弯曲、分叉、游荡河段；大的支流汇入与分叉河段；城市与乡村河段以及水工程河段等河道地貌形态、水文水力学和河岸邻近陆域土地利用状况不同的变异分区河段，应布设代表评价河段。

（2）每条河流的代表评价河段的数量不得少于 5 个；代表评价河段较长时，应增设监测河段。当河流深泓水深小于 5 m 时，监测河段长度按 40 倍河宽确定；当河流深泓水深大于 5 m 时，监测河段长度取定为 1 km。

（3）监测断面按等距离设置于监测河段内，按 4 倍河宽等分距离布设 11 个监测断面；监测断面设置除考虑代表性外，还应兼顾监测的便利性和取样的安全性。

7.1.5 河流水生态调查与监测横向断面，按左、右河岸带和河道水面布设，并应符合以下要求：

（1）根据河流横断形态和河岸带植被、地形、土壤结构、沉积物、洪水痕迹和土地利用等不同状况，确定河道和左右河岸带取样区。

（2）设有堤防的河道，河岸带取样区为实际水面线至两岸堤防之间陆域区和陆向延伸 10 m 的区域；无堤防的河道，河岸带取样区为实际水面线至历史最高洪水位或设计洪水位范围，外加向两侧陆向延伸 10 m 的区域；两岸堤防及护堤地宽度不足 10 m 的，陆向延伸至 10 m 范围。

7.1.6 湖泊水生态调查与监测的监测断面和湖滨带取样区的布设应符合以下要求：

（1）根据湖泊水文、水动力学特征、水质、生物分区特征以及湖泊水功能区等布设监测断面，布设方法与要求与本标准地表水监测相同。浮游动物和浮游植物监测断面（点）应与水质监测断面（点）一致。

（2）按湖岸线 10 等分湖岸线距离布设 10 个湖滨带取样区；根据取样的便利性和安全性，可对湖滨带取样区做适当调整；湖泊面积较大或较小时，可对湖滨带取样区布设数量做适当增减。

（3）湖滨带取样区分为 2 个区，即最大可涉水水深（2 m）水域和湖滨带（岸区）植被覆盖度调查样方区（10 m×15 m）；湖岸稳定性调查范围为湖岸区，调查宽度为 10 m，调查湖岸长度根据湖岸特征确定。

（4）大型水生植物和底栖生物取样区为可涉水水深水域，宽度为 10 m。

（5）鱼类调查按相关技术标准进行取样监测。

7.1.7 浮游生物和微生物监测采样点的布设应符合以下要求：

（1）水深小于 2 m，可在采样垂线上水面下 0. 5 m 设置一个采样点；透明度很小，可在下层增设 1 个采样点，并可与水面下 0. 5 m 样混合制成混合样。

（2）水深在 2～5 m，在水面下 0. 5 m、1 m、2 m、3 m、4 m 处分别设置采样点，或混合制成混合样。

（3）水深大于 5 m，在水面下 0. 5 m、透明度 0. 5 倍处、1 倍处、1. 5 倍处、2. 5 倍处、3 倍处分别设置采样点，或混合制成混合样。

7. 1. 8 着生生物、底栖动物和水生维管束植物，每条采样垂线应布设 1 个采样点。

7. 2 采样

7. 2. 1 水生态调查与监测应与地表水监测和水体沉降物监测采样时间与频次相结合，并同步进行水质、沉积物和水生生物采样。河岸带（湖滨带）调查与监测时间和频次应符合以下要求：

（1）国家基本站应每年收集气象常规，自然地理，水文水情等相关信息，并按国家和行业的技术规范要求进行统计分析。

（2）国家重点站所在河段或水域，河岸带（湖滨带）和生物群落监测应 3～5 年为 1 个周期，调查监测 1 次；国家一般站所在河段或水域，河岸带（湖滨带）调查与生物群落监测可参照执行。

（3）在周期监测年份内，河岸带（湖滨带）野外调查应选在基流条件（即平水期）或初夏季节调查 1 次；每年可不重复安排一部分河段或水域进行河岸带（湖滨带）调查与生物群落监测，3～5 年内完成一个监测周期的水生态调查与监测。

7. 2. 2 国家重点站水生物监测采样频次与时间应符合以下规定，国家一般站可参照执行，专用站按监测要求与目的确定。

（1）浮游生物每季采样 1 次，全年 4 次。

（2）着生生物春秋季各采样 1 次，全年 2 次。

（3）底栖动物春秋季各采样 1 次，全年 2 次。

（4）鱼类样品在秋季采集，全年 1 次；也可按丰、平、枯水期或一年四季采集。

（5）水体初级生产力监测每年不得少于两次，春秋季各 1 次。

（6）生物体污染物残留量监测每年 1 次，在秋或冬季采集样品。

（7）主要入河排污口污水毒性生物测试可不定期进行；宜在排污口排放的有毒污染物浓度最高时采集样品。

（8）水体卫生学项目（如细菌总数、总大肠菌群数、粪性大肠菌群数和粪链球菌群数）与地表水水质监测频率相同。

（9）同一类群的生物样品采集时间（季节、月份）应尽量保持一致。浮游生物样品的采集时间以 8 时～10 时为宜。

7. 2. 3 水生生物样品采集可选用以下类型与规格的采样器皿：

（1）有机玻璃采水器：适用于采集不同深度水样，采水器内部有温度计，可同时测量水温。规格：1 000 mL、1 500 mL、2 000 mL 等。

（2）浮游生物网：用于采集浮游动植物，规格：25 号网（网孔 0. 064 mm）、13 号网（网孔 0. 112 mm）。

(3) 彼得逊采泥器:用于采集底栖动物,规格:1/16 m^2、1/20 m^2。

(4) 人工基质篮:用于采集底栖动物,规格:ϕ18 cm,h20 cm。

(5) 三角拖网:用于采集底栖生物,规格:L35 cm。

(6) 硅藻计:用于着生生物的采集,规格:26 mm×76 mm。

(7) 聚酯薄膜采样器:用于着生生物的采集,规格:4 cm×40 cm。

7.2.4 水生态调查与监测中水质与沉降物的采样方法同本标准地表水监测及水体沉降物监测。

7.2.5 浮游生物采样应符合以下要求:

(1) 定性样品采集(浮游植物、原生动物和轮虫等)采用25号浮游生物网(网孔0.064 mm),枝角类和挠足类等浮游动物采用13号浮游生物网(网孔0.112 mm),在表层中拖滤1～3 min。

(2) 定量样品采集,在静水和缓慢流动水体中采用玻璃采样器采集;在流速较大的河流中,采用横式采样器,并与铅鱼配合使用,采水量为1～2 L,若浮游生物量很低时,应酌情增加采水量。

(3) 浮游生物样品采集后,除进行活体观测外,一般按水样体积加1%的鲁哥氏溶液固定,静置沉淀后,倾去上层清水,将样品装入样品瓶中。

7.2.6 着生生物采样应符合以下要求:

(1) 天然基质法是利用一定的采样工具,采集生长在水中的天然石块、木桩等天然基质上的着生生物。

(2) 人工基质法是将玻片、硅藻计和PFU等人工基质放置于一定水层中,时间不得少于14 d,然后取出人工基质,采集基质上的着生生物。

(3) 用天然基质法和人工基质法采集样品时,应准确测量采样基质的面积。

(4) 采集的着生生物样品,除进行活体观测外,宜按水样体积加1%的鲁哥氏溶液固定,静置沉淀后,倾去上层清水,将样品装入样品瓶中。

7.2.7 底栖动物采样应符合以下要求:

(1) 定量样品可用开口面积一定的采泥器采集,如彼得逊采泥器(采样面积为1/16 m^2或用铁丝编织的直径为18 cm、高20 cm圆柱型铁丝笼,笼网孔径为(5±1) cm^2、底部铺40目尼龙筛绢,内装规格尽量一致的卵石,将笼置于采样垂线的水底中,14d后取出。从底泥中和卵石上挑出底栖动物。

(2) 定性样品可用三角拖网在水底拖拉一段距离,或用手抄网在岸边与浅水处采集。以目分样筛,挑出底栖动物样品。

7.2.8 水生维管束植物样品采样应符合以下要求:

(1) 定量样品用面积为0.25 m^2、网孔3.3 cm×3.3 cm的水草定量夹采集。

(2) 定性样品用水草采集夹、采样网和耙子采集。

(3) 采集样品后,去掉泥土、黏附的水生动物等,按类别晾干、存放。

7.2.9 鱼类样品采用渔具捕捞或从渔民、鱼市收购站购买标本,采集后应尽快进行种类鉴定。

7.2.10 微生物样品采样应符合以下要求:

（1）采样用玻璃样品瓶在 160～170 ℃烘箱中干燥灭菌或 121 ℃高压蒸汽灭菌锅中灭菌 15 min；塑料样品瓶用 0.5%过氧乙酸灭菌备用。

（2）用专用采样器采样时，将样品瓶固定于采集装置上，放入水中，到达预定深度后，打开瓶塞，待水样装满后，盖上瓶塞，再将采样装置提出水面。

（3）表层水样徒手采集时，用手握住样品瓶底部，将瓶迅速浸入水面下 10～15 cm 处，然后将瓶口转向水流方向，待水样充满至瓶体积 2/3 时，在水中加上瓶盖，取出水面。

7.2.11 生物体残毒分析样品应尽快取样分析，或冷冻保存。样品制备应符合以下要求：

（1）贝、螺类样品用蒸馏水洗净附着物后，先进行个体种类鉴定和测量长度与重量，然后用刀具（塑料或不锈钢）取出软组织；再用蒸馏水清洗，沥干水分后再次称量个体软组织鲜重，并放入容器内，贴上标签，低温保存。

（2）虾类样品用蒸馏水洗净沥干后，先进行个体种类鉴定和测量长度与重量，然后用刀具切除所有腿，切成头、腹、尾三段，从腹部中仔细取出内脏，检查性腺鉴定性别；去除外甲，取出肌肉软组织，再次称量个体鲜重，并放入容器内，贴上标签，低温保存。

（3）鱼类样品用蒸馏水洗净沥干后，先进行个体种类鉴定和测量长度与重量，然后从鱼体中部侧线上方部位取出 5～8 片鱼鳞用于鱼龄鉴定；用刀具从背脊切开鱼体，仔细取出内脏，避免沾污鱼肉，检查性腺鉴定性别；去除鱼皮、鱼骨，取出肌肉软组织，再次称量个体鲜重，并放入容器内，贴上标签，低温保存。

表 7.2.14 生物样品保存方法

样品类别	待测项目	样品容器	保存方法	保存时间	备 注
浮游植物	定性鉴定 定量计数	P、G	水样中加入 1%（V/V）鲁哥氏液固定	1 年	需长期保存样品，可按每 100 mL 水样加 4 mL 福尔马林
浮游动物（原生动物，轮虫）	定性鉴定 定量计数	P、G	水样中加入 1%（V/V）鲁哥氏液固定	1 年	需长期保存样品，可按每 100 mL 水样加 4 mL 福尔马林
	活体鉴定	G	最好不加保存剂，有时可加适当麻醉剂（普鲁卡因等）	现场观察	
浮游动物（枝角类，挠足类）	定性鉴定 定量计数	P、G	100 mL 水样约加 4～5 mL 福尔马林固定后保存	1 年	若要长期保存，在 40h 后，换用 70%乙醇保存
底栖动物	定性鉴定 定量计数	P、G	样品在 70%乙醇或 5%福尔马林溶液中固定保存	1 年	样品最好先在低浓度固定液中固定，逐次升高固定液浓度，最后保存在 70%乙醇或 5%福尔马林中
角 类	定性鉴定 定量计数	P、G	将样品用 10%福尔马林保存	6 个月	现场鉴定计数
水生维管束植物	定性鉴定 污染物分析	P	晾干		将定性鉴定的样品尽快晾干，干燥后作为污染物残留分析样品
底栖动物、鱼类	污染物分析	P、G	−20 ℃		尽快完成分析
浮游生物	污染物分析	P、G	过滤后，在 −20℃	1 个月	

续表

样品类别	待测项目	样品容器	保存方法	保存时间	备 注
浮游植物	叶绿素-a	P、G	2～5℃，每升水样加 1 mL 1% $MgCO_3$ 溶液	24 h	立即分析
浮游植物	初级生产力	G	不允许加入保存剂		取样后，尽快试验
微生物	细菌总数、总大肠菌群数、粪性大肠菌群数、粪链球菌群数	灭菌玻璃瓶	1～4 ℃	<6h	最好在采样后 2 h 内完成接种，并进行培养，如水样含有余氮或重金属含量高，可按 500 mL 样品瓶分别加入 0.3 mL10%硫代硫酸钠溶液或 1 mL 15% EDTA 溶液
废 水	综合毒性测试	P、G	密封 1～4℃	24 h	尽快测试
		P	−20 ℃冷冻	14 d	

（4）鱼类样品除肌肉软组织外，还可选择鱼体内脏，如腮、肝等进行体内残毒分析。

（5）当贝、螺、虾和鱼生物体个体较小时，可选择生物个体大小相近、10 个或以上个体的肌肉软组织制成多个体样品，用匀浆机匀化后称量鲜重，并放入容器内，贴上标签，低温保存。

7.2.12 生物体残毒分析样品预处理应符合以下要求：

（1）生物体样品采用 105 ℃烘干恒重或冷冻干燥 24 h 恒重，计算鲜重样品含水率；生物体样品脂肪含量高时，应采用冷冻干燥方法恒重。

（2）干燥后的样品可用于部分无机痕量元素分析，但应用玛瑙研钵碎样，至全部样品通过 80～100 目筛。

（3）生物体样品中无机痕量元素分析可采用普通酸、高压密闭、微波炉加热分解法等消解样品；有机污染物分析应使用匀浆样品，采用振荡、索氏、超声和超临界提取等方法提取样品。

7.2.13 水生态调查与监测的水质与沉积物样品保存方法与要求同本标准地表水监测及水体沉降物监测。

7.2.14 生物样品保存方法应符合表 7.2.14 的要求。

7.2.15 水生态调查与监测采样质量保证与质量控制应符合以下要求：

（1）采样人员应通过岗前培训考核，持证上岗，切实掌握水生态调查与监测采样相关技术，熟知各类样品的固定、保存、运输条件。

（2）熟练掌握各种水生生物采样器具的正确使用方法，并确保采集到足够量的代表样品。

（3）按要求现场进行样品清洗、活体观测和样品浓缩，并应按表 7.2.14 的要求在现场加入保存剂。

（4）熟悉采样水域主要鱼类品种，保证采集（或购置）的鱼类样品来自监测水域；熟悉主要鱼类品种生长环境，采集表、中、底层生长，草食、肉食、杂食性的代表样品。

（5）每批水样，应选择部分项目加采现场平行样、制备现场空白样，与样品一同送实验室分析。

7.3监测项目与分析方法

7.3.1河流、湖泊、水库水生态调查与监测主要内容包括水质、沉降物、水生生物监测与河岸带(包括湖滨带)调查四个方面,并应符合以下要求:

(1)国家基本站水生生物监测项目应符合表7.3.1常规项目要求;国家重点站生物体残毒指标每年监测1次,国家一般站可参照执行。

(2)国家基本站主要入河排污口污水毒性生物测试可不定期进行。

(3)水体卫生学项目(如细菌总数、总大肠菌群数、粪性大肠菌群数和粪链球菌群数)与地表水水质监测项目相同。

(4)专用站可根据监测要求与目的,按表7.3.1确定监测项目。

表7.3.1 水生生物监测项目

指标类型	监测项目	水体类型	
		河 流	湖 库
生物群落	浮游植物	常 规	常 规
	浮游动物	常 规	常 规
	着生生物	常 规	常 规
	底栖生物	常 规	常 规
	水生维管束植物	非常规	常 规
	鱼 类	常 规	常 规
水体生产力	浮游植物初级生产力	非常规	非常规
	叶绿素	非常规	常 规
卫生指标	细菌总数	常 规	常 规
	粪大肠菌群	常 规	常 规
	总大肠菌群	非常规	非常规
	粪链球菌	非常规	非常规
生物体残毒	铅、铜、镉、铬等重金属元素	非常规	非常规
	总 汞	非常规	非常规
	总 砷	非常规	非常规
	总氰化物	非常规	非常规
	挥发酚	非常规	非常规
	有机农药类	非常规	非常规
	多环芳烃类(PAHs)	非常规	非常规
	多氯联苯类(PCBs)	非常规	非常规
综合毒性测试	发光强度抑制	非常规	非常规
	半致死浓度(LC_{50})	非常规	非常规

7.3.2河流、湖泊、水库河岸带(湖滨带)调查内容见表7.3.2。

表 7.3.2 河流、湖泊、水库河岸带(湖滨带)调查主要内容

调查类型	收集与调查测量内容
水文资料	年、月均流量、调查期间日流量、基流流量;最大、最小流量持续天数和流量大小;洪水、干旱平均频率、洪水、干旱期平均天数
沿岸形态	光的穿透性、波浪作用与流速和流态;地表粗糙度,坡度与缓坡、河道宽深比、岸边缓冲带宽度;天然堤坝高度与现有天然堤坝的数量、长度
堤岸形态	岸高与岸角、河岸侵蚀、岸边土壤类型、护岸与抛石;河边植物范围、类型与根系结构、植物至堤岸的距离;岸边区的坡度与河床基质
岸边植物	植物类型与密度(地表植被覆盖、下层林木、草本与灌木)、岸边枯枝落叶堆、木质碎屑、不透水表面草坪、岸边土壤类型
人类影响	河道内、岸边调查区内、河流对岸影响类型和距离;近岸与岸边森林植被的范围与年代结构
入侵/外来物种	入侵/外来物种种类、范围与现有量

7.3.3 水生态调查与监测方法选用应符合以下原则:

(1) 选用国家或行业标准分析方法,并与相关质量标准的规定一致。

(2) 特殊监测项目尚无国家或行业标准分析方法时,可采用 ISO 等标准分析方法,但须进行适用性检验,验证其检出限、准确度和精密度等技术指标均能达到指控要求。

8. 入河排污口调查与监测

8.1 一般规定

8.1.1 根据水功能区监督管理的需要,应对直接或者通过沟、渠、管道等设施向江河、湖泊、水库排放污水的排污口开展调查与监测。

8.1.2 入河排污口调查与监测,应能较全面、真实地反映流域或区域排放污水所含主要污染物种类、排放浓度、排放总量和入河排放规律;客观地反映节水和用水定额、污水处理和循环利用率、水域纳污能力及排污总量限值等基本状况。

8.1.3 入河排污口基本情况调查应包括以下主要内容:

(1) 入河排污口的类型、数量和位置分布。类型为企业废污水、生活污水、医疗污水、市政污水(含城镇集中式污水处理设施排水)、混合污水等。

(2) 入河排污口排放方式,即连续排放、间歇排放和季节性排放等。

(3) 废污水入河方式,即漫流、明渠、暗管、泵站、涵闸、潜没等。

(4) 入河排污口准确的地理坐标位置(经纬度准确到秒)。

(5) 入河排污口设置管理单位、排污单位、排入的河流、水域、水功能区。

8.1.4 流域或区域入河排污口监测,其监测的入河排污口污染物质量和污水排放量之和应分别大于该流域或区域入河污染物质量和污水排放总量的 80%。

8.1.5 入河排污口监测应同步施测污水排放量和主要污染物质的排放浓度,并计算入河污染物排放总量。

8.1.6 对入河排污口污水进行调查、测量和采集样品时,应采取有效防护措施,防止有毒有害物质、放射性物质和热污染等危及人身安全。

8.2 入河排污口调查

8.2.1 流域或区域入河排污口的调查范围应包括以下区域：

(1) 县级以上城市市区、人口集中的小城镇及其城镇工业园、经济开发区和其他工业聚集区。

(2) 建有化工、冶炼、采矿、造纸、印染、屠宰、酿造、木材加工等工业企业的村镇。

(3) 县(区或乡)农业生产和生活区，如禽畜与水产养殖区、规模农田灌排区等。

8.2.2 工业企业类入河排污口调查应包括以下内容：

(1) 企业名称、厂址、企业性质、生产规模、产品、产量、生产水平等。

(2) 工艺流程、原理、工艺水平、能源和原材料种类及成分、消耗量。

(3) 供水类型、水源、供水量、水平衡、水的重复利用率。

(4) 生产布局、物料平衡、污水排放系统和排放规律、主要污染物种类、排放浓度和排放量、污水处理工艺及设施运行情况。

(5) 入河排污口位置和控制方式。

8.2.3 城镇居民生活类入河排污口调查应包括以下内容：

(1) 城镇人口。

(2) 居民生活区布局。

(3) 自来水供水量、居民用水定额。

(4) 生活污水去向。

8.2.4 医疗污水类入河排污口调查应包括以下内容：

(1) 医疗机构分布和医疗用水量。

(2) 医疗污水处理设施及运行情况。

(3) 入河排污口位置及控制方式。

8.2.5 市政污水类入河排污口调查应包括以下内容：

(1) 城市下水道管网分布状况、服务人口、服务面积和污水收集率等。

(2) 城镇集中式污水处理设施日处理能力、运行状况及入河排污口位置和控制方式。

(3) 市政污水入河排污口位置、数量和控制方式。

(4) 生活垃圾处理场位置、处置方式及垃圾填埋渗滤液的控制。

8.2.6 农村生活污染源调查应包括以下内容：

(1) 农村常住人口数量、经济条件、生活方式。

(2) 农村生活垃圾、生活污水的产生情况。

(3) 农村家庭生活供水情况、有无下水装置、户数等。

(4) 农村生活污水和生活垃圾集中处理方式或分散处理方式，不同处理方式的农户数。

8.2.7 农业生产污染源调查应包括以下内容：

(1) 农田面积及主要农作物品种。

(2) 农药的使用品种、品名、有效成分及含量、使用方法和使用量、使用年限等。

(3) 化肥的使用品种、数量和方式。

(4) 农田灌溉方式和用水量、农田退水流向。

(5) 规模化集约化禽畜养殖场养殖品种、数量，污水处理设施及运行情况、排污方式、入河排污口位置及控制方式。

（6）其他农业废弃物。

8.2.8 入河排污口调查应符合以下基本要求：

（1）通过广泛搜集相关资料，开展必要的现场查勘，确定江河湖库水功能区入河排污口具体位置。

（2）对某一入河排污口的调查，应区分是单一排污单位还是多个排污单位共用，并调查分析入河排污口所排废污水来源、组成。

（3）入河排污口为温排水的，应有温水排放量和温升数据；对排放有毒有机物的，应有较详细的调查监测数据。

（4）调查农村生活污水和生活垃圾的产生和排放数量，获得农村生活污水和生活垃圾的产排污系数。以区域为调查单元，以农户为调查对象，核算农村生活污染物产生和排放数量。

（5）新增与改扩建的入河排污口，应及时调查上报，并说明设置单位原有入河排污口的基本情况。

（6）以市（县）为单位，将调查到的资料统计整理、绘制图表、整编、建档。

8.2.9 为掌握入河排污口动态变化状况，应对流域或区域内的入河排污口进行定期复核调查。

8.3 入河排污口监测

8.3.1 入河排污口污水流量和水质同步监测的频次应符合以下要求：

（1）入河排污口调查性监测每年不少于 1 次；监督性监测每年不少于 2 次。

（2）列为国家、流域或省级年度重点监测的入河排污口，每年不少于 4 次。

（3）因水行政管理的需要所进行的入河排污口抽查性监测，依照管理部门或机构的要求确定监测频次。

8.3.2 入河排污口污水流量测量和采样应符合以下要求：

（1）入河排污口为连续排放的，每隔 6～8 h 测量和采样一次，连续施测 2 d。

（2）入河排污口为间歇排放的，每隔 2～4 h 测量和采样一次，连续施测 2 d。

（3）入河排污口为季节性排放的，应调查了解排污周期和排放规律，在排放期间，每隔 6～8 h 测量和采样一次，连续施测 2 d。

（4）入河排污口发生事故性排污时，每隔 1 h 测量和采样一次，延续时间可视具体情况而定。

（5）入河排污口污水排放有明显波动又无规律可循的，则应加密测量和采样频次；入河排污口污水排放稳定或有明显排放规律的，可适当降低测量和采样频次。

（6）入河排污口受潮汐影响的，应根据污水排放规律及潮汐周期确定测量间隔与频次。

（7）有条件的，可根据监测结果绘制入河排污口污水和污染物排放曲线（浓度－时间、流量－时间、总量－时间），优化调整监测频次和监测时间。

8.3.3 根据不同的入河排污口和具体条件，可选择下列方法之一进行入河排污口流量监测。但在选定方法时，应注意各自的测量范围和所需条件。

（1）流速仪法。根据水深和流速大小选用合适的流速仪。使用流速仪测量时，一般采用一点法。如废污水水面较宽时，应设置测流断面。仪器放入相对水深的位置，可根据水深和流速仪器悬吊方式确定，测量时间不得少于 100 s。

（2）浮标法。适用于低壁平滑，长度不小于 10 m，无弯曲，有一定液面高度的排污渠道。

（3）三角形薄壁堰法。堰口角为 90° 的三角形薄壁堰，为废污水测量中最常用的测流设备。适用于水头（H）在 0.05～0.035 m 之间，流量 $Q \leqslant 0.1\ m^3/s$，堰高（P）大于 2 H 时的污水流量的测定。

（4）矩形薄壁堰法。适用于较大污水流量的测定。

（5）容积法。适用于污水量小于 $1\ m^3/min$ 的排污口。测量时用秒表测定污废水充满容器所需的时间。容器容积的选择应使水充满容器的时间不少于 10 s，重复测量数次，取平均值。

（6）入河排污口为管道输送污水的，可根据不同情况，分别采用超声波流量计和电磁流量计测流。

8.3.4 入河排污口流量监测应符合以下规定：

（1）采用流速仪、浮标、薄壁堰测量污水排放量时，测验环境条件、技术要求和精度等符合现行国家和行业有关技术标准的规定。

（2）施测入河排污口的前 3 d，无明显降水。

（3）所使用的流量计、流速仪定期进行计量检定。

8.3.5 入河排污量应按以下方法与要求计算：

（1）在某一时间间隔内，入河排污口的污水排放量按公式（8.3.5）计算：

$$Q = Vat \tag{8.3.5}$$

式中：Q—污水排放量，t/d；V—污水平均流速，m/s；a—过水断面面积，m^2；t—日排污时间，s。

（2）装有污水流量计的排污口，排放量从仪器上读取。

（3）经水泵抽取排放的污水量，由水泵额定流量与开泵时间计算。

8.3.6 当无法测量污水量时，可根据经验计算公式（8.3.6）推算污水排放量：

$$Q = qwk \tag{8.3.6}$$

式中：Q—污废水排放 m，t/d；q—单位产品污水排放量，吨 / 单位产品；w—产品日产量；k—污水入河量系数。

8.3.7 入河排污口污水量测量结果应采用水量平衡等方法进行校核。对有地表或地下径流影响的入河排污口，在计算排污量时，应予以合理扣除。

8.3.8 入河排污口排污量应按入河各测次分别计算，取加权平均值；根据调查的入河排污口周期性或季节性变化的排放规律，确定排污天数，计算年排放量。

8.3.9 入河排污口监测断面（点）布设可符合以下要求：

（1）监测断面（点）可选择在入河排污口（沟渠）平直、水流稳定、水质均匀的部位，但应避免纳污河道水流的影响。有一定宽度和深度的，应按本标准地表水监测有关技术规定的要求布设监测断面（点）。

（2）有涵闸或泵站控制的排污口，在积蓄污水的池塘、洼地内或涵闸或栗站出口处设置监测断面（点）；水网与河口地区应避免河道往复与潮汐水流的影响。

（3）城镇集中式污水处理设施的进出水口应分别设置采样点。

（4）根据农田灌溉方式和退水流向，在灌区主要退水口布设监测断面（点）；有多处农田退水口时，应控制监测区域入河退水总量的80%以上；建有农田小区径流池的，可在径流池内布设监测断面（点）。

8.3.10 采样应符合以下要求：

（1）采样器和样品容器的选择与使用应符合本标准地表水监测有关条款的要求；每次使用后应按规定的洗涤方法清洗，保证清洁，避免沾污和交叉污染。

（2）排污口（沟渠）水深小于1 m，应在1/2水深处采样；水深大于1 m，应在1/4水深处采样。

（3）采样时应注意除去水面的杂物、垃圾等漂浮物。同时避免搅动底部沉积物，防止异物进入采样器。

（4）在排污暗管（渠）落水口处或观察孔采样，可直接用采样桶采集。

（5）用样品容器直接采样时，应反复用水样冲洗数次后再行采样。但当水面有浮油时，采油的容器不能冲洗。

（6）入河排污口监督性或抽查性监测可以采集瞬时样品。污水排放不稳定，污染物浓度有明显变化，可分时间段采样。但在各次采样时，应注意采样量与实时的污水流量成比例，保证混合样品具有代表性。

（7）用自动采样器进行自动采样时，当污水排放量较稳定，污染物浓度变化较小时可采用时间比例采集混合样，污水流量和染物浓度随时间变化大于20%时，应采用流量比例采集混合样。

（8）测定pH、悬浮物、溶解氧（DO）、化学需氧量（COD）、五日生化需氧量（BOD）、硫化物、油类、有机物、余氮、粪大肠菌群、放射性等项目的样品，不宜采集混合样，需单独采集。

8.3.11 采样质量保证与质量控制应符合以下要求：

（1）采样人员应通过岗前培训考核，持证上岗，切实掌握采样技术与安全防护措施，熟知水样固定、保存、运输条件。

（2）样品保存应符合表3.2.10的规定。

（3）采样记录应包括入河排污口名称、样品编号、监测断面（点）、采样时间、污水性质、污水流量、采样人姓名及其他有关事项等。

（4）样品采集后要在每个样品容器上贴上标签，标明监测断面（点）、编号、采样日期和时间、测定项目和保存方法等。

（5）每批水样，应选择部分项目加采现场平行样、制备现场空白样，与样品一同送实验室分析。

（6）污水样品的组成复杂，稳定性一般比地表水样差，易变项目应在现场测定；现场测定项目平行测定率，不得低于现场测定项目样品总数的20%；其他项目也应尽快送达实验室及时测定。

（7）同一监测点两次以上采集的污水样品可混合后测定，也可逐次测定，取日平均值。

8.3.12入河排污口水质监测项目的选择应根据表8.3.12污水类型选择国家实施水污染物总量控制和优先控制污染物的监测项目。

表8.3.12　入河排污口水质监测项目表

污水类型	常规项目	增测项目
工业废水	pH、色度、悬浮物、化学需氧量、五日生化需氧量、石油类、挥发酚、总氰化物等	相应的行业类型国家排放标准和GB 8978中规定的其他监测项目
生活污水	化学需氧量、五日生化需氧量、悬浮物、氨氮、总磷、阴离子表面活性剂、细菌总数、总大肠菌群	GB 8978和有关排放标准中规定的其他监测项目
医疗污水	pH、色度、余氮、化学需氧量、五日生化需氧量、悬浮物、致病菌、细菌总数、总大肠菌群等	有关排放标准中规定的其他监测项目
市政污水（含城镇污水处理厂）	化学需氧量、五日化学需氧量、悬浮物、氨氮、总磷、石油类、挥发酚、总氰化物、阴离子表面活性剂、细菌总数、总大肠菌群等	GB 8978和有关排放标准规定的其他监测项目
农业废水	pH、五日生化需氧量、悬浮物、总氮、总磷、有机磷农药、有机氯农药	除草剂、灭菌剂、杀虫剂等

8.3.13入河排污口水质分析方法选择应符合以下原则：

（1）选用国家和行业排放标准规定的分析方法。

（2）特殊监测项目尚无国家或行业标准分析方法时，可采用ISO等标准分析方法，但须进行适用性检验，验证其检出限、准确度和精密度等技术指标是否能达到质控要求。

9.应急监测

9.1一般规定

9.1.1应急监测是指在突发重大公共水事件，如水污染事件、水生态破坏事件、特大水旱等自然灾害危及饮用水源安全的紧急情况下，为发现或查明污染物种类、浓度、危害程度和水生态环境恶化范围而对敏感水域进行的动态监测。

9.1.2应急监测实行属地管理为主、分级响应和跨区域联动机制。当突发重大公共水事件时，各级水文机构和流域水环境监测机构应按照地方应急事件指挥机构或上级主管部门的要求，承担应急监测任务。根据水资源管理和保护的需要，各级水文机构和流域水环境监测机构应制定应急监测预案，适时开展水环境水生态应急监测演练，不断提高应急监测能力。

9.1.3突发重大公共水事件实行逐级报告制度。当发现或获悉发生公共水事件时，各级水文机构和流域水环境监测机构应及时向当地人民政府和上一级水行政主管部门报告；紧急情况下，可越级报告。并应向可能受到影响的上下游或左右岸相关地区水行政主管部门通报。

9.1.4报告的内容包括发生地点、污染类型、可能的影响和已采取的措施等，并应继续关注事件发展动态，及时续报。有条件的，应同时采集现场的音像等资料。

9.1.5 报告的方式可采用电话、电子邮件、传真、文件等，但应确保信息及时，内容准确，并符合国家保密规定。

9.1.6 以各种方式传递的突发事件信息均应按规定备份存档，并应记录传递方式、时间、传递人、接收的单位、接收的时间和人员等。

9.2 水污染事件调查

9.2.1 水污染事件的调查应符合以下要求：

（1）当发现或获悉水污染事件或水生态破坏事件时，各级水文机构和流域水环境监测机构应按就近原则，及时开展调查。

（2）一般水污染事件或水生态破坏事件，由当地水文机构协同有关部门或机构进行调查。

（3）发生较大和重大水污染事件或水生态破坏事件，可能影响到跨设区市界的江河湖库时，由省级水文机构协同有关部门或机构进行调查。

（4）可能影响到跨省界江河湖库的重大水污染事件或水生态破坏事件，由流域水环境监测机构协同有关部门或机构进行调查；特别重大事件可经授权由流域水环境监测机构协同当地有关部门或机构组织开展调查。

（5）在接到上级指示或事故发生地水文机构的紧急技术支持请求时，流域水环境监测机构应驰援协助开展调查。

9.2.2 水污染事件的调查应包括以下内容：

（1）对一般水污染事件和水生态环境破坏事件，调查发生的时间、水域、污染物类型和数量或藻类暴发、各类损失等情况。

（2）对重大和特别重大水污染事件或水生态环境破坏事件，调查发生的原因、过程、采取的应急措施、处理结果、直接、潜在或间接的危害、遗留问题、社会影响、生态恢复等。

（3）对固定源引发的突发性水污染事件，调查事故发生位置、设备、材料、产品、主要污染物种类、理化性质和数量等。

（4）对流动源引发的突发性水污染事件，调查运送危险品或危险废物的外包装、准运证、押运证、危险品的名称、数量、来源、生产单位等。

9.2.3 水污染事件或水生态环境破坏事件调查应有书面报告。报告可分为简要报告（表）和调查报告，并应在规定的时间内及时提交。

9.2.4 简要报告（表）主要用于水污染事件或水生态破破坏事件过程中的情况通报，应视情况提交初报或续报。应包括以下主要内容：

（1）事件发生地点、时间、起因和性质、基本过程、受害和受损情况。

（2）主要污染物、数量和污染类型、已采取的应急处置措施。

（3）危及或可能危及饮用水水源等敏感水域的情况，及发展趋势与影响范围、处置情况、拟采取的措施以及下一步工作建议。

（4）受到或可能受到事件影响的水环境敏感点的分布示意图。

（5）事发现场的有关音像记录等。

（6）应急预案的启动，应急监测监测断面布设、断面间距离、采样频次与时间及人员分工安排。

(7) 水域水文情势分析和可能影响的敏感水域分析，事发地和污水团演进沿程各时段动态监测结果；水污染影响程度、范围和发展趋势预测分析与评价。

(8) 基本结论与有关建议。

9.2.5 调查报告是在处理突发事件完毕后，对事件的处置措施、过程和结果的总结上报，应包括以下主要内容：

(1) 事件发生的时间、发现或获悉时间，到达现场及监测时间。

(2) 事件发生的性质、原因及损失情况。

(3) 事件发生的具体位置坐标、周边水系与水文情势、饮用水源等敏感水域分布状况。

(4) 主要污染物种类、物理与化学性质、危险与危害程度。

(5) 污染物进入水体的方式、数量与扩散方式、浓度及影响水域，或发生藻类暴发及生态危害范围。

(6) 实施应急监测方案，包括采样点位、监测项目和分析方法、监测时间和频次。

(7) 简要说明污染物对人群健康、水生态环境的危害特性，处理处置建议。

(8) 附现场示意图、影像、监测结果以及必要的有关信息与来源说明。

(9) 调查和监测单位及负责人盖章签字。

9.3 水污染事件应急监测

9.3.1 应急监测监测断面(点)布设，应根据本标准有关技术规定和污染物在水体中稀释、扩散的物理化学特征确定，并符合以下要求：

(1) 现场监测监测断面(点)布设应以事故发生地点及其附近水域为主，根据现场具体情况(如地形地貌等)和污染水体的特性(水流方向、扩散速度或流速)布设监测断面(点)。

(2) 河流监测应在事故地点及其下游布设监测断面(点)，同时要在事故发生地的上游采集对照样；结合水流条件和污染物特性布设分层采样点，如地表水中污染物为石油类时，则可布设表层监测断面(点)。

(3) 湖泊、水库监测应以事故发生地点为中心，按水流方向在一定间隔的扇形或圆形布点采样，同时采集对照样品，并根据污染物的特性在不同水层采样。

(4) 地下水监测应以事故发生地为中心，根据所在地段的地下水流向，采用网格法或辐射法在事故发生地周边一定范围内布设监测井采样；同时，沿地下水主要补给路径，在事故发生地上游一定距离设置对照监测井采样。

重要饮用水源地等敏感水域，应根据污染水体的传播特性(扩散速度、时间和估算浓度)布设监视监测断面(点)。

9.3.2 对水污染事件和水生态环境破坏事件发生后，滞留在水体中短期内不能消除、降解的污染物，或水体短期内不能恢复正常，应实施动态监测。

(1) 按实时水情变化，采取不同的监测频次和跟踪(移动)方式进行监测，以确定污染的影响范围和程度。

(2) 水污染动态监测应根据污染物的性质和数量及水文要素等变化特点，设置若干个监测断面(点)；饮用水源取水口应设置监测断面(点)。

（3）根据当地实时水文情势，可采用水文、水质等模型对水污染事件演进过程进行模拟和预测，并运用模型计算结果布设和调整监测断面（点）。

9.3.3 应急监测样品采集应符合以下要求：

（1）对于所有采集的样品，应分类保存，防止交叉污染。

（2）现场无法测定的项目，应立即将样品送至实验室分析。

（3）应对事故发生地点、采样现场进行定位、录像或拍照。

（4）采集样品时，应尽可能同步施测流量。如有必要，应同时采集受到污染水域的沉积物样品。

（5）现场应采平行双样，一份供现场快速测定，一份供送回实验室测定；现场平行测定率应不低于20%，实验室测定同时还应测定有证标准物质质控样品。

（6）保存留样，以备复检或其他用途；未经批准，不得擅自处置。

9.3.4 应急监测人员应采取有效安全防护措施，并符合以下要求：

（1）应急监测人员必须有两人以上同行进入事故现场。

（2）采样人员进入事故现场应按规定配戴防护服、防毒面具等防护设备，经事故现场指挥、警戒人员的许可，在确认安全的情况下进行采样；采集水样时，应穿戴救生衣和佩戴防护安全绳。

（3）进入易燃、易爆事故现场的应急监测车辆应配有防火、防爆安全装置；在确认安全的情况下，使用现场应急监测仪器设备进行现场监测。

（4）对送实验室进行分析的有毒有害、易燃易爆或性状不明样品，特别是污染源样品应用特别的标识（如图案、文字）加以注明，以便送样、接样和检验人员采取合适的防护措施，确保人身安全。

（5）对含有剧毒或大量有毒有害化合物的样品，不得随意处置，应做无害化处理。

9.3.5 应急监测频次应根据现场污染程度、影响范围及变化趋势确定和动态调整，应急监测频次的确定应符合以下原则：

（1）事发阶段的监测频次应加密，采样时间间隔短，必要时采用连续监测。

（2）事中阶段应根据污水团演进过程、演进速度和影响范围，动态调整各监测断面（点）的监测频次和时间间隔。

（3）后期阶段或在基本确认污染程度、影响范围和发展变化趋势后，可逐渐减少现场监测频次，或终止监测。

9.3.6 应急监测的分析方法可选择本标准规定的入河排污口监测或其他适用的标准分析方法；当无国家和行业标准分析方法时，可选用国内外其他标准和企业标准。应急现场监测应遵循以下原则：

（1）选择操作步骤简便、快速、灵敏，直接或间接指示污染物变化，具有一定测量精度的分析方法。

（2）监测仪器设备轻便易于携带，操作简便、快速，适用于野外作业，并具有数据处理、计算和存储等功能。

（3）移动实验室或现场监测使用的水质监测管、便携式、车载式监测仪器等监测手段，能快速鉴定污染物的种类，并给出定量或半定量的测定数据。

9.3.7 对于已知污染物的突发性水污染事件，应根据已知污染物来确定主要监测项目；同时应考虑污染物在环境中可能产生的反应，衍生成其他有毒有害物质的可能性。

9.3.8 对于未知污染物的突发性水污染事件，应按下列方式，通过污染事故现场的一些特征及对周围环境的影响，结合当地原有污染源信息等，确定主要污染物和监测项目。

（1）根据人员中毒或动物中毒反应的特殊症状，确定主要污染物和监测项目。

（2）通过事故排放源的生产、环保、安全记录，确定主要污染物和监测项目。

（3）利用水质自动监测站和污染源在线监测系统的监测信息，确定主要污染物和监测项目。

（4）通过现场采样，利用试纸、快速监测管和便携式监测仪器等现场快速分析手段，确定主要污染物和监测项目。

（5）通过现场采样，包括采集有代表性的污染源样品，送实验室进行定性、半定量分析，确定主要污染物和监测项目。

9.3.9 现场监测记录应按规定格式进行详细填写，保证信息的完整性，并有审核人员的签名。监测任务完成后，监测记录应归档保存。

9.4 其他公共水事件应急监测

9.4.1 发生下列公共水事件之一的，应进行应急监测：

（1）启动跨流域或跨区域应急调水输水、水生态环境需水调度等。

（2）河流、输水渠道、湖泊、水库发生水质突变，沿岸城镇生活、生产正常供水受到影响或出现大面积死鱼。

（3）河流上游蓄积大量高浓度污水的闸坝运行前后，特别是长期关闸遇首场洪水开闸运行前后，或在运行中泄量有大的改变。

（4）湖泊、大型水库等水域发生或可能发生大范围藻类暴发或其他生态危害。

（5）河流、湖泊发生 20 年一遇及以上的大洪水及其退水期。

（6）河流、湖泊发生 20 年一遇及以上的严重干旱期。

（7）跨省或跨设区市的河流、湖泊水污染联防期。

9.4.2 其他公共水事件应急监测，应在下列水域布设监测断面（点）：

（1）跨流域或跨区域应急调水输水干线节点（闸坝）处。

（2）水生态环境需水调度控制节点处。

（3）枯水期易发生水质严重恶化，危及沿岸城市供水安全的河段。

（4）污染严重的主要河流出入省界处。

（5）污染严重的主要支流，流入国家确定的重要江河湖泊的河口处。

（6）有大量污水积蓄的闸坝处。

（7）易大面积暴发水华（湖泛）的水域。

（8）发生大洪水、严重干旱、地震等自然灾害区域的饮用水源地，洪水淹没区内有毒危险品存放地的周边水域。

（9）其他易发生水质恶化的水域。

9.4.3 其他公共水事件应急监测，可按不同水情和污染状况，因地制宜，采取定点监测和干支流河道、调（输）水沿线、上下游间跟踪（移动）监测相结合的方法；河道水量水质同步监测和入河排污口水量水质同步监测相结合;实验室内测定和水质自动监测站在线监测相结合等动态监测方式。

9.4.4 其他公共水事件应急监测有关采样、监测频率、监测项目、分析方法标准、质量控制、安全防护、结果报告等,均应符合本标准相关技术规定。

10. 移动监测与自动监测

10.1 移动监测

10.1.1 移动监测以移动实验室为主体,可机动灵活出现在需要监测的区域,实施现场实时监测。为符合移动监测要求,移动实验室需由满足监测环境要求的车、船载体和所配备的车载式或便携式监测设备组成。

10.1.2 移动实验室建设规划应遵循以下基本原则:

(1) 根据水环境与水生态监测工作实际需求统一规划,避免重复建设。

(2) 技术的先进性、经济性、可行性相结合,满足及时、便利、准确和可靠的现场监测需求。能覆盖较大范围的监测工作区域,巡测与应急监测相结合。

10.1.3 移动实验室应满足以下基本要求:

(1) 符合国家或行业有关车、船结构与安全设计标准和管理要求。

(2) 满足监测人员个人防护、急救与现场基本处置要求。

(3) 满足对供水、供电、通排风、防火、防化学腐蚀及防震、温湿度控制、抗干扰等监测工作环境的基本要求。

(4) 满足监测仪器设备在移动或操作运行过程中对水、电、气的专门要求。

(5) 满足监测工作对样品预处理与保存的要求。

(6) 满足野外监测导航与定位、数据处理及快速通信传输的要求。

10.1.4 移动监测仪器设备配置应符合国家或行业有关技术标准的规定,并应满足以下基本要求:

(1) 仪器设备防水、抗震与抗干扰性能好,便于携带和野外现场使用。

(2) 仪器操作简单、快速、灵敏、实用,监测范围广,试剂用量少,稳定性好,监测结果显示直观,具有较好的性能价格比。

10.1.5 除标准配置外,还可根据需要选择性配备以下车载或便携式应急监测仪器设备:

(1) 多普勒流量仪。

(2) 快速检测箱。

(3) 紫外、可见分光光度计。

(4) 极谱仪。

(5) 傅里叶变换红外光谱仪。

(6) 气相色谱仪或气相色谱质谱仪。

(7) 液相色谱仪或液相色谱质谱仪。

(8) 综合毒性测定仪等。

10.1.6 移动实验室和车载或便携式仪器设备运行管理应满足以下要求：

(1) 建立健全移动监测管理制度，成立由车、船驾驶、实验分析等人员组成的移动监测小组，各负其责。

(2) 车、船移动运载工具必须按规定年检，对车船及基础设施设备定期维护和保养。

(3) 移动实验室仪器设备、试剂等有专人负责管理，并定期开展期间核查与维护保养，保证仪器设备、设施任何时候都能正常投入监测工作。

(4) 移动实验室仪器设备、技术资料及运行维护记录等，单独建档保存。

(5) 制订检查计划，结合应急演练，定期检验移动实验室各项状态，不断改进和提高移动监测能力与实战技术水平。

10.1.7 移动监测质量控制应满足以下要求：

(1) 各类人员经培训、考核持证上岗。

(2) 制订移动实验室操作、设备设施维护规程及故障检修办法。

(3) 定期对移动实验室基础设施与仪器设备进行检查、维护和保养。

(4) 定期对仪器设备进行检定、校正或比对。必要时，采用比对实验，验证并确认移动监测满足监测工作技术与质量要求。

(5) 现场监测仪器在使用前后应分别进行校正。

(6) 各类试剂、标准溶液配制严格按照实验室操作规程进行，做好原始记录。

(7) 现场监测质量保证与质量控制以及有关记录，按照本标准有关章节的规定执行。

10.2 自动监测

10.2.1 水质自动监测站(或在线监测系统)是水质监测站网的重要组成部分；按监测水体类型，可分为地表水、地下水和入河排污口等类型的水质自动监测站。

10.2.2 水质自动监测站布设应与水文站网相结合，在国家级和省级重点站中遴选。

10.2.3 水质自动监测站位置的选择应满足以下条件：

(1) 具有良好的地质、供电、供水、交通、通信等基础条件。

(2) 具有较好的断面水质代表性。

(3) 能保证自动监测站长期运行，不受城市、农村、水利等建设的影响。

(4) 自动站周围安全环境良好。

(5) 便于自动站日常运行、维护和管理。

10.2.4 水质自动监测站基础设施应满足以下要求：

(1) 站房建筑结构、抗震、避雷、接地、地面标高设计等符合国家和行业相应标准的要求。

(2) 仪器间、质控间和生活用房功能布局合理，便于仪器设备的安装、操作、维修与保养。

(3) 仪器间温度应保持在 18～28 ℃，相对湿度保持在 60%以内。

(4) 电源总容量为全部用电设备实际用量的 1.5 倍；水质自动监测系统配置专用动力配电箱。

(5) 水质自动监测站室外周边、采水单元、仪器间等重要部位安装视频监控。

10.2.5 采水口位置选择和采水单元应满足以下技术要求：

（1）采水设施有安全防护，并便于维护和清理；不得影响航道正常航行。

（2）取水点设在水下 0.5～1 m 范围内，保证枯水季节和流速较大的状况下均能采集代表性样品。

（3）河流取水口不得设在漫滩、死水区、缓流区、回流区。

（4）断面水质均匀，水体交换良好，采水点水质与该断面平均水质的误差不得大于10%。

（5）采取有效防淤、防冻、防盗措施，保证采水设施正常运行。

（6）采水单元能满足配水单元和分析仪器的需要，并具有自动诊断泵故障及自动切换泵工作的功能。

10.2.6 配水单元应满足以下基本技术要求：

（1）常规五参数（即 pH、水温、溶解氧、浑浊度和电导率 5 个监测项目）的分析，使用未经过预处理的样品。

（2）通过对流量和压力的调配，满足所选用仪器和设备对样品水流量和压力的具体要求。

（3）满足标准分析方法中对样品的预处理要求。

（4）系统管路和相关设备清洗、杀菌和除藻，不对仪器和设备性能及分析结果产生不良影响。

（5）具有停电自我保护，再次通电自动恢复功能。

（6）设有分析单元排放废液的回收装置。

10.2.7 监测单元应满足以下基本技术要求：

（1）分析方法原理符合国家或行业技术标准所规定的方法或其他等效方法要求。水位、流量监测按国家或水利行业有关技术标准执行；水质自动监测项目及分析方法见表10.2.7。

表 10.2.7 水质自动监测项目及分析方法

参 数	分析方法
水 温	温度传感器法
pH	玻璃电极法
电导率	电极法
浊 度	光散射法
溶解氧	膜电极法
高锰酸盐指数	酸性高锰酸盐氧化库伦滴定法
化学需氧量	重铬酸钾氧化滴定或比色法
氨 氮	气敏电极法或光度法
总 氮	过硫酸盐消解光度法
总 磷	过硫酸盐消解光度法或紫外线钼催化光度法
氟离子、氯离子、氰离子	离子选择电极法
六价铬	分光光度法

续表

参　数	分析方法
酚	比色法或紫外吸收法
重金属	离子选择电极法或阳极溶出伏安法
油　类	荧光光度法
硝酸盐、磷酸盐	分光光度法
叶绿素-a	荧光法
生物毒性	发光细菌法
挥发性有机物	吹扫捕集气相色谱法

（2）监测仪器具有基本参数储存、自动清洗与标定、状态值查询、故障报警及故障诊断、断电保护和自动恢复功能（上电后仪器的运行参数设置不变）、自动连续或间歇式（时间间隔可调）监测、密封防护与防潮和抗电磁干扰等功能。

（3）仪器类型的选择原则为仪器结构合理，性能稳定；仪器测定范围满足水质分析要求，测定结果与标准方法一致；运行维护量少，维护成本低；二次污染少。

（4）根据仪器运行的要求，选配或加装所需的辅助设备，主要包括过滤器、自动进样装置、自动清洗装置、冷却水循环装置等。

（5）分析仪的性能指标符合国家和行业相关标准的规定；尚无标准规定的水质自动监测仪器性能指标，参照相关国家和行业标准中的实验室分析方法执行。

10.2.8 数据采集、控制和传输单元应满足以下基本技术要求：

（1）具备16通道以上模拟量采集功能，并具有可扩展性；数据采集精度符合相关标准要求；具有断电自动保护历史数据和参数设置功能；数据采集和控制单元具备数据存储能力，并可作为现场数据备用存储设备。

（2）控制单元具有一定数量的备用控制点和可扩展性；可现场或远程对采水、配水、管路清洗等单元以及仪器的待机控制、工作模式控制、校准控制、清洗控制等进行自动控制；断电、断水或设备故障时的安全保护性自动控制操作与处理；具备断电后可继续工作时间数小时和自动启动和自动恢复功能。

（3）现场监控单元具备监控现场各设备状态功能、图形化界面显示其运行状态，定时自动上传历史数据、报警等信息；能够接受中心站的远程访问，实现远程状态监控和参数设置；能够保存两年以上的历史数据的存储容量。

（4）数据传输单元支持有线或无线等多种方式与局域网或广域网连接；具备对子站通信链路的自动诊断功能，一旦通信链路不畅，能够及时自动恢复通信链路；远程数据传输采用具有校验功能的通信协议，能够及时纠正传输错误的数据包；采用相应的加密手段，保证数据传输的安全。

10.2.9 水质自动监测中心站系统应满足以下基本技术要求：

（1）配有满足中心站软件工作要求的计算机、防火墙和防病毒软件、不间断电源等，保证系统和数据安全。

（2）标准数据库具有足够的数据库容量、网络共享和快速的检索功能以及良好的可扩充性;具有保护原始数据,防止人为修改原始数据的功能;具备数据的导入导出和通用数据文件格式转换的功能,并能满足中心站数据库系统对本数据的备份、共享及数据传递等操作。

(3) 支持与子站相对应的通信方式和通信协议;能自动接收和存储子站上传的历史数据、报警信息、工作日志以及数据采集的过程中发生的异常等信息;具有图形方式对远程子站进行运行状态显示和参数设置(运行模式、安全参数和超标报警)等功能。

(4) 能对各子站任意时间段的数据进行趋势比较和报警数据分析;具有自动判断水质类别、超标和无效数标记、异常数据自动剔除和超标数据列表等数据处理功能;能根据有效数据,自动统计各子站样本数、最大值、最小值、平均值、均值水质类别等数据,生成日报、周报、月报等。

(5) 具有安全登录、权限管理、用户修改设置和数据等操作的安全记录与管理功能。

10.2.10 水质自动监测站报出的监测数据应进行审核,并应根据仪器的工作状况、近期水质变化趋势及相关参数变化趋势等方面,对异常值加以判断和确认水质自动监测平均值采用算术平均,平均值计算并应符合以下要求:

(1) 日均值计算,每日上午和夜间的有效监测数据不小于 2 个;pH 的均值采用氢离子活度计算算术平均值。

(2) 周均值计算,有效日均值数据不小于 5 个。

(3) 月均值计算,有效日均值数据不小于 20 个。

(4) 年均值计算,有效日均值数据不小于 240 个。

(5) 确定为异常值的,不得参加均值计算。

10.2.11 水质自动监测站的监测频率与时间应符合以下规定:

(1) 国家重点水质自动监测站,每日采样监测不得少于 2 次,8 时～10 时和 20 时～22 时之间进行;洪水期与枯水期每日采样监测不得少于 4 次,每隔 6 h 监测 1 次。

(2) 国家一般水质自动监测站,每日采样监测不得少于 1 次,在 8 时～10 时之间进行。

(3) 行政区界间易发生水事纠纷的区域,每日采样监测不得少于 2 次,分别在 8 时～10 时和 20 时～22 时之间进行,并可根据具体情况酌情增加采样监测频次。

(4) 水质易突变的水域,每日采样监测不得少于 2 次,分别在 8 时～10 时和 20 时～22 时之间进行;水质突变期间,应每隔 1 h 采样监测 1 次。

(5) 动态监测与应急监测期间,采样监测频次不得少于 1～2 h 取样监测 1 次。

(6) 当自动监测系统发出异常值警告,应密切关注水质变化趋势,并随时增加监测频次;确认超标的,应及时向上一级管理部门报告水质变化情况。

(7) 对重要水功能区有影响的入河排污口,每隔 1～2 h 取样监测 1 次;已掌握排放规律的,可降低取样监测频次。

10.2.12 水质自动监测质量控制应符合以下要求:

(1) 运行管理人员应具备相应的专业技术知识和操作技能,熟悉自动站仪器操作和设备性能,并经培训考核,持证上岗。

(2) 按操作规程的要求,定期进行仪器设备、监测系统的关键部件的维护、清洗和标定；按规定的周期更换试剂、泵管、电极等各类易耗试剂和易损部件；更换各类易损部件或清洗之后应重新标定仪器。

（3）实验用水、试剂和标准溶液应符合规定质量要求；试剂更换周期不宜超过2周，校准溶液不得超过1个月，更换试剂后应对监测仪器进行校准。

（4）每周巡视自动站1～2次，检查采水系统、配水系统、监测系统、通信系统等仪器及设备的状态，判断运行是否正常；检查试剂、标准液和实验用水存量是否有效，更换使用到期的耗材和备件，并进行必要的仪器校准等，及时处理和排除事故隐患，保证自动站正常运行；填写巡检的各项记录。

（5）结合自动站巡视工作，采用标准溶液核查方法对水质自动监测仪器进行定期核查，核查结果的相对误差应不超过±10%，否则应对自动监测仪器重新校准；定期或不定期使用质控样或密码样等进行质量控制，保证水质自动监测数据的准确。

（6）每年对水质自动监测仪器进行1～2次比对实验，比较自动监测仪器监测结果与国家标准分析方法监测结果的相对误差；相对误差超过±15%时，应对自动监测仪器重新校准或进行必要的维护和维修。

（7）每天通过远程控制系统查看自动监测站的运行情况和监测数据的变化，检查自动站系统的运行情况；发现或判断仪器出现问题或故障时应及时维修和排除，并应及时向系统维护部门和上级单位报告；必要时应做好手工采样和实验室分析的应急补救措施。

（8）做好仪器设备日常运行记录及质量控制等情况记录。

10.2.13 水质自动监测站运行维护与管理应满足以下要求：

（1）建立人员岗位职责、运行管理、操作规程和质控规则等规章制度，并严格执行。

（2）建立自动监测站建设与运行、仪器设备、监测数据和质控档案管理制度。

（3）每天至少应进行一次中心站软件远程查看和下载自动监测数据，并对站点进行远程管理和巡查；发现异常或通信存在障碍时，应尽快前往现场进行检修。

（4）水质自动监测站主要部件和仪器设备的日常维护工作，每月不得少于1次。

（5）水质自动监测站每年应至少完成1次系统全面运行状况检查和维护，排除故障隐患，保障长期稳定运行。

11. 实验室质量保证与质量控制

11.1 一般规定

11.1.1 应建立符合水环境与水生态监测评价质量要求的管理体系，确保监测数据准确、可靠、真实、完整和可比。

11.1.2 应将质量保证与质量控制贯穿于断面布设、样品采集、样品运输和保存、样品预处理与检验、数据处理、综合评价等监测活动全过程。

11.1.3 监测机构应具备下列条件：

（1）健全的组织体系、质量管理体系和实验室各项制度。

（2）满足监测要求的实验室环境。

（3）满足监测要求的仪器设备和材料。

（4）采用国家及行业的技术标准或等效采用国际标准。

（5）经技术培训和岗位技术考核合格的持证从业人员。

（6）有准确传递量值的标准参考物质。

11.1.4监测机构应配备与所承担监测工作任务相适应的各类专业技术人员。设置样品采集、检验、水质评价、质量管理等岗位。每个检验项目原则上应配备两名持证上岗的检验人员。

11.1.5监测机构应配备与水文和水资源保护事业发展相适应的仪器设备和设施，科学合理地引进高新监测仪器，并有专业人员正确使用与维护。

11.1.6监测人员的岗位技术考核实行统一标准、分级负责、备案管理制度，应符合以下要求：

（1）国务院水行政主管部门直属水文机构负责水利系统水环境监测人员的岗位技术培训和考核的组织管理工作。负责组织或委托水利部水环境监测评价机构组织实验室管理、水质评价、高新技术应用等岗位的技术培训。其他岗位的技术培训由流域管理机构或省级水文机构负责。

（2）水利部水环境监测评价机构监测人员的岗位技术考核由国务院水行政主管部门直属水文机构负责。

（3）流域水环境监测机构监测人员的岗位技术考核由国务院水行政主管部门直属水文机构负责或委托水利部水环境监测评价机构主考。

（4）流域水文机构和锴级水文机构监测人员的岗位技术考核由流域水环境监测机构主考。

（5）省级以下水文机构监测人员的岗位技术考核由省级水文机构主考。

（6）主考机构不具备技术考核能力的岗位，应由上一级主考机构负责考核。

（7）主考机构应及时将每批次考核结果报上一级主考机构复核确认，并报国务院水行政主管部门直属水文机构备案。

11.1.7监测人员岗位技术考核包括理论试卷考试和现场操作考核；考核成绩合格的，填发监测从业人员岗位证书，有效期为5年。

11.1.8实行监测质量管理年度报告制度，应符合以下要求：

（1）下级水文机构应在每年末向上级水文机构提交年度质量管理总结和下一年度的质量管理工作计划。

（2）省级水文机构和流域水文机构汇总后，连同本机构的质量管理总结和计划于次年的1月末报送流域水环境监测机构。

（3）流域水环境监测机构汇总后，连同本机构的质量管理总结和计划于2月末报送水利部水环境监测评价机构。

（4）水利部水环境监测评价机构汇总各流域水环境监测机构和省级水文机构质量管理总结和计划后，提出水利系统水环境监测质量年度报告，于4月末报送国务院水行政主管部门直属水文机构。

11.1.9质量管理年度工作总结应包括以下主要内容：

（1）质量管理制度的执行情况。

（2）岗位技术培训与考核。

（3）开展质量控制及考核、比对试验和参加能力验证情况。

（4）水功能区监测质量管理情况。

（5）仪器设备、自动监测站、移动实验室运行质量管理。

（6）实验室管理及资料整汇编情况。

（7）监测站网和监测能力建设。

11.1.10 水利系统水环境监测质量监督检查和考评每5年组织开展一次。流域水环境监测机构或省级水文机构、流域水文机构按职责分工，负责对本流域或本行政区的水环境监测质量进行经常性的监督检查。

11.1.11 监测质量监督检查和考评应包括以下主要方面：

（1）监测人员岗位技术培训与考核。

（2）实验室质量控制考核与比对试验。

（3）实验室能力验证。

（4）省界缓冲区等重要水功能区监测质量。

（5）水质监测仪器设备使用和维护。

（6）水质自动监测与移动监测质量管理。

（7）为行政机关作出行政决定提供具有证明作用的水质检验报告。

11.2 实验室质量控制基础

11.2.1 实验室的设施与环境应满足监测工作的要求，并应符合以下基本要求：

（1）实验室应该设计规范、功能布局合理、确保其适用于预定的用途。通排风与水电气系统和安全设施完备，能满足仪器设备测试要求，并满足监测人员安全作业要求。能避免测试环境对监测结果产生影响和测试过程中的交叉污染影响。要有足够的区域用于样品的存放、处置、留样以及记录的保存。

（2）精密仪器室具有防火、防震、防电磁干扰、防噪音、防潮、防腐蚀、防尘、防有害气体侵入的功能；室温控制在18～25 ℃，湿度控制在60%～70%。

（3）洁净实验室和痕量分析室除温、湿度等环境控制要求以外，空气洁净度按100级的标准控制。

11.2.2 实验室分析用纯水、化学试剂、标准溶液配制与标定应符合以下规定：

（1）痕量或超痕量分析使用一级水或超纯水；常量分析与常用试剂配制使用二级水；特殊分析项目使用特殊要求的实验用纯水，如无氯水、无氨水、无二氧化碳水、无砷水、无铅（无重金属）水、无酚水、不含有机物的蒸馏水等；实验室制备或购买的纯水，使用前应对其质量进行检验。

（2）痕量或超痕量分析使用优级纯以上级别的化学试剂；标准溶液配制使用基准级别的化学试剂、常量分析使用分析纯级别的化学试剂；特殊项目分析使用光谱纯、色谱纯和超纯等级别的化学试剂。

（3）标准溶液直接或间接配制法（标定法）；在进行标准溶液标定时，测得的浓度值的相对误差不得大于0.2%。

11.2.3 实验室仪器设备的使用、维护与检定应符合以下要求：

(1) 制订大型仪器设备操作规程，并严格执行。

(2) 制订仪器设备(包括玻璃量器)检定或校准、期间核查和定期维护与保养计划，确保其性能与功能正常；不得使用未检定或检定不合格的监测仪器设备。

(3) 仪器修理或更换主要部件等之后，应经检定或校准等方式证明其性能与功能指标已恢复。

(4) 对性能不稳定、易漂移、易老化、使用频繁、移动与便携式现场监测仪器设备和在恶劣环境下使用的仪器设备，除进行期间核查外，须定期维护、保养与检查，并在每次使用前进行校正后方可投入使用。

(5) 定期维护、保养、检查与校正水质自动监测站与移动实验室各台监测仪器与设备，保证自动监测站运行正常，监测数据传输及时、完整和准确；保证移动实验室监测仪器与设备任何时候都能正常投入监测工作。

11. 2. 4 校准曲线包括"标准曲线"和"工作曲线"；工作曲线是指已知浓度的标准溶液系列和样品的预处理、测定步骤等完全一样。校准曲线的制作应与每批样品检验同时进行，并符合如下要求：

(1) 配制不少于 6 个(含空白)已知浓度的标准溶液系列，按浓度值与测量响应值绘制标准曲线，或采用最小二乘法绘制；样品预处理过程复杂时，应绘制工作曲线；必要时，应使用含有与实际样品类似基体的标准溶液系列绘制校准曲线。

(2) 校准曲线的最低浓度点应与方法定量限(约为方法检测限的 3 倍)接近。

(3) 校准曲线的相关系数绝对值宜大于 0. 999。否则，应从分析方法、仪器、量器及操作等因素查找原因，改进后重新制作。

(4) 线性回归校准曲线应进行精密度、截距和斜率检验，确定校准曲线符合规定要求方可使用。

(5) 使用校准曲线时，测试样品浓度宜控制在曲线的 20% ～ 80% 最佳范围之间；测试样品浓度超出校准曲线范围时，应采用稀释或浓缩样品的方法，使其含量在校准曲线范围内后再测定，不得使用外插法任意外延。

11. 2. 5 空白试验是除不加试样外，采用完全相同的分析步骤、试剂和用量(滴定法中标准滴定液的用量除外)，进行平行操作所测得的结果，用于扣除试样中试剂本底和计算分析方法的检出限(mDL)；反映了测试仪器的噪声、试剂中的杂质、环境及操作过程中的沾污等因素对样品测定产生的综合影响。

(1)重复测定空白值不少于 6 d，每天一批 2 个，按公式(11. 2. 5-1)计算空白批内标准偏差：

$$S_{wb}=\sqrt{\frac{\sum_{i=1}^{m}\sum_{j=1}^{n}X_{ij}^{2}-\frac{1}{n}\sum_{i=1}^{m}\left(\sum_{j=1}^{n}X_{ij}\right)^{2}}{m(n-1)}} \tag{11. 2. 5-1}$$

式中：S_{wb}—空白批内标准偏差；n—每批测定个数；m—批数；X_{ij}—各批所包含的各个测定值；i—第 i 批；j—同一批内各个测定值。

(2) 当空白测定数少于 20 次时，方法检出限(MDL)按公式(11. 2. 5-2)计算：

$$MDL = 2\sqrt{2}\, t_f S_{wb} \tag{11.2.5-2}$$

式中：MDL—方法检出限；t_f—显著水平为0.05（单侧），自由度为f时的t值；f—批的自由度；m—批数；n—每批测定个数；S_{wb}—空白平行测定（批内）标准差。

当空白测定次数大于20次时，方法检出限（MDL）按公式（11.2.5-3）计算：

$$MDL = 4.6S_{wb} \tag{11.2.5-3}$$

原子吸收分光光度法、气相色谱法等检出限（MDL）可按公式（11.2.5-4）计算：

$$MDL = st\,(n-1,\ \alpha = 0.99) \tag{11.2.5-4}$$

式中：$t(n-1, \alpha = 0.99)$—自由度为$n-1$，置信度为99%时的t值；n—重复分析的数目；s—重复分析的标准偏差。

11.2.6 加标回收试验主要包括空白加标和样品加标等，加标回收试验应符合以下要求：

（1）加标物的形态和待测物的形态相同。

（2）加标量与待测物含量相等或相近。

（3）当待测物含量接近方法检出限时，加标量控制在校准曲线最低浓度范围。

（4）加标量不得大于待测物含量的3倍。

（5）加标后的测定值不得超出方法的测量上限的90%。

11.2.7 替代物（Surrogate）加标回收是将一种或几种已知含量的纯物质（替代物），在样品提取或其他前处理之前定量加入到样品中，按照和样品中其他待测组分一样的步骤进行测定，其作用是监视分析方法对每一个样品的适宜性和检查测量的准确性，适合基体和预处理程序复杂样品的分析质量控制。内标物是将一种或几种已知含量的纯物质加入到已完成前处理后的待测样品溶液中，并以内标物的已知含量为标准，用待测化合物和内标物的仪器响应值之比，计算待测化合物的含量。替代物和内标物的选择应符合以下要求：

（1）替代物和内标物与待测化合物化学性质或结构相似，并在样品中不存在，且监测仪器能明显将其与待测化合物分辨。

（2）替代物和内标物选择化学性质稳定的同位素标记物，或在自然界中存在可能性极小的物质；不与待测化合物发生反应和对待测化合物的测定产生影响，并能完全溶解于样品中。

（3）同时测定多种待测物时，按测量过程中仪器对多种待测物的前、中、后段响应，添加两种及以上的替代物和内标物。

11.2.8 精密度偏性试验是通过对影响分析测定的各种变异因素及回收率的全面分析，确定实验室测试结果的精密度和准确度。

（1）对空白溶液（试验用纯水）、0.1C标准溶液（C为检测上限浓度）、0.9C标准溶液、实际水样（含一定浓度待测物的代表性水样）、0.5C实际加标水样（临用前配制）五类样品，每日一次平行测定，共测6 d。

（2）精密度偏性试验结果与评价应符合以下要求：

① 由空白试验值计算空白批内标准差，估计分析方法的检测限。

② 比较各组溶液的批内变异与批间变异，检验变异差异的显著性。

③ 比较实际水样与标准溶液测定结果的标准差，判断实际水样中是否存在影响测定精密度的干扰因素。

④ 比较加标样品的回收率，判断实际样品中是否存在改变分析准确度的组分和偏性。

11.2.9 质量控制图主要包括精密度、准确度、空白试验值等质量控制图。质量控制图的绘制应符合以下要求：

（1）质量控制样的组成与实际样品相似；实际样品中待测物浓度值波动不大，选用一个待测物平均浓度的质量控制样；波动大的，根据浓度值变化幅度选用两种以上浓度水平的质量控制样。

（2）采用测定待测样品的同一分析方法，每天平行测定质量控制样一次，积累测量10 d以上；测定结果的相对偏差不得大于标准分析方法所规定偏差的两倍。

（3）计算总均值、标准偏差、平均极差等，绘制质量控制图，将原始数据顺序点在图上；落在上、下辅助线内的点数应占总数的68%；不得连续7点位于中心线的同一侧；用于绘制质量控制图的合格数据愈多，则该图的可靠性愈大。

11.2.10 质量控制图的使用应符合以下要求：

（1）测定数据位于中心线附近，上、下警告线之间的区域内，则测定过程处于控制状态。

（2）测定数据超出上、下警告线，但仍在上、下控制限之间的区域内，则提示测定质量开始变劣，可能存在“失控，倾向。此时，应进行初步检查，并采取相应的校正措施。

（3）测定数据落在上、下控制限之外，则表示测定过程失去控制，应立即检查原因，予以纠正，并重新测定该批全部样品。

（4）测定数据如有7点连续逐渐下降或上升时，表示测定有失去控制的倾向，应立即查明原因，加以纠正；如测定数据连续7点在中心线的同一侧，表示测定过程失控。

（5）测定数据波动幅度过大，或有周期性变化，表示测定过程失控。

11.3 实验室内质量控制

11.3.1 室内质量控制主要包括以下检验人员自我分析质量控制和实验室质量控制与监测数据审核。

（1）检验人员自我分析质量控制主要包括空白实验与方法检出限、校准曲线以及初始校准与连续校准、平行样、加标回收与替代物加标回收、质量控制图、仪器比对和标准物质测定等质量控制方法。

（2）实验室质量控制主要包括密码平行样、密码质控标样、密码加标样、人员比对与方法比对、留样复测等质量控制方法。

（3）检验数据审核主要包括异常值的判断和处理、数据计算与校核、质控数据审核，以及检验数据与历史数据的比较，总量与分量的逻辑关系等准确性、逻辑性、可比性和合理性审核。

11.3.2 应根据检验工作流程，针对样品前处理、实验室分析测试等质量控制环节，制订本实验室分析质量控制标准操作程序（SOP）；根据不同监测对象、样品类型以及监测项目与分析方法等，应按表11.3.2质量控制方法分别制订质量控制标准操作程序。

表 11.3.2 室内质量控制方法与主要控制作用

质量控制方法		主要控制作用
空白样	样品容器空白	样品容器清洁度
	现场空白	运输、保存和预处理的偏倚
	仪器空白	仪器污染
	方法空白	方法检出限或灵敏度
平行样	现场平行样	采样后所有过程的精密度
	室内平行样	分析的精密度
	平行分析	仪器的精密度
加标回收样	基本加标	分析预处理和测定的偏倚
	空白加标	分析的准确性
	替代物加标	分析的偏倚
校准曲线检查样	零浓度检查样	标准曲线飘移和记忆效应
	高浓度检查样	标准曲线飘移和记忆效应
	中浓度检查样	标准曲线飘移和记忆效应
质量控制图	精密度	分析的精密度
	准确度	分析的准确度
	空白试验	分析的灵敏度
室内对比试验	人员比对	分析的精密度和准确度
	仪器比对	仪器的精密度和准确度
	方法比对	偏倚、精密度和准确度
	分割样监测比对	空间的精密度和准确度
	定性比对	分析的偏倚
标准物质	有证标准物质	室内准确度和系统误差
	方法监测限	分析的灵敏度

11.3.3 质量控制图的使用方法见 11.2.9 条。质量控制图判断测定过程是否受控，还应符合以下要求：

(1) 每批样品检验取两份平行的质量控制样，随样品同时进行测定；每批样品所检验的质量控制样品数不得低于 2 个。

(2) 气温变化对质量控制样的测定值有影响时，应对各次质量控制样测定值进行温度校正。

(3) 根据相邻几次合格测定值的分布趋势，对监测质量可能的发展趋势进行判断。趋(或同)向性变化，应查找产生系统误差的来源；分散度变化，应查找实验条件变化或失控以及其他人为影响因素，及时消除产生误差的来源。

(4) 控制图使用一段时间后，还应积累更多的合格数据，调整控制图的中心线和上下控制限位置，不断提高准确度和灵敏度，直至中心线和控制限的位置基本稳定为止。

11.3.4 空白样主要包括容器、现场、仪器、方法空白样等，通过测定空白样以判断实验用水、试剂纯度、器皿洁净程度、仪器性能及环境条件等的质量状况或是否受控。空白实验质量控制应符合以下要求：

（1）除分析方法另有规定之外，每一批样品小于10个时，检验人员制备方法空白样或仪器空白样不得少于1个；每一批样品不小于10个时，每10～20个样品制备1个方法空白样或仪器空白样。

（2）空白试验分析值应低于方法检出限或低于方法规定值；空白平行测定的相对偏差应不大于50%。

（3）有质量控制图的，将所测定值的均值点入图中，进行控制。

（4）若空白值不符合规定值范围，应查找原因，消除之后，重新分析。

11.3.5 平行样主要包括现场平行样、实验室平行样和密码平行样，通过平行样测定判断监测精密度状况或是否受控。平行样质量控制应符合以下要求：

（1）每一批样品小于10个时，检验人员制备的平行样不得少于1个；每一批样品不小于10个时，每10～20个样品制备1个平行样。

（2）平行测定值不符合规定值范围的，应查找原因，消除之后，重新测定。

（3）有质量控制图的，将所测定值的均值点入图中，进行控制。

11.3.6 加标回收试验主要包括空白加标、基体加标、实际样品加标和密码加标回收试验，通过加标回收试验判断监测准确度状况或是否受控。加标回收试验质量控制应符合以下要求：

（1）每一批样品小于10个时，检验人员制备加标样品不得少于1个；每一批样品不小于10个时，每10～20个样品制备1个加标样。

（2）加标样品测定值不符合规定值范围的，应查找原因，消除之后，重新分析。

（3）有质量控制图的，将所测定值的均值点入图中，进行控制。

11.3.7 标准物质质量控制是指使用有证标准物质和实际样品同步分析，将标准物质的分析结果与其保证值相比较，评价其准确度和检查实验室内（或检验人员）存在的系统误差。标准物质质量控制应符合以下要求：

（1）实验室应定期采用标准物质质量控制方法对实验室系统误差进行检查和控制；不定期对检验人员或新上岗人员进行分析质量考核检查。

（2）实验室每月标准物质质量控制样品不得少于实验室内质量控制样品总数的5%，每个检验项目（参数）室内系统误差检查应不小于2次/年。

（3）检验人员应定期采用标准物质对计量监测仪器和标准溶液进行期间核查；根据实验室监测能力与分析方法变化实际情况等，采用标准物质检查和控制室内系统误差。

11.3.8 替代物加标回收质量控制是通过替代物加标回收试验判断和评价样品分析过程中检验结果的准确度状况或是否受控；主要适用于对多个目标化合物或元素进行测定的气相色谱、液相色谱、气相色谱/质谱和电感耦合等离子体质谱等痕量分析方法的质量进行控制。

（1）可在现场样品、室内样品、预处理样品、净化后样品和浓缩后样品中，准确加入一定浓度的替代物，检查和控制整个操作过程中各个关键环节的质量状况。

（2）替代物加标回收率宜为80%～120%，挥发性样品可为60%。

11.3.9 色谱/质谱联用等大型仪器分析，可采用单点和多点标准溶液浓度检查样对批量样品测试过程中的分析质量进行控制，并应符合以下要求：

(1) 每 12 小时或每 20 个样品，采用一个中间浓度点的标准溶液，或一个与样品浓度接近的标准溶液浓度点进行一次校准。

(2) 所有目标化合物的响应因子与最初或最近一次校准的平均响应因子相比较，结果不符合规定要求应更换衬管、色谱柱等，重新进行校准。

11.3.10 检验人员自我质量控制样品应随机插入在每批次样品中进行测试，覆盖全部样品测试的开始、中间和结束时段操作过程。

(1) 每批次样品进行多次测试时，每次测试应插入质量控制样品。

(2) 样品成分与操作过程复杂且需进行如消解、提取和净化等样品预处理的，质量控制检查样应插入包括样品预处理和样品测试的全过程。

(3) 每测试 10～20 个样品，应插入 1 个标准曲线中间浓度点的控制样，一批样品测试过程不小于 24 h 的，应每隔 24 小时分别插入 1 个空白控制样品和校准曲线中间浓度、高浓度两个控制样。

(4) 测试过程中有记忆效应的，每测试 3～5 个样品应插入 1 个空白控制样和 1 个校准曲线中间浓度控制样。

(5) 根据分析方法规定的要求，判断和评价样品检验结果的准确度状况；结果不符合方法规定要求的，应查找原因并证实影响消除后再进行测试。

11.3.11 实验室密码平行样、密码质控标样、密码加标样、留样复测以及比对试验的质量控制样品之和，宜占每批次样品总数和检验项目总数的 10%。

(1) 根据实验室监测工作和检验项目等具体情况与要求，应定期采用人员比对、仪器比对和方法比对质量控制方法，评价实验室样品检验结果的可靠性。

(2) 每年比对试验的检验项目，应覆盖实验室经常性开展的全部检验项目。

11.3.12 实验室可针对以下情况，采用比对试验方法进行质量控制：

(1) 监测能力、新开展的检验项目或分析方法变化。

(2) 重要监测任务、特定目的检验、对结果提出质疑的检验项目。

(3) 分析方法适应性检验与验证、样品基体和检验过程复杂的监督与验证。

(4) 易受到检验人员判别经验与能力差异影响的检验项目。

(5) 无法采用有证标准物质进行准确度控制与检查的检验项目。

(6) 其他尚无精密度、准确度允许差控制指标的检验项目。

11.3.13 实验室应按月汇总和统计质量控制结果，检验报告或成果表和质量控制结果统计表一并上报。质量控制结果统计与评价技术应符合以下要求：

(1) 计算相对标准偏差、加标回收率和相对误差，按附录 A 允差控制范围，对质量控制结果进行评价。采用空白值、精密度和准确度质量控制图的，按上、下控制限值评价；空白值统计计算方法检出限，并与方法规定检出限比较评价；校准曲线检查，按相对偏差不大于 5%控制限值评价；比对试验结果的评价，见 11.4 实验室间质量控制(比对试验)。

(2) 按公式(11.3.13-1)～公式(11.3.13-3)计算每批样品每个检验项目的精密度和准确度合格率：

$$精密度合格率(\%)=\frac{平行测定合格数}{平行测定总数}\times 100\% \quad (11.3.13\text{-}1)$$

$$精确度合格率(\%)=\frac{质控样(或标准样)测定合格数}{质控样(或标准样)测定总数}\times 100\% \quad (11.3.13\text{-}2)$$

$$精确度合格率(\%)=\frac{加标回收测定合格数}{加标回收测定总数}\times 100\% \quad (11.3.13\text{-}3)$$

(3) 统计每批样品每个检验项目空白、平行、加标、校准曲线检查、质量控制图、比对试验、标准物质(或质控样)以及其他质量控制检查总数和总合格数;统计计算每个检验项目总的检查率和总合格率。

(4) 若某个检验项目质量控制结果的总合格率小于100%时,除对不合格者重新测定以外,还应再增加10%～20%测定率,如此累进,直至总合格率达到100%为止。

(5) 实验室应累积各个检验项目的质量控制数据,并采用数理统计等方法分析监测体系质量的持续稳定性,监控各个检验项目的精密度和偏差的波动,发现和解决可能潜在的质量问题。

11.3.14 实验室应对每批样品的检验数据进行三级审核,并应符合本标准数据处理与审核的相关规定,主要包括异常值的判断和处理、数据计算与校核、质控数据审核,以及检验数据与历史数据的比较,总量与分量的逻辑关系等准确性、逻辑性、可比性和合理性等审核。

11.4 实验室间质量控制

11.4.1 实验室间质量控制又称外部质量控制(指由外部的第三者),是采用协作实验、能力验证、实验室间比对和质控考核等方式对各个实验室的分析质量进行定期或不定期检查的过程。实验室间质量控制主要目的与作用为:

(1) 评估各实验室间分析的精密度和准确度。

(2) 判断各实验室间是否存在系统误差。

(3) 检查各实验室间检验数据的有效性和可比性。

(4) 确定和提高各实验室综合监测技术能力。

(5) 检查与评定检验人员技术能力等。

11.4.2 实验室应按下列要求积极参加质量控制考核、比对试验、能力验证等活动,定期检查和消除实验室系统误差。

(1) 每5年组织一次水利系统实验室间质量控制综合性(多组、多项目)考核。定期组织开展实验室间比对试验、能力验证与方法验证等。

(2) 流域水环境监测机构和省级水文机构应当针对日常监测质量管理工作,经常性组织开展本流域或本行政区实验室分析质控考核,比对试验(人员比对、方法比对、仪器比对等),以及留样复测等实验室间的质量控制。常规监测项目的实验室间质量控制不得低于1次/年。

(3)积极鼓励实验室参加国家或省级质量监督行政主管部门组织开展的能力验证;有条件的,可以参加国际间的比对实验、能力验证等。

11.4.3 实验室间质量控制可选用单个测试项目和一组测试项目,分析和评价实验室

单项和综合测试能力;制订实验室间质量控制实施方案应主要包括以下内容:

(1) 说明考核的依据、目的、性质、范围和相关技术要求。

(2) 规定考核项目、方法、量程、准确度或不确定度的要求。

(3) 参加的实验室和统一的日程安排与考核程序。

(4) 规定的实验室环境、仪器设备、考核样测定等技术要求。

(5) 确定数据的统计和结果评价方法与标准。

(6) 结果的报告要求以及结果通报等。

11.4.4 实验室间质量控制样品可选用实际(或加标)样品,标准物质(或公议值样品,如土壤标样),分割样品,已知值样品等,比对试验用样品应符合以下要求:

(1) 样品与实际检验样品相似,每个样品的各个检验项目不存在显著性差异,有良好的均匀性。

(2) 样品制备完成后,应随机抽取 10 份以上的样品,进行样品的均匀性检验,对抽取的每个样品,至少重复测试 2 次,重复测试的样品应分别单独取样。

(3) 采用单因子方差分析法(F 检验法),对样品的均匀性进行判断。

11.4.5 实验室间质量控制结果数理统计分析与评价应按以下步骤进行:

(1) 在开始进行统计分析之前,应检查和识别数据中存在的较大误差和潜在问题,确保所收集、输入和转换的数据是正确、合理的。

(2) 制作显示结果分布的数据直方图,看结果是否连续和对称,检验结果的正态分布假设,否则统计分析可能无效。

(3) 若在直方图上出现两组有差异的结果(即双峰分布),如由于使用了产生不同结果的两种分析方法,应对两种方法的数据进行分离,然后对每一种方法的数据分别进行统计分析。

(4) 采用 Dixon 或 Grubbs 等检验法对可疑值进行判断和处理。

(5) 用总计统计量来描述结果,如结果数、中位值、标准四分位数间距(IQR)、相对标准偏差、最小值、最大值和极差等。

(6)采用数理统计法,如常用的 t 检验法、F 检验法、X2 近似检验以及稳健统计处理法(Robust)等,编制测定结果和统计量图表。

(7)分析和评价比对试验结果;分析和评价实验室内或实验室间的精密度、准确度和检验数据可靠有效性;分析和评价检验人员的技术能力;分析和评价实验室单个检验项目能力和综合监测能力。

12. 数据记录、处理与资料整、汇编

12.1 数据记录

12.1.1 原始(纸质)记录的填写应符合以下要求:

(1) 采用墨水笔或档案用圆珠笔及时填写原始记录;现场采样记录可用硬质铅笔或防水签字笔填写。

(2) 原始记录不得记在纸片或其他本子上再誊抄或以回忆方式填写。

(3) 直接读数的测量仪器，及时填写原始记录。

(4) 填写记录字迹端正，内容真实、准确、完整，不得随意涂改。

(5) 原始记录需改正时，在原数据上画一横线，并加盖记录者印章，再将正确数据填写在其上方，不得涂擦、挖补。

(6) 监测人员按规定认真填写原始记录，对各项记录负责；并记录监测过程中出现的问题、异常现象及处理方法等。

12.1.2 电子记录的生成、修改、维护、发送等活动应符合以下要求：

(1) 能够真实、准确地按操作步骤或测量过程的时间顺序，自动记录和存储电子信息以及电子记录生成的时间。

(2) 能够识别电子记录的原始信息、校核与审查等修改信息，并能追踪和验证原始信息被修改的内容、修改人与修改时间等。

(3) 能够生成准确而完整的复制件，可被随时调出和查阅，包括人工可阅读的形式及能够接受检查与验证的电子形式。

(4) 电子签名能完整链接在其相关的电子记录上，确保签名不能够被删除、复制或转移到其他未授权的电子记录上。

12.1.3 电子签名可采用用户识别码与密码、指纹、视网膜扫描等方式，电子签名的管理与控制应符合以下要求：

(1) 电子签名有相关文件规定每个电子签名对应的授权范围，任何其他人不得再使用或再分配。

(2) 对具有电子签名资格的个人身份进行授权分配、批准并确认其一致性；签名同时代表其明确含意，如监测、校核、审核、批准等；每次签名均具有时间的印记，并完整体现在电子记录及复印件中。

(3) 电子签名识别码及密码不少于6个字母和数字，并具有唯一性、安全性和完整性；系统管理者不得知道或透露用户识别码及密码。

(4) 出现识别码及密码变更、撤除(人员离开时)、丢失或被窃时，确保能及时正确置换。

(5) 具有防止识别码及密码被非法使用的监测、跟踪安全防护功能与措施。

12.1.4 电子记录的确认、验证与管理应符合以下要求：

(1) 应有专业小组或专人负责电子记录确认与验证。

(2) 确认和验证工作流程中电子记录的范围、生成电子记录的过程以及关键环节。

(3) 确认工作中使用电子记录取代纸张式记录的活动和控制环节。

(4) 依照国家和行业对电子记录的有关技术标准要求，分析采用电子记录潜在的风险。

(5) 编制并实施电子记录验证方案，建立管理规程，保证记录和签名的原始性，防止记录和签名被仿造。

(6) 验证电子记录的质量、安全与有效性、完整性、真实性和保密性，并编制验证报告或验证文件。

(7) 系统文件的发放、使用、登记和变更(软硬件、版本升级)等，具有可追踪性。

(8) 开放系统中的电子记录,增加文件(数据)加密、数字签名等方面的措施与规定。

(9) 对使用者的权限进行确认,确保使用者在受权限范围内进行读、写、删除、修改、变更记录、电子签名等相关操作,并经培训考核确认。

(10) 电子记录打印的纸质复制件或纸质副本应与电子记录原件的内容完全一致,并作为纸质原始记录保存;有电子签名的,可与电子记录一并打印;其他电子记录打印成纸质复制件后,由检验、校核、审核等人员手工签字。

(11) 电子记录归档编号也应对应一致,并作为电子和纸质两种形式的原始记录,同时接受检查、监督与审查。

12.1.5 数据记录的校核与审核应符合以下要求:

(1) 原始记录应有检验、校核、审核等人员签名,签名应写全称,字迹端正。校核、审核人员应对记录进行全面检查,对记录的完整、规范、正确、可靠负责。

(2) 校核、审核人员应具有3年以上相应检验工作经验,发现原始记录有误或可疑,应通过原始记录填写人查明原因并进行确认后由校核、审核人员改正,并加盖修改者印章。

(3) 电子记录的校核与审核应符合上述规定,打印成电子记录原件纸质复制件或纸质副本,应真实反映检验、校核、审核人员记录和修改等过程的印记与准确时间。

12.1.6 数据记录中数字位数的确定应符合以下原则:

(1) 根据计量器具的精度确定,不得任意增删。

(2) 检验结果数字位数不能超过方法检出限的数字位数。

(3) 来自同一个正态分布的数据量多于4个时,其均值的数字位数可比原位数增加1位;计算数据按四则运算规则取数字位数。

(4) 极差、平均偏差、标准偏差按方法检出限的数字位数确定。

(5) 相对偏差、相对平均偏差、相对标准偏差、加标回收率以百分数表示,取3位数字。

12.1.7 检验结果的表示应正确使用法定计量单位及符号,并应符合以下要求:

(1) 除pH(无量纲)、水温(℃)、电导率(μS/cm(25 ℃))、氧化还原电位(mV)、细菌总数(个/毫升或CFU/mL)、总大肠菌群(个/升或MPN/100 mL或CFU/100 mL)、粪大肠菌群(个/升)、粪链球菌(个/升)、透明度(cm)、色度(度)、浑浊度(度或NTU)、总α(β)放射性(Bq/L)外,其余单位均为mg/L或μg/L。

(2) 底质、悬移质及生物体中的含量用mg/kg或μg/kg表示。

(3) 平行样测定结果用均值表示;测定精密度、准确度和允许差用偏(误)差值表示。

(4) 当测定结果低于分析方法的检出限(DL)时,用检出限值前加小于号表示。

(5) 检出率和超标率以%表示,计至小数点后1位。

12.2 数据处理与审核

12.2.1 检验数据应进行准确性、合理性检查:

(1) 检查现场制备室内质量控制样品和检验人员自我质量控制样品测试比例。

(2) 按给定的室内标准误(偏)差的要求,对检验数据的精密度、准确度和检出限等进行审核。

(3) 利用化学物质不同形态的关系进行合理性检验,通常情况下,水中化学物质有下列关系：

① 总氮（TN）＞无机氮（TIN）；总氮（TN）＞有机氮（TON）。

② 无机氮（TIN）＞硝酸盐氮（NO_3-N）＞氨氮（NH_3-N）＞亚硝酸盐氮（NO_2-N）。

③ 总磷＞正磷酸盐、聚合磷酸盐、可水解磷酸盐以及有机憐。

④ 总铬＞三价铬、六价铬；重金属总量＞可溶态、吸附态等分量。

⑤ 化学需氧量（COD）＞高锰酸盐指数（COD_{Mn}）；化学需氧量（COD）＞五日生化需氧量（BOD_5）。

⑥ 大肠菌群＞粪大肠菌群等。

（4）天然水化学项目可根据数据间逻辑相关关系，按表 12.2.1 计算公式及评价标准检查数据的正确性。

表 12.2.1　天然水化学项目分析结果校核的计算公式及评价标准

类　型	误差计算公式	评价标准
阴阳离子	$\frac{\sum 阴离子毫摩尔浓度-\sum 阴离子毫摩尔浓度}{\sum 阴离子毫摩尔浓度-\sum 阴离子毫摩尔浓度}\times 100\%$ $离子的毫摩尔浓度=离子价\times\frac{离子的质量浓度(mg/L)}{离子的原子量之和}$	±10%
总含盐量与溶解固体	$\frac{溶解性总固体计算值-溶解性总固体实测值}{溶解性总固体实测值}\times 100\%$ 其中，溶解性总固体计算值（mg/L）＝阴离子浓度总和（mg/L）＋阳离子浓度总和（mg/L）-HCO_3^- 的浓度（mg/L）	±5%
硬　度	$\frac{硬度的计算值-硬度的实测值}{硬度的实测值}\times 100\%$ 其中，硬度的计算值（mg/L，以 $CaCO_3$ 计）＝Ca^{2+} 的浓度（mg/L，以 $CaCO_3$ 计）＋mg^{2+} 的浓度（mg/L，以 $CaCO_3$ 计）	±5%
溶解固体与电导率	$\frac{TDS}{电导率}=0.55$ 式中：TDS—溶解固体，mg/L； 电导率—μS/cm	0.55～0.70
HCO_3^- 游离 CO^2 与 pH	$pH_{计算值}-pH_{实测值}$ $pH_{计算值}=6.37+\lg(HCO_3^-)-\lg(CO_2)$	±0.2

（5）根据断面多年年均值、月均值及月内测定值等历史数据，以及同一水系相邻水域同期和近期检验数据，进行合理性检查。

（6）结合其他环境要素，如水文情势、降水量、流量的变化（丰水期、枯水期）、地下水补给等物理、化学、生物季节性变化规律进行综合分析，对检验数据进行合理性检查。

12.2.2 测定数据中如有可疑值，经检查非操作失误粗大误差所致，可采用 Dixon 法或 Grubbs 法等检验同组测定数据的一致性后，再决定其取舍。可疑值与数据运算应符合国家相关标准的要求，并按以下规则进行：

（1）当数据加减时，其结果的数字位数与各数中数字位数最少者相同。

（2）当各数相乘、除时，其结果的数字位数与各数中数字位数最少者相同。

（3）对数的数字位数应与真数的数字位数相同。

（4）欲修约位数的下 1 位数（称为尾数）的取舍按“四舍六入五单双”原则处理。即当尾数不大于4时则舍去；尾数不小于6时则进一；当尾数左边第一个数为五，其右的数字不全为零时则进一；其右边全部数字为零时，以保留数的末位的奇偶决定进舍，末位为奇数进一，偶数（含零）舍去。

（5）数据的修约只能进行一次，计算过程中的中间结果不必修约。

12.2.3 数据审核发现偏离或异常，应立即向上级负责人报告，分析和查找原因。同时采用其他质控措施进行控制，启用副样进行复测时，应经上级负责人签字批准。

12.2.4 监测数据统计一般以监测断面（点）为统计单元，按日、旬、月、季、水期（丰、平、枯）、年，计算监测断面（点）浓度的算术平均值或中位值等。

（1）监测断面（点）大于1个测点时，先计算监测断面（点）浓度的算术平均值，然后再按统计时段计算平均值或中位值。

（2）测次为奇数时，依数值大小排列在中间位置的数据即为中位值；测次为偶数时，排列在中间位置的两个数据的平均值即为中位值。

（3）监测断面（点）平均值计算应不少于2个监测数据；中位值确定应不少于3个监测数据；季度、水期平均值计算应每季或每个水期不少于2个监测数据；年平均值计算、中位值确定应不少于6个监测数据。

（4）评价河长以km表示，计至小数点后1位；评价水域面积以km^2表示，计至小数点后1位；评价库容以万立方米表示，计至小数点后2位。

12.2.5 监测成果年特征值统计应符合以下要求：

（1）当测次少于两次时，不得统计年特征值；可疑值不参加计算。

（2）样品总数为断面（点）全年分析的样品总数（含未检出实测范围为全年测得的最小值～最大值）。

（3）凡分析方法中无检出限，均不统计检出率。

（4）年平均值以算术平均法计算，小于检出限的按1/2方法检出限参加计算。但在统计污染物总量时以零计。

（5）水温、PH、氧化还原电位不统计年平均值。

（6）有污染带的江河，按垂线分别统计。

（7）超标率计算公式如下：

$$超标率 = \frac{超标个数}{总数} \times 100\% \qquad (12.2.5\text{-}1)$$

（8）超标倍数计算公式如下：

$$超标倍数 = \frac{该项目的浓度值}{该项目的水质标准限值} - 1 \qquad (12.2.5\text{-}2)$$

（9）检出率计算公式如下：

$$检出率(\%) = \frac{样品检出个数}{样品总数} \times 100\% \qquad (12.2.5\text{-}3)$$

12.3 资料整、汇编与刊印

12.3.1 成果报表格式应符合附录C的规定，并满足以下要求：

（1）已建立水质数据库的，可通过网络提取数据，或按规定成果表格式提交纸质与电子文件各一份。

(2) 未建立水质数据库的,应按规定成果表格式(电子表格),以邮寄方式和电子邮件或电子存储设备提交纸质与电子文件各一份。

(3) 紧急情况时,可选用其他快速方式提供,如传真、短信方式,随后再提交纸质与电子文件各一份。

12.3.2 原始资料整、汇编与审查应按地表水、地下水、大气降水、水体沉降物、水生态、入河排污口、应急和自动监测进行分类,应符合以下基本要求:

(1) 监测资料的整编由各级监测机构负责完成,监测资料汇编与复审由流域管理机构组织完成。

(2) 对原始监测资料应进行系统、规范化整理分析,按分级管理要求进行整、汇编,并报送成果。

(3) 按监测流程与质量管理要求对原始监测结果进行核查,发现问题应及时处理,以确保监测成果质量。

(4) 原始资料整、汇编内容包括样品的采集、保存、运送过程、分析方法的选用及检验过程、质控结果和各种原始记录(如基准溶液、标准溶液、试剂配制与标定记录、样品测试记录、校准曲线等),并对资料合理性进行检查。

(5) 全面、认真、及时检查原始资料,发现可疑之处,应查明原因。若原因不明,应如实说明情况,不得任意修改或舍弃数据。

(6) 经检查合格后,按时间顺序将原始资料、监测成果表与监测报告分类装订成册,妥善保管,以备查阅。

(7) 填制或绘制有关整编图表,编制整编说明书,说明监测工作(断面、测次、方法等)的变化情况、整编中发现的主要问题与处理情况等。有关整编图表填绘要求详见附录D。

12.3.3 监测资料汇编与复审应符合以下要求:

(1) 各级监测机构应按年进行监测资料整理、汇编,并于次年4月底前,完成年度监测资料整编、审查工作。流域管理机构应于次年6月底前,完成本流域年度监测资料整理、汇编工作。

(2) 汇编单位负责对监测资料进行复审。复审不合格的整编资料退回整编单位重新整编、审查,并限期提交质量合格的整编资料。

(3) 提交汇编的资料图表,应经过校(初校、复校)、审并达到项目齐全,图表完整,方法正确,资料可靠,说明完备,字迹清晰,规格统一等。

(4) 汇编单位抽审监测成果表和原始资料不应小于10%;如发现错误,应另增加10%的抽审比例。

(5) 监测成果大错误率不得大于1/10 000;小错误率不得大于1/1 000。

(6) 年度汇编有关图表填绘要求详见附录D,汇编成果应包括以下内容:

① 资料索引表。

② 编制说明。

③ 监测断面(点)一览表。

④ 监测断面(点)分布图。

⑤ 监测断面(点)监测情况说明表及位置图。

⑥ 监测成果表。

⑦ 监测成果特征值年统计表。

12.3.4 监测成果资料计算机整、汇编,应采用统一规定的资料整、汇编程序;整、汇编的监测成果资料可利用移动硬盘(U盘、光盘)等载体存储与传递,或数据加密网络传输。

12.3.5 监测成果资料刊印应符合以下要求:

(1) 流域、水系(水资源分区、水文地质单元)和地表水功能区与地下水功能区,按"面向下游,先上后下,先干后支,先右后左,顺时针方向"的顺序、全国行政区编码顺序和监测时间(1～12月)顺序进行刊印编排。

(2) 资料刊印卷册划分见附录E,每卷册按地表水、地下水、大气降水、水体沉降物、水生态、入河排污口和自动监测汇编成果分篇顺序进行编排。

(3) 编制编印说明,记录当年资料概况、整编情况、样品处理、分析方法、水质标准、统计方法、整编符号说明等。

(4) 卷册和分篇刊印内容应按以下顺序排列:

① 封面、背脊。

② 总目录。

③ 资料总索引表。

④ 编印说明。

⑤ 分篇子目录。

⑥ 分篇索引表。

⑦ 监测断面(点)一览表。

⑧ 监测断面(点)分布图。

⑨ 监测断面(点)监测情况说明表及位置图。

⑩ 监测成果表。

⑪ 监测成果特征值年统计表。

⑫ 封底。

(5) 刊印本采用16开,精装;刊印封面样式应符合附录E的规定,并应包括资料名称、资料年份、卷册编号、编制单位、出版日期、机密等级等内容。

12.3.6 流域管理机构应于次年7月底前完成排版清样校核与复核,8月底前完成资料的刊印工作;省级水文机构可根据实际需要,刊印本行政区监测成果。

12.4 数据库系统

12.4.1 数据库系统建设应符合以下基本要求:

(1) 实验室应采用计算机技术,实现日常监测数据的规范管理。

(2) 水利系统水环境与水生态监测信息数据库系统建设可分为水利部、流域、省(自治区、直辖市)和设区市四级。

(3) 在建或未建数据库系统的实验室应采用电子文件方式,如电子表格文件等方式,处理、保存及传送监测数据。

(4) 自动监测站管理机构应建立自动监测实时数据库系统,并按规定要求进行处理、保存及传送监测数据。

12.4.2 数据库系统设计应符合以下基本要求：

（1）符合国家和水利行业相关技术标准的要求。

（2）数据间的内在联系描述充分，具有良好的可修改性和可扩充性；能够确保系统运行可靠和数据的独立性，冗余数据少，数据共享程度高。

（3）用户接口简单、使用方便，具有数据输入、输出、维护、查询、评价以及基础信息维护、备份与恢复等基本功能。

（4）能提供多种数据录入、导入、转换、处理方式，满足用户操作特性的变化，并能提供必要的技术措施保证入库数据的准确性、完整性和数据质量。

（5）能保护数据库不受非受权者访问或破坏，防止错误数据的产生，保障数据库安全。

12.4.3 数据库系统软硬件应符合以下基本要求：

（1）选择操作系统、数据库管理软件及应用软件等时，应考虑软件的适应性与完备性，与硬件的兼容性等；具备数据定义、数据操纵、数据库的运行管理和数据库的建立与维护等主要功能。

（2）数据库在局域网中运行时，硬件主要包括网络设备、计算机、数据输入输出设备、数据存储与备份设备等；数据库在单机环境下运行时，硬件主要包括计算机、数据输入输出设备、数据存储与备份设备等。

（3）硬件选择应考虑硬件的性能满足数据库系统的要求、与其他硬件的兼容性以及与软件的兼容性等。

12.4.4 数据库系统与应用软件基本功能应符合以下要求：

（1）能提供监测数据的手工录入、自动导入及网络接收功能，并能确保入库数据的规范性、准确性、真实性与完整性。

（2）能提供基本信息及监测信息等灵活多样的查询功能，具有显示、打印、导出、发送查询结果的输出功能。

（3）能方便、简单、直观地选择评价参数、水质标准和评价方法，对流域、水系和行政区地表水、地下水、大气降水、水功能区等水环境与水生态质量进行评价、分析与统计，并提供相关评价与统计结果的查询、显示及输出功能。

（4）具有系统基础信息、监测断面基本属性、监测因子属性、评价标准与方法等数据与信息修改、插入、删除等基本维护与操作功能。

（5）具备数据库自动备份与恢复功能。

12.4.5 数据库系统维护与更新应符合以下基本要求：

（1）数据库应用软件的维护应包括修改性维护、适应性维护、完整性维护。

（2）数据的维护及更新包括监测数据的更新、添加、修改、删除、复制、格式转换等，并应按照统一的数据标准与格式进行数据的生产、维护和更新。

（3）能通过增、删、改操作，对单位、站点、节点等务类数据标准与代码进行定义和维护。

（4）系统维护主要包括数据库服务的启动和停止，以及主机的开启和关闭；数据库参数文件内容调整、网络连接方式的更改和调整等。

(5) 数据库系统的维护与更新应由专门的系统管理员负责;定期安装数据库补丁和升级操作系统、数据库管理软件及应用软件与防病毒软件。

12.4.6 数据库信息和数据管理应符合以下基本要求:

(1) 所有入库数据应达到数据生产的质量标准与规范的要求。

(2) 所有入库数据应转换和存储为系统标准格式。

(3) 人工录入数据应进行校核与复核,确保录入数据真实、准确和可靠。

(4) 制订数据库系统使用管理办法,并对用户进行分级、分类授权管理,避免越权使用和更改系统信息与数据。

(5) 监测数据应严格按照国家和行业的有关秘密规定执行。在通过网络向授权用户提供数据时,应根据数据的保密级别,采取数据加密措施。

(6) 数据库系统应具备性能较为完善的网络信息安全设施,具有保证数据安全、数据备份、防计算机病毒与黑客入侵的软硬件措施。

12.5 资料保存

12.5.1 应按有关档案管理规定,建立健全监测与管理资料档案管理制度,做好纸质和电子文件(记录)资料的收集、整理、归档、保管和提供。

12.5.2 建有自动监测系统、网络办公系统或实验室信息管理系统(LI mS)的,对实时进行的电子文件先做逻辑归档,然后定期完成物理归档和电子记录原件纸质复制件或纸质副本归档。

12.5.3 监测资料应分类立卷归档,定期向本单位档案部门移交,任何个人不得据为己有。

12.5.4 资料保存应符合以下基本要求:

(1) 档案资料应保存在温度、湿度、光线、空气等环境条件适宜的洁净场所。应配备防盗、防火、防渍、防有害生物等必要设施,确保档案的安全。

(2) 电子文件资料保存还应采取防震、防磁、防修改与删除等措施,并按载体保存限期及时转录和制作备份。

(3) 除原始资料外,整、汇编成果资料备份应异地存放。

(4) 电子记录与纸质复制件或纸质副本保存期限相同。

(5) 原始资料保存期限 5 年;整汇编成果资料长期保存。

12.5.5 保密资料的使用管理和销毁,以及密级的变更和解密等,应符合国家和行业的有关规定。

附录 A　分析精密度和准确度允许差

表 A.1　地表水监测精密度和准确度允许差

编号	项目	样品含量范围(mg/L)	精密度(%)		准确度(%)			适用的监测分析方法
			室内($\|d_i\|/\bar{x}$)	室间($\|\bar{d}\|/\bar{x}$)	加标回收率	室内相对误差	室间相对误差	
1	水温	-	$d_i=0.05C$	-	-	-	-	水温计测量法

续表

编号	项目	样品含量范围(mg/L)	精密度(%)		准确度(%)			适用的监测分析方法
			室内($\|d_i\|/\bar{x}$)	室间($\|\bar{d}\|/\bar{x}$)	加标回收率	室内相对误差	室间相对误差	
2	pH	1.0～14.0	d_i=0.5单位	d_i=0.1单位	-	-	4	玻璃电极法
3	硝酸盐	1～10	≤15	≤20	90～110	≤±10	≤±15	离子色谱法、铬酸钡光度法
		10～100	≤10	≤15	90～110	≤±8	≤±10	EDTA容量法、离子色谱法、铬酸钡光度法
		>100	≤5	≤10	90～105	≤±5	≤±5	EDTA容量法、硫酸钡重量法
4	氯化物	1～50	≤10	≤15	90～110	≤±10	≤±15	离子色谱法、硝酸汞容量法
		50～250	≤8	≤10	90～110	≤±5	≤±10	硝酸银容量法、硝酸汞容量法
		>250	≤5	≤5	90～105	≤±5	≤±5	
5	铁	<0.3	≤15	≤20	85～115	≤±15	≤±20	原子吸收法、1,10二氮杂非分光法
		0.3～1.0	≤15	≤20	90～110	≤±10	≤±15	
		>1.0	≤5	≤10	95～105	≤±5	≤±10	原子吸收法、EDTA容量法
6	总锰	<0.1	≤15	≤20	85～115	≤±10	≤±15	原子吸收法、石墨炉原子吸收法
		0.1～1.0	≤10	≤15	90～110	≤±5	≤±10	原子吸收法、二乙氨基二硫代甲酸钠萃取光度法
		>1.0	≤5	≤10	95～105	≤±5	≤±10	原子吸收法、2,9-二甲基-1,10-非罗啉光度法
7	硝酸盐氮	<0.5	≤15	≤20	85～115	≤±15	≤±15	离子色谱法、酚二磺酸比色法、紫外线光度法
		0.5～4	≤10	≤15	90～110	≤±10	≤±10	离子色谱法、酚二磺酸比色法
		>4	≤5	≤10	95～105	≤±5	≤±10	
8	锌	<0.05	≤15	≤20	85～115	≤±10	≤±15	石墨炉原子吸收法、双硫腙分光光度法
		0.05～1.0	≤10	≤15	90～110	≤±5	≤±10	原子吸收法
		>1.0	≤5	≤10	95～105	≤±5	≤±10	
9	氨氮	0.02～0.1	≤15	≤20	90～110	≤±10	≤±15	钠氏试剂光度法、水杨酸一次氯酸盐光度法
		0.1～1.0	≤10	≤15	95～105	≤±5	≤±10	
		>1.0	≤5	≤10	95～105	≤±5	≤±10	蒸馏滴定法
10	亚硝酸盐氮	<0.05	≤15	≤20	85～115	≤±10	≤±15	N-(1-萘基)-乙二胺光度法、离子色谱法
		0.05～0.2	≤10	≤15	90～110	≤±7	≤±10	
		>0.2	≤8	≤10	95～105	≤±7	≤±10	

续表

编号	项目	样品含量范围(mg/L)	精密度(%)		准确度(%)			适用的监测分析方法
			室内($\|d_i\|/\bar{x}$)	室间($\|\bar{d}\|/\bar{x}$)	加标回收率	室内相对误差	室间相对误差	
11	总磷	<0.025	≤15	≤20	85～115	≤±10	≤±15	离子色谱法、钼酸铵光度法
		0.025～0.6	≤10	≤15	90～110	≤±8	≤±10	
		>0.6	≤5	≤8	95～105	≤±5	≤±5	离子色谱法
12	高锰酸盐指数	<2.0	≤10	≤15	—	≤10	≤±15	酸性法、碱性法
		>2.0	≤8	≤10	—	≤8	≤±10	
13	化学需氧量	5～50	≤15	≤20	—	≤±10	≤±15	重铬酸钾法
		50～100	≤10	≤15	—	≤±8	≤±10	
		>100	≤5	≤10	—	≤±5	≤±8	
14	五日生化需氧量	<3	≤15	≤20	—	≤±15	≤±20	稀释法(20±1)℃
		3～100	≤10	≤15	—	≤±10	≤±15	
		>100	≤8	≤10	—	≤±5	≤±10	
15	氟化物	<1.0	≤10	≤15	90～110	≤±8	≤±10	离子色谱法、离子选择性、电极法、氟试剂光度法
		>1.0	≤8	≤10	95～105	≤±5	≤±5	
16	砷	<0.05	≤20	≤25	85～115	≤±15	≤±15	硼氢化钾-硝酸银光度法、Ag.DDC光度法
		>0.05	≤10	≤15	90～110	≤±10	≤±10	Ag.DDC光度法
17	汞	<0.001	≤20	≤25	85～115	≤±15	≤±20	冷原子吸收法
		0.001～0.005	≤15	≤20	90～110	≤±10	≤±15	
		>0.005	≤10	≤15	90～110	≤±10	≤±15	冷原子吸收法、双硫腙光度法
18	镉	<0.005	≤15	≤20	85～115	≤±10	≤±15	原子吸收法、石墨炉原子吸收法
		0.005～0.1	≤10	≤15	90～110	≤±8	≤±10	原子吸收法、双硫腙光度法
		>0.1	≤5	≤10	95～115	≤±8	≤±10	原子吸收法
19	六价铬	<0.01	≤15	≤20	90～110	≤±8	≤±10	二苯碳酰二肼光度法
		0.01～1.0	≤10	≤15	90～110	≤±5	≤±8	
		>1.0	≤5	≤10	90～105	≤±5	≤±5	硫酸亚铁胺滴定法
20	铅	<0.05	≤15	≤20	85～115	≤±10	≤±15	石墨炉原子吸收法
		0.05～1.0	≤10	≤15	90～110	≤±8	≤±10	原子吸收法、双硫腙光度法
		>1.0	≤8	≤10	95～105	≤±5	≤±5	

续表

编号	项目	样品含量范围(mg/L)	精密度(%)		准确度(%)			适用的监测分析方法
			室内($\lvert d_i \rvert/\overline{x}$)	室间($\lvert \overline{d} \rvert/\overline{x}$)	加标回收率	室内相对误差	室间相对误差	
21	总氰化物	<0.05	≤20	≤25	85～115	≤±15	≤±20	异烟酸-吡唑啉酮光度法
		0.05～0.5	≤15	≤20	90～110	≤±10	≤±15	吡啶-巴比妥酸光度法
		>0.5	≤10	≤15	90～110	≤±10	≤±15	硝酸银滴定法
22	总硬度($CaCO_3$)	<50	≤10	≤15	90～110	≤±5	≤±10	EDTA 滴定法
		>50	≤8	≤10	95～105	≤±4	≤±5	
23	挥发酚	<0.05	≤15	≤20	85～115	≤±10	≤±15	4-氨基安替比林萃取光度法
		0.05～1.0	≤10	≤15	90～110	≤±8	≤±10	
		>1.0	≤8	≤10	90～110	≤±8	≤±10	4-氨基安替比林萃取光度法、溴化容量法
24	总铬	≤0.01	≤15	≤20	90～110	≤±10	≤±15	原子吸收法、二苯碳酰二肼光度法
		0.01～1.0	≤10	≤15	90～110	≤±8	≤±10	
		>1.0	≤5	≤10	95～105	≤±8	≤±10	硫酸亚铁铵容量法
25	钾	<1.0	≤15	≤20	85～115	≤±10	≤±15	原子吸收法、火焰发射光度法
		1.0～3.0	≤10	≤15	90～110	≤±8	≤±10	
		>3.0	≤5	≤10	95～105	≤±5	≤±8	
26	钠	<1.0	≤15	≤20	90～110	≤±10	≤±15	原子吸收法、火焰发射光度法
		1.0～10	≤10	≤15	95～115	≤±8	≤±10	
		>10	≤5	≤10	95～105	≤±5	≤±8	
27	钙	<1.0	≤15	≤20	90～110	≤±10	≤±15	原子吸收法、EDTA 滴定法
		1.0～5.0	≤10	≤15	95～105	≤±8	≤±10	
		>5.0	≤5	≤10	95～105	≤±5	≤±8	
28	镁	<1.0	≤10	≤15	90～110	≤±10	≤±15	
		>1.0	≤8	≤10	95～105	≤±5	≤±8	
29	总碱度(以$CaCO_3$计)	<50	≤10	≤15	90～110	≤±10	≤±15	酸碱滴定法
		>50	≤8	≤10	95～105	≤±5	≤±10	
30	电导率	<100	≤10	≤15	—	≤±8	≤±10	电导仪测定法
		>100	≤8	≤10	—	≤±5	≤±5	

表 A.2　地表水有机物监测精密度和准确度允许差

序号	有机物分类	样品含量(mg/L)	精密度要求(相对偏差%)	准确度要求(%)
1	有机磷农药	—	≤20	70～130
2	苯系物	—	≤20	80～120

续表

序号	有机物分类	样品含量(mg/L)	精密度要求(相对偏差%)	准确度要求(%)
3	挥发性卤代烃	—	≤20	80～120
4	氯苯类	—	≤20	75～130
5	硝基苯类	—	≤30	30～120
6	酚　类	—	≤50	10～120
7	钛酸酯类	—	≤30	70～120
8	多环芳烃类	—	≤20	30～130

表 A.3　地下水监测精密度和准确度允许差

编号	项目	样品含量范围(mg/L)	精密度(%)		准确度(%)			适用的监测分析方法
			室内($\lvert d_i \rvert/\bar{x}$)	室间($\bar{d}/\bar{\bar{x}}$)	加标回收率	室内($\lvert RE \rvert$)	室间($\lvert RE \rvert$)	
1	水温(℃)	—	$\lvert d_i \rvert = 0.5$	—	—	—	—	温度计法
2	pH	1～14	$\lvert d_i \rvert = 0.05$ 单位	$\lvert d_i \rvert = 0.1$ 单位	—	—	—	玻璃电极法
3	电导率(μS/cm)	<100	≤10	≤15	—	≤8	≤10	电导仪法
		>100	≤8	≤10	—	≤5	≤5	
4	硫酸盐	1～10	≤15	≤20	90～110	≤10	≤15	离子色谱法、铬酸钡光度法、火焰原子吸收法
		10～100	≤10	≤15	90～110	≤8	≤10	离子色谱法、铬酸钡光度法
		>100	≤5	≤10	90～105	≤5	≤5	重量法
5	氯化物	1～50	≤10	≤15	90～110	≤10	≤15	离子色谱法、硝酸银滴定法、电位滴定法
		50～250	≤8	≤0	90～110	≤5	≤10	硝酸银滴定法、电位滴定法
		>250	≤5	≤5	95～105	≤5	≤5	
6	铁	<0.3	≤15	≤20	85～115	≤15	≤20	等离子体发射光谱法、火焰原子吸收法、邻菲罗啉分光光度法
		0.3～1.0	≤10	≤15	90～110	≤10	≤15	火焰原子吸收法、EDTA络合滴定法
		>1.0	≤5	≤10	95～105	≤5	≤10	
7	锰	<0.1	≤15	≤20	85～115	≤10	≤15	等离子体发射光谱法、火焰原子吸收法、高碘酸钾氧化光度法
		0.1～1.0	≤10	≤15	90～110	≤5	≤10	火焰原子吸收法、高碘酸钾氧化光度法
		>1.0	≤5	≤10	95～105	≤5	≤10	

续表

编号	项目	样品含量范围(mg/L)	精密度(%)		准确度(%)			适用的监测分析方法
			室内 ($\lvert d_i \rvert/\bar{x}$)	室间 ($\bar{d}/\bar{\bar{x}}$)	加标回收率	室内 ($\lvert RE \rvert$)	室间 ($\lvert RE \rvert$)	
8	铜	<0.1	≤15	≤20	85～115	≤10	≤15	等离子体发射光谱法、火焰原子吸收法、分光光度法、极谱法
		0.1～1.0	≤10	≤15	90～110	≤5	≤10	火焰原子吸收法、分光光度法
		>1.0	≤8	≤10	95～105	≤5	≤10	
9	锌	<0.05	≤20	≤30	85～120	≤10	≤15	等离子体发射光谱法、火焰原子吸收法、双硫腙分光光度法、极谱法
		0.05～1.0	≤15	≤20	90～110	≤8	≤10	火焰原子吸收法、双硫腙分光光度法
		>1.0	≤10	≤15	95～105	≤5	≤10	
10	钾	<1.0	≤10	≤15	85～115	≤10	≤15	等离子体发射光谱法、火焰原子吸收法
		1.0～3.0	≤10	≤15	90～110	≤8	≤10	火焰原子吸收法
		>3.0	≤8	≤10	95～105	≤5	≤8	
11	钠	<1.0	≤10	≤15	90～110	≤10	≤15	等离子体发射光谱法、火焰原子吸收法
		1.0～10	≤10	≤15	95~105	≤8	≤10	火焰原子吸收法
		>10	≤8	≤10	95~105	≤5	≤8	
12	钙	<1.0	≤10	≤15	90～110	≤10	≤15	等离子体发射光谱法、火焰原子吸收法
		1.0～5.0	≤10	≤15	95～105	≤8	≤10	火焰原子吸收法
		>5.0	≤8	≤10	95～105	≤5	≤8	
13	镁	<1.0	≤10	≤15	90～110	≤10	≤15	火焰原子吸收法、EDTA络合滴定法
		>1.0	≤8	≤10	95～105	≤5	≤8	
14	总碱度(以$CaCO_3$计)	<50	≤10	≤15	90～110	≤10	≤15	酸碱指示剂滴定法、电位测定法
		>50	≤8	≤10	95～105	≤5	≤10	
15	总硬度($CaCO_3$)	<50	≤10	≤15	90～110	≤10	≤15	EDTA滴定法、流动注射法
		>50	≤8	≤10	95～105	≤5	≤10	EDTA滴定法
16	溶解性总固体、总矿化度、全盐量	50～100	≤15	≤20	—	≤10	≤15	重量法
		>100	≤10	≤15	—	≤5	≤10	

续表

编号	项目	样品含量范围(mg/L)	精密度(%)		准确度(%)			适用的监测分析方法
			室内($\|d_i\|/\bar{x}$)	室间($\bar{d}/\bar{\bar{x}}$)	加标回收率	室内($\|RE\|$)	室间($\|RE\|$)	
17	挥发酚	<0.05	≤20	≤25	85～115	≤15	≤20	4-氨基安替比林萃取光度法
		0.05～1.0	≤10	≤15	90～110	≤10	≤15	
		>1.0	≤8	≤10	90～110	≤8	≤10	4-氨基安替比林萃取光度法、溴化容量法
18	阴离子表面活性剂	<0.2	≤20	≤25	85～115	≤20	≤25	亚甲蓝分光光度法
		0.2～0.5	≤15	≤20	85～115	≤15	≤20	
		>0.5	≤15	≤20	90～110	≤10	≤15	亚甲蓝分光光度法、电位滴定法
19	氨氮	0.02～0.1	≤15	≤20	90～110	≤10	≤15	钠氏试剂光度法、水杨酸分光光度法
		0.1～1.0	≤10	≤15	95～105	≤5	≤10	
		>1.0	≤8	≤10	90～105	≤5	≤10	滴定法、电极法
20	亚硝酸盐氮	<0.05	≤15	≤20	85～115	≤15	≤20	N-(1-萘基)-乙二胺光度法
		0.05～0.2	≤10	≤15	90～110	≤8	≤15	N-(1-萘基)-乙二胺光度法、离子色谱法
		>0.2	≤8	≤10	95～105	≤8	≤10	离子色谱法
21	硝酸盐氮	<0.5	≤15	≤20	85～115	≤15	≤20	酚二磺酸分光光度法、离子色谱法、紫外分光光度法
		0.5～4	≤10	≤15	90～110	≤10	≤15	
		>4	≤5	≤10	95～105	≤8	≤10	离子色谱法
22	凯氏氮	<0.5	≤25	≤30	—	≤15	≤20	经消解、蒸馏,用钠氏试剂比色法、水杨酸比色法、滴定法
		>0.5	≤20	≤25	—	≤10	≤15	
23	高锰酸盐指数	<2.0	≤20	≤25	—	≤20	≤25	酸性法、碱性法
		>2.0	≤15	≤20	—	≤15	≤20	
24	溶解氧	<4.0	≤10	≤15	—	—	—	碘量法、电化学探头法
		>4.0	≤5	≤10	—	—	—	
25	化学需氧量	5～50	≤20	≤25	—	≤15	≤20	重铬酸盐法
		50～100	≤15	≤20	—	≤10	≤15	
		>100	≤10	≤15	—	≤5	≤10	
26	五日生化需氧量	<3	≤20	≤25	—	≤20	≤25	稀释与接种法
		3～100	≤15	≤20	—	≤15	≤20	
		>100	≤10	≤15	—	≤10	≤15	

续表

编号	项目	样品含量范围(mg/L)	精密度(%)		准确度(%)			适用的监测分析方法
			室内($\|d_i\|/\bar{x}$)	室间($\bar{d}/\bar{\bar{x}}$)	加标回收率	室内($\|RE\|$)	室间($\|RE\|$)	
27	氟化物	<1.0	≤10	≤15	90～110	≤10	≤15	离子选择电极法、氟试剂光度法、离子色谱法
		>1.0	≤8	≤10	95～105	≤5	≤10	
28	硒	<0.01	≤20	≤25	85～115	≤15	≤20	荧光分光光度法、原子荧光法
		>0.01	≤15	≤20	90～110	≤10	≤15	
29	总砷	<0.05	≤15	≤25	85～115	≤15	≤20	新银盐光度法、原子荧光法、Ag•DDC光度法
		>0.05	≤10	≤15	90～110	≤10	≤15	Ag•DDC光度法
30	总汞	<0.001	≤30	≤40	85～115	≤15	≤20	冷原子吸收法、原子荧光法
		0.001～0.005	≤20	≤25	90～110	≤10	≤15	
		>0.005	≤15	≤20	90～110	≤10	≤15	冷原子吸收法、冷原子荧光法、双硫腙光度法
31	总镉	<0.005	≤15	≤20	85～115	≤10	≤15	石墨炉原子吸收法
		0.005～0.1	≤10	≤15	90～110	≤8	≤10	双硫腙光度法、阳极溶出伏安法、火焰原子吸收法
		>0.1	≤8	≤10	95～115	≤8	≤10	火焰原子吸收法、示波极谱法
32	六价铬	<0.01	≤15	≤20	90～110	≤10	≤15	二苯碳酰二肼光度法
		0.01～1.0	≤10	≤15	90～110	≤5	≤10	
		>1.0	≤5	≤10	90～105	≤5	≤10	
33	铅	<0.05	≤15	≤20	85～115	≤10	≤15	石墨炉原子吸收法
		0.05～1.0	≤10	≤15	90～110	≤8	≤10	双硫腙光度法、阳极溶出伏安法、火焰原子吸收法
		>1.0	≤8	≤10	95～105	≤5	≤10	火焰原子吸收法
34	总氰化物	<0.05	≤20	≤25	85～115	≤15	≤20	异烟酸-吡唑啉酮光度法
		0.05～0.5	≤15	≤20	90～110	≤10	≤15	吡啶-巴比妥酸光度法
		>0.5	≤10	≤15	90～110	≤10	≤15	硝酸银滴定法

注1:准确度控制用加标回收率和标准率(或质控样)最大允许相对误差(RE)表示;空间相对平均偏差用 $\bar{d}/\bar{\bar{x}}$ 表示。

注2:精密度控制以平行双样最大允许相对偏差表示。

注3:符号说明:

$$d_i = x_i - \bar{x}$$

续表

编号	项目	样品含量范围(mg/L)	精密度(%)		准确度(%)			适用的监测分析方法
			室内($\|d_i\|/\bar{x}$)	室间($\bar{d}/\bar{\bar{x}}$)	加标回收率	室内($\|RE\|$)	室间($\|RE\|$)	

$$\bar{x}=\frac{x_1+x_2}{2}$$

$$\bar{d}/\bar{x}=\frac{x_1-x_2}{x_1+x_2}\times 100\%$$

$$d_2=\frac{1}{n}\sum_{i=1}^{n}|d_i|=\frac{1}{n}(|d_1|+|d_2|+\cdots+|d_n|)$$

$$\bar{\bar{x}}=\sum_{i=1}^{n}\overline{x_i}=\frac{1}{n}(\overline{x_1}+\overline{x_2}+\cdots+\overline{x_n})$$

式中：d_i—绝对偏差；n—实验室总数；$|d_i|$—绝对偏差的绝对值；x_i—平行双样单个测定值；

$\bar{\bar{x}}$—同一样品在实验室间平行双样均值的总均值；$\bar{x}$—平行双样均值；$d_i/\bar{x}$—实验室内相对偏差，%；

$\bar{d}$—同一样品在实验室间平行双样绝对偏差绝对值之和的均值，又称平均偏差。

表 A.4 大气降水监测精密度和准确度允许差

编号	项目	样品含量范围(mg/L)	精密度(%)		准确度(%)			适用的监测分析方法
			室内	室间	加标回收率	室内相对误差	室间相对误差	
1	pH	1.0～14.0	±0.04 pH 单位	±0.1 pH 单位	-	-	-	玻璃电极法
2	EC(mS/m)	>1	0.3	1.0	-	-	-	电极法
3	SO_4^{2-}	1～10	±10	±15	85～115	±30	±15	铬酸钡光度法、硫酸钡比浊法、离子色谱法
		10～100	±5	±10	85～115	±5	±10	
4	NO_3^-	<0.5	±10	±15	85～115	±10	±15	离子色谱法、紫外分光光度法
		0.5～4.0	±5	±10	85～115	±5	±10	
5	Cl^-	<1.0	±10	±15	85～115	±10	±15	离子色谱法
		1～50	±10	±15	85～115	±10	±15	
6	NH_4^+	0.1～1.0	±10	±15	85～115	±10	±15	离子色谱法、钠氏试剂光度法、次氯酸钠-水杨酸光度法
		>1.0	±10	±15	85～115	±10	±15	
7	F^-	≤1.0	±10	±15	85～115	±10	±15	离子选择电极法、离子色谱法
		>1.0	±10	±15	85～115	±10	±15	
8	K^+、Na^+、Ca^+、Mg^{2+}	1～10	±10	±15	85～115	±10	±15	原子吸收分光光度法、离子色谱法
		10～100	±5	±10	85～115	±5	±10	

表 A.5 沉降物监测测定值的精密度和准允许误差准确度

编号	项目	样品含量范围(mg/kg)	精密度(%)		准确度(%)			适用的监测分析方法
			室内相对标准偏差	室间相对标准偏差	加标回收率	室内相对误差	室间相对误差	
1	镉	<0.1	±35	±40	75～110	±35	±40	原子吸收光谱法
		0.1～0.4	±30	±35	85～110	±10	±35	

续表

编号	项目	样品含量范围(mg/kg)	精密度(%)		准确度(%)			适用的监测分析方法
			室内相对标准偏差	室间相对标准偏差	加标回收率	室内相对误差	室间相对误差	
1	镉	>0. 4	±25	±30	90～105	±25	±30	原子吸收光谱法
2	汞	<0. 1	±35	±40	75～110	±35	±40	冷原子吸收法、原子荧光法
		0. 1～0. 4	±30	±35	85～110	±30	±35	
		>0. 4	±25	±30	90～105	±25	±30	
3	砷	<10	±20	±30	85～105	±20	±30	原子荧光法、分光光度法
		10～20	±15	±25	90～105	±15	±25	
		>20	±15	±20	90～105	±15	±20	
4	铜	<20	±20	±30	85～105	±20	±30	原子吸收光谱法
		20～30	±15	±25	90～105	±15	±25	
		>30	±15	±20	90～105	±15	±20	
5	铅	<20	±30	±35	80～110	±30	±35	原子吸收光谱法
		20～40	±25	±30	85～110	±25	±30	
		>40	±20	±25	90～105	±20	±25	
6	铬	<50	±25	±30	85～110	±25	±30	原子吸收光谱法
		50～90	±20	±30	85～110	±20	±30	
		>90	±15	±25	90～105	±15	±25	
7	锌	<50	±25	±30	85～110	±25	±30	原子吸收光谱法
		50～90	±20	±30	85～110	±20	±30	
		>90	±15	±25	90～105	±15	±25	
8	镍	<20	±30	±35	80～110	±30	±35	原子吸收光谱法
		20～40	±25	±30	85～110	±25	±30	
		>40	±20	±25	90～105	±20	±25	

表 A. 6 沉降物监测平行双样测定值的精密度允许偏差

样品含量范围(mg/kg)	最大允许相对偏差(%)
>100	±5
10～100	±10
1. 0～10	±20
0. 1～1. 0	±25
<0. 1	±30

续表

表 A.7 污废水监测精密度与准确度控制指标

项 目	样品含量范围(mg/L)	允许相对偏差(%)	加标回收率(%)
化学需氧量	5～50	≤20	-
	50～100	≤15	-
	>100	≤10	-
氨 氮	0.02～0.1	≤20	85～115
	0.1～1.0	≤15	90～110
氨 氮	>1.0	≤10	90～105
总 氮	0.002 5～1.0	≤15	90～110
	>1.0	≤10	95～105
总氰化物	≤0.05	≤20	85～115
	0.05～0.5	≤15	90～110
	>0.5	≤10	90～105
六价铬总铬	≤0.01	≤15	85～115
	0.01～1.0	≤10	90～110
	>1.0	≤5	90～105
总铅、总铜、总锌、总锰	≤0.05	≤30	80～120
	0.05～1.0	≤25	85～115
	>1.0	≤15	90～110
总 砷	≤0.05	≤20	85～115
	>0.05	≤10	90～110
总 镉	≤0.005	≤20	80～120
	0.005～0.1	≤15	85～115
	>0.1	≤10	90～110
总 汞	≤0.001	≤30	85～115
	0.001～0.005	≤20	90～110
	>0.005	≤15	95～110
总 磷	≤0.025	≤25	85～115
	0.025～0.6	≤10	90～110
	>0.6	≤5	95～110
挥发酚	≤0.05	≤25	85～115
	0.05～1.0	≤15	90～110
	>1.0	≤10	95～110
阴离子表面活性剂	≤0.2	≤25	80～120
	0.2～0.5	≤20	85～115
	>0.5	≤15	90～110

续表

项 目	样品含量范围(mg/L)	允许相对偏差(%)	加标回收率(%)
硝酸盐氮	≤0.5	≤25	85～115
	0.5～4.0	≤20	90～110
	>4.0	≤15	95～110
五日生化需氧量	≤3	≤25	—
	3～100	≤20	—
	>100	≤15	—
有机磷农药类	—	≤20	70～130
苯系物	—	≤20	80～120
挥发性卤代烃	—	≤20	80～120
氯苯类	—	≤20	80～120
硝基苯类	—	≤30	70～130
酚 类	—	≤30	70～130
多环芳烃	—	≤70～1 330	70～130
酞酸酯类	—	≤30	0

表 A.8 生物样品计数测定的精密度与准确度控制指标

序 号	样品类型	精密度要求(相对偏差%)	准确度要求(%)
1	浮游植物	≤20	80～120
2	浮游动物	≤20	80～120
3	小型底栖生物	≤20	80～120

附录 B 沉降物样品预处理方法

B.0.1 沉积物样品预处理根据所测参数类别不同，选用方法各异。无机物中金属可分为全量分析、浸出态分析和形态分析；有机物根据物质不同极性、酸碱度可存性及热不稳定性分别采用有机溶剂提取、顶空/吹扫捕集、超临界流体抽提和微波辅助提取等方法。

B.0.2 全分解方法用于沉积物矿质全量分析中沉降物样品的分解(消解)预处理，主要包括普通酸分解法、高压密闭分解法、微波炉加热分解法和碱融法。

(1) 普通酸分解法、高压密闭分解法和微波炉加热分解法主要在加热分解方式与条件有所不同，均使用酸溶剂分解样品。因酸度小，适用于仪器分析测定，但对某些难熔矿物分解不完全，特别对铝、钛的测定结果会偏低，且不能测定硅(已被除去)。常用分解样品酸溶剂有 HNO_3-HCL-HF-$HClO_4$、HNO_3-HF-$HClO_4$、HNO_3-HCl-HF-H_2O_2、HNO_3-HF-H_2O_2 等。

(2) 碱融法主要包括碳酸钠熔融法和碳酸锂－硼酸、石墨粉坩埚熔样法，是采用 900 ℃以上在马福炉中熔样，分解某些难熔矿物。

① 碳酸钠熔融法适用于对氟、钼、钨的测定。

② 碳酸锂-硼酸、石墨粉坩埚熔样法适用于对铝、硅、钛、钙、镁、钾、钠等元素的测定。

B. 0. 3 酸溶浸法是测定沉积物中重金属常选用的方法，常用混合酸消解体系，必要时加入氧化剂或还原剂加速消解反应。

（1）$HCl-HNO_3$ 溶浸法，适用于原子吸收法或 ICP 法测定 P、Ca、Mg、K、Na、Fe、Al、Ti、Cu、Zn、Cd、Ni、Cr、Pb、Co、Mn、Mo、Ba、Sr 等。

（2）$HNO_3-H_2SO_4-HClO_4$ 溶浸法，能使大部分元素溶出，且加热过程中液面比较平静，没有迸溅的危险，但不适用易与 SO_4^{2-} 形成难溶性盐类的元素。

（3）HNO_3 溶浸法适用于大部分金属测定。

（4）HCl 溶浸溶浸法适用于溶浸 Cd、Cu、As、Ni、Zn、Fe、Mn、Co 等重金属元素。

B. 0. 4 金属形态包括水溶态、交换态、吸附态、有机结合态、松结有机态、紧结有机态、碳酸盐态、无定型氧化锰结合态、无定型氧化铁结合态、晶型氧化铁结合态、硫化物态和残渣态等多种形态，形态分析样品的处理有以下几种常用方法。

（1）有效态的溶浸法：DTPA 浸提法、0. 1 mol/L HCl 浸提法和水浸提法。

① DTPA（二乙三胺五乙酸）浸提法适用于石灰性土壤和中性土壤，可测定有效态 Cu、Zn、Fe 等。

② 0. 1 mol/L HCl 浸提法适合于酸性土壤。

③ 常用水浸提法，有效态 mn 用 1 mol/L 乙酸铵-对苯二酚溶液浸提；有效态 Mo 用草酸-草酸铵溶液浸提；硅用 pH = 4. 0 的乙酸-乙酸钠缓冲溶液、0. 02 mol/L H_2SO_4、0. 025 % 或 1 % 的柠檬酸溶液浸提；有效硫用 H_3PO_4-HAc 溶液浸提，或用 0. 5 mol/L $NaHCO_3$ 溶液（pH = 8. 5）浸提；有效钙、镁、钾、钠用 1 mol/L NH_4Ac 浸提；有效态磷用 0. 03 mol/L NH_4F-0. 25 mol/L HC1 或 0. 5 mol/L $NaHCO_3$ 浸提等。

（2）用下列方法依次提取可交换态、碳酸盐结合态、铁锰氧化物结合态、有机结合态和残余态。

① 先用 $MgCl_2$（1 mol/L $MgCl_2$，pH = 7. 0）或者乙酸钠溶液（1 mol/L NaAc，pH = 8. 2）提取可交换态，残余物留作下用。

② 上一步提取后的残余物用乙酸把 pH 调至 5. 0，用 1 mol/L NaAc 浸提碳酸盐结合态，残余物留作下用。

③ 上一步提取后的残余物用 0. 3 mol/L $Na_2S_2O_3$-0. 175 mol/L 柠檬酸钠-0. 025 mol/L 柠檬酸混合液，或者用 0. 04 mol/L NH_2OH-HC1 在 20%（*V*/*V*）乙酸中浸提铁锰氧化物结合态，残余物留作下用。

④ 上一步提取后的残余物用 HNO_3 调至 pH = 2. 0，用 0. 02 mol/L HNO_3、5 mL 30% H_2O_2，加热至（85±2）℃，保温 2 h；再用 HNO_3 调至 pH = 2. 0，加入 3 mL 30% H_2O_2，再将混合物在（85±2）℃加热 3 h；冷却后，加入 5 mL 3. 2 mol/L 乙酸铵 20%（*V*/*V*）HNO_3 溶液，稀释至 20 mL，振荡 30 min 提取有机结合态，残余物留作下用。

⑤ 上一步提取后的残余物采用全分解方法中的普通酸分解法，$HF-HClO_4$ 分解残余态。（残余态中包括了在天然条件下，一些不会在短期内溶出，夹杂、包藏在其晶格内的一

些痕量元素）

B. 0. 5 有机污染物提取常用有机溶剂提取、顶空/吹扫捕集、超临界流体抽提和微波辅助提取等方法。

（1）有机溶剂提取依据相似相溶的原理，通常有振荡提取、索氏提取和超声提取等方法。萃取时，选择与待测物极性相近的有机溶剂作为提取剂，通过回流、振荡等方式提取样品中的有机污染物。针对不同待测物的化学稳定性及酸碱性，还可以在溶剂萃取之前进行碱分离，除去基体中的干扰物质，简化样品预处理过程（如底质和污泥样品中多氯联苯分析）。

① 索氏提取法。用于萃取非挥发性和半挥发性有机化合物，索氏抽提过程能够保证样品基体与萃取溶剂完全接触。固体样品与无水硫酸钠混合，放入专用套筒中，加入适当的溶剂（如丙酮-正己烷混合溶剂，二氯甲烷-丙酮混合溶剂，二氯甲烷，甲苯-甲醇混合溶剂等），在索氏提取器中完成提取。

② 超声波提取法。用于萃取非挥发性和半挥发性有机化合物，超声波作用过程保证了样本基体与萃取溶剂的密切接触。固体样品与无水硫酸钠混合形成自由流动的粉末，用超声波作用进行溶剂萃取三次，用真空过滤或离心使提取液与样品分离。提取液即可用于进一步的净化或浓缩宏直接分析。

（2）吹扫捕集法和顶空法适用于提取挥发性有机物。通过加热的方式使挥发性物质从沉降物中释放出来，后续采用 GC 或 GC-MS 测定。

（3）超临界流体萃取（SFE）是一种特殊形式的液固色谱，即利用在超临界条件下的流体进行萃取。在 SFE 中不用有污染的有害溶剂，而采用超临界流体 CO_2 作为萃取溶剂，能在相对低的温度下进行快速数字的抽提。该预处理方法有萃取选择性，可以通过调节超临界流体的密度，温度，流速和加入溶剂来控制萃取能力。

（4）微波辅助提取法（MAE）是利用微波能量，快速和有选择地提取固体样品中待测物的方法。MAE 的主要参数是物质的介电常数，物质的介电常数越高，吸收微波能量也越高，同时 MAE 还与微波频率有关。在分析中，常用的微波频率为 2 450 MHz，在 MAE 液相提取中常采用具有较小介电常数和微波透明的溶剂，例如，正己烷-丙酮、正己烷-二氯甲烷。

参考文献

[1] 刘春光，金相灿，王雯，等. 城市景观河流夏季污染状况及营养水平动态分析——以天津市津河为例[J]. 环境污染与防治，2004，26（4）：312-316.

[2] 孟红明，张振克. 我国主要湖泊水库富营养化现状[D]. 成都：四川大学，2004.

[3] 叶常明. 水污染理论与控制[M]. 北京：学术书刊出版社，1989.

[4] O'Sullivan P E. EutroPhieation[J]. Journal of Environmental Studies，1995，47（1）：29-32.

[5] 舒金华. 我国主要湖泊富营养化程度的初步评价与防治对策[J]. 环境科学，1990，7（2）：1-9.

[6] 周勇. 湖泊水环境质量评价的研究进展[J]. 环境科学进展，1998，2：50-55.

[7] 蔡庆华. 武汉东湖富营养化的综合评价[J]. 海洋与湖沼，1999，24（4）：335-339.

[8] 吴琪. 以浮游植物评价太湖春季水质污染及富营养化[J]. 环境导报，2000（2）：32-35.

[9] 刘鸿亮，赵宗升. 稳定塘的扩散系数D与BOD动力学[J]. 环境科学研究，1987，4（1）：4-8.

[10] 俞立中. GIS技术在洪湖环境演变研究中的应用[J]. 湖泊科学，1993，5（4）：350-357.

[11] 孔庆瑜. 武昌东湖水体污染的航空遥感分析[J]. 湖北大学学报，1990，11：83-88.

[12] Fu Liuxu, Shu Tao. A GIS- based method of lake eutrophication assessment[J]. Ecological Modelling, 2001, 144: 231-244.

[13] 劳期团. 模糊数学方法在水库水质综合判别中的应用[J]. 中国环境科学，1989，9（3）：225-228.

[14] 李振亮. 水质污染评价中的Hamming贴近度评价法[J]. 环境工程，1989，7（6）：41-45.

[15] 马建华，等. 水质评价的模糊概率综合评价法[J]. 水文，1994（3）：26-29.

[16] 陈飞星. 一种新的水质评价模式[J]. 中国环境科学，1986，6（6）：54-58.

[17] 慕金波，等. 灰色聚类法在水环境质量评价中的应用[J]. 环境科学，1991，12（2）：86-90.

[18] 史晓新，夏军. 水环境质量评价灰色模式识别模型及应用[J]. 中国环境科学，1997，17（2）：127-130.

[19] Lee H K, Oh K D, Paik D H, et al. Fuzzy Expert System to Determine Stream Water Quality Classification from Ecological Information[J]. Water Science&Technology, 1997, 36（12）：199-206.

[20] 朱静平. 几种水环境质量综合评价方法的探讨[J]. 西南科技大学学报,2002,17(4):62-67.

[21] 谢宏斌. 南湖富营养化的人工神经网络评价[J]. 广西科学院学报,1999,15(1):29-32.

[22] 任黎,董增川,李少华. 人工神经网络模型在太湖富营养化评价中的应用[J]. 河海大学学报,2004,32(2):147-150.

[23] 卢文喜,祝廷成. 应用人工神经网络评价湖泊的富营养化[J]. 应用生态学报,1998,9(6):645-650.

[24] 李怡庭. 全国水质监测规划概述[J]. 中国水利,2003,3:11-14.

[25] 聂炳林. 国内外水下检测与监测技术的新进展[J]. 中国海洋平台,2005,20(6):43-45

[26] 余剑. 现场总线技术在水质自动监控系统的应用[J]. 有色冶金设计与研究,2006,27(4):30-33

[27] 刘红,张君,李军. 连云港市水质自动监测系统预警体系的建立[J]. 中国环境监测,2007,23(1):1-3.

[28] 刘强,张立彪. 自动化监控系统在保定市西大洋水库引水工程中的应用[J]. 河北水利科技,2001,22(4):29-31.

[29] 刘建彪,刘铁荣,朱传喜. 西丽水库水质监测系统的设计与实现[J]. 有色冶金设计与研究,2005,(6):57-59.

[30] 王海宝,吴光杰. 虚拟式水质在线监测系统及在三峡水库的应用[J]. 仪器仪表学报,2004,25(5):660-663.

[31] 刘红,王悦. 关于环境自动监测的系统设计和方案探讨[J]. 上海环境科学,2001,20(3):111-115

[32] 祁亨年,蒋梁中. 基于 Web 的广域污染源水质自动监控系统研究[J]. 仪器仪表学报,2008,29(1):120-123.

[33] 卢文华,等. 水质在线检测系统[J]. 盐城工学院院,2002,1(15):50-53.

[34] 李欣,齐晶瑶. 多参量水质检测虚拟仪器系统的构建与应用[J]. 工业水处理,2002,11(122):5-7.

[35] 郭小青,项新建. 基于 CAN 总线的水质参数在线监测系统[J]. 杭州应用工程技术学院学报,2001,13(2):15-18.

[36] 全为民,严力蛟,虞左明,等. 湖泊富营养化模型研究进展[J]. 生物多样性,2001,9(2):168-175.

[37] Vollenweider R A. Input-output models with special reference to the phosphorus loading concept in limnology[J]. Hydrol,1975,37(1):430-445.

[38] 李兆富,杨桂山,李恒鹏. 基于改进输出系数模型的流域营养盐输出估算[J]. 环境科学,2009,30(3):608-672.

[39] Gerald, T Orlob. Mathematical Modeling of Water Quality: streams[J]. lakes and reservoirs,1983,6(5):321-325.

[40] Carpenter S R, Christenssen D L. Biological control of eutrophication[J]. Environment Science and Technology, 1995, 29 (3) : 123-126.

[41] R V Thomann, J A. Mueller Principles of surface water Quality Modeling and control [J]. Ophelia, 1995, 41: 229-234.

[42] 日本机械工业联合会. 水域的富营养化及其防治对策[M]. 北京: 中国环境科学出版社, 1987.

[43] 陈毓龄, 宋福, 等. 北京密云水库预测模型的研究[J]. 环境科学研究, 1991, 4 (2): 34-38.

[44] 宁修仁, 等. 西湖水域初级生产力和富营养化的调查研究[J]. 海洋与湖沼, 1989, 20 (4): 78-81.

[45] 顾丁锡, 舒金华. 湖水总磷浓度的数学模拟[J]. 海洋与湖沼, 1988, 19 (15): 447-453.

[46] CAassell E A, Dorioz J M. Modeling phosphorus dynamics approaches[J]. Journal of Environmental Quality, 1998, 27 (2): 293-298.

[47] 彭进新, 陈慧君. 水质富营养化与防治[M]. 北京: 中国环境科学出版社, 1998.

[48] Jorgensen S E. Application of Ecological Modeling in Environmental Management, part A[M]. New York: Elsevier Scientific Publishing Company, 1983: 227-279.

[49] 刘元波, 陈伟良. 湖泊藻类动态模拟[J]. 湖泊科学, 2000, 12 (2): 171-176.

[50] Bault J M. A model of phytoplankton development in the Lot river[France]: simulation of scenaries[J]. Water Research, 1998, 33 (4): 1065-1079.

[51] Di Toro D M. Applicability of cellular equilibrium and Monod theory to hytoplankton growth Kinetics[J]. Ecological Modeling, 1980, 8 (1): 201-218.

[52] 屠清瑛, 顾丁锡, 尹澄清, 等. 巢湖富营养化研究[M]. 北京: 中国科学技术出版社, 1990: 101-125.

[53] Chen C W, Orlob C T. Ecological simulation for aquatic environments. In Pattern B C (ed.), System Analysis and Simulation in Ecology[M]. New York: cademic press, 1975.

[54] Robert PKees K, Lambertus L. Rimary production estimation from continuous oxygen measurements in relation to external nutrient input[J]. Water Researrh, 1996, 30 (3): 625-643.

[55] 叶守泽, 夏军, 郭生练. 水库水环境模拟预测与评价[M]. 北京: 水利电力出版社, 1998.

[56] Jorgensen S E. An eutrophication model for a lake model[J]. Ecological model, 1976, 2 (1): 126-130.

[57] Carl F, Cerco. Three dimensional eutrophication model of Chesapeake bayJournal of Environmental Enizineering[J]. Environmental, 1993, 119 (6): 1 006-1 025.

[58] 阮景荣, 蔡庆华, 刘建康. 武汉东湖的磷-浮游植物动态模型[J]. 水生生物学报, 1988, 12 (4): 289-307.

[59] 刘玉生，唐宗武，韩梅，等．滇池富营养化生态动力学模型及其应用[J]．环境科学研究，1991，4(6)：1-8.

[60] 宋永昌，王云，戚仁海．淀山湖富营养化及其防治研究[M]．上海：华东师范大学出版社，1991.

[61] 梁婕，曾光明，郭生练．湖泊富营养化模型的研究进展[J]．环境污染治理技术与设备，2006，7(6)：24-29.

[62] Per Sander, M C Matthew, B M. Timothy. Groundwater assessment using remote sensing and GIS in rural groundwater project in Ghana: lessons learned[J]. Hydrogeology Journal, 1996, 4(3): 40-49.

[63] Kenneth K E. Conceptualization and characterization of groundwater systems using geographic information systems[J]. Engineering Geology, 1996, 42(2-3): 111-118.

[64] Tim. Interactive modeling of groundwater vulnerability within a Geographic Information System[J]. Groundwater, 1996, 34(4): 618-627.

[65] 杨炳超．地下水质量综合评价方法的研究[D]．西安：长安大学，2004.

[66] Miehael W, Sweeney. Geographic information systems[J]. Water Environment Reseach, 1997, 69(4): 125-130.

[67] Envrionmental consequence analyses of fish farm emissions related to different scales and exemplified by data from the Baltic-a review[J]. Marine Environmental Research, 2005, (60): 211-243.

[68] He Chansheng, Riggs Jam F, Kang Yung-Tsung. Integration of Geographic Information system and a computer model to Evaluate Impacts of agricultural runoff on Water Quality. Water Resources Bulletin, 1993, (6): 110-115.

[69] 朱振卿，朱重宁．汉江流域水污染防治规划 GIS 系统[J]．环境科学与技术，2001(4)：116-119.

[70] 刘玉亮，侯国祥，翁立达，彭盛华．基于 GIS 的汉江水污染信息管理系统的结构设计[J]．环境科学与技术，2003(3)：96-99.

[71] 侯国祥，郑文波，康玲，王乘．基于 MO 技术的流域水文水情信息系统[J]．华中科技大学学报(自然科学版)，2004(5)：90-92.

[72] 侯国祥，张开华，李可芳，翁立达．基于 Mapobjects 的汉江水污染控制决策支持系统[J]．环境科学与技术，2004(5)：35-37.

[73] 国家环境保护总局科技标准司编．中国湖泊富营养化及其防治研究[M]．北京：中国环境科学出版社，2001.

[74] 金相灿．湖泊富营养化控制和管理技术[M]．北京：化学工业出版社，2001.

[75] David H. Eutrophication of fresh water-principles, problems and restoration[M]. London: Chaman&Hall, 1992.

[76] 杨文龙．湖水藻类生长控制技术[J]．云南环境科学，1996，18(2)：34-36.

[77] Vnn dcr Molcn DT. A Brcoowama P C M Bocrs. Agricultural nutricnl lossgs to surface water in the Ncthecrhmds: impacl, stnutegics, and perspcctives[M]. J Environ Qual,

1998.

[78] Carpenter S R, Caraco N F, et al. Nonpojnt of surface waters with phosphorus and nitrogcn[J]. Ecological Applications, 1998, 8 (4) : 54-58.

[79] Sharplcy A N, P J A Withers. The cnvironmcntally-sound mannagcment of agricultural phosphorus[J]. Fertiltzer Rcscarch, 1994, 39: 103-106.

[80] 王古生，刘文君. 微污染水源饮用水处理 [M]. 北京：中国建筑工业出版社，1999.

[81] 徐景翼，贾霞珍. 含藻微污染水的高锰酸钾处理研究 [J]. 中国给水排水，1999, 15 (1) : 56-58.

[82] Hacker P A. Removal of organic substance from water by ozone treamment followed by biological activated carbon treatment[J]. Ozone Science and Engneering, 1994, 16 (3) : 197-212.

[83] Harrison C C. The UV-enhanced decomposition of aqueous ammonium nitrite[J]. J. Photochem. Photobiol, 1995, 89 (3) : 212-215.

[84] Belloufella F. The use of ozone to control trhalom ethanes in drinking water treatment[J]. Wat Sci. Tech., 1994, 30 (8) : 245-257.

[85] Ing D. Extent of ozone's reaction with isolated aquatic fulvic acid[J]. Sci. and Eng, 1994, 16 (1) : 55-65.

[86] 周克钊. 过氧化氢预氧化技术试验研究 [J]. 中国给水排水，1999, 15 (11) : 15-19.

[87] 杨小弟. 过碳酸钙净水效果的实验观察 [J]. 水处理技术，2000, 26 (1) : 30-33.

[88] 肖锦，潘碌亭. 给水排水处理新一代水处理药剂的研究进展 [J]. 工业水处理，2000, 20 (增刊) : 23-25.

[89] 梅翔，高廷耀. 水源水生物处理工艺中亚硝酸盐氮的去除 [J]. 环境科学与技术，2000 (3) : 3-7.

[90] 吴为中，王占生. 水库水源水生物陶粒滤池预处理中试研究 [J]. 环境科学研究，1999, 12 (1) : 10-14.

[91] 于鑫，杨俊仕，李旭东. 生物流化床预处理对饮用水致突变活性的影响 [J]. 应用与环境生物学报，2000, 6 (3) : 247-253.

[92] 吕锡武，马春，陈俊. 粗滤慢滤工艺去除氨氮的实践与机制 [J]. 中国环境科学，1998, 18 (4) : 319-323.

[93] 陈楚玉. 活性炭在污染水源净化中的应用 [J]. 广西工学院学报，1997, 8 (1) : 82-85.

[94] 田钟荃. 沸石去除饮用水源中有机污染物的展望 [J]. 中国给水排水，1999, 15 (4) : 31-32.

[95] 杨宇翔. 硅藻土脱色机理及其在印染废水中应用的研究 [J]. 工业水处理，1999, 19 (1) : 15-17.

[96] 吴红为，刘文君，张淑琪，等. 提供生物稳定饮用水的最佳工艺 [J]. 环境科学，2000, 21 (3) : 64-67.

[97] Karen R. Easing the pain of meeting the D/D BP rule with enhanced congulation[J].

Water Engineering&Management, 1999, 46（1）: 22-25.
[98] 王国祥，成小英，濮培民．湖泊藻型富营养化控制－技术、理论及应用[J]．湖泊科学，2002，14（3）：45-49.
[99] 戴金裕，蒋兴昌，汪耀斌．太湖入湖河道污染物控制生态工程模拟研究[J]．应用生态学报，1995，6（2）：26-31.
[100] 刘文祥．人工湿地在农业面源污染控制中的应用研究[J]．环境科学研究，1997，10（4）：67-71.
[101] 顾宗濂．中国富营养化湖泊的生物修复[J]．农村生态环境，2002，18（1）：42-45.
[102] 陈华林，陈英旭．污染底泥修复技术进展[J]．农业环境保护，2002，21（2）：179-182.
[103] 王小雨，冯江，胡明忠．湖泊富营养化治理的底泥疏浚工程[J]．环境保护，2003（2）：22-23.
[104] 孙傅，增思育，陈吉宁．富营养化湖泊底泥污染控制技术评估[J]．环境污染治理技术与设备，2003，4（8）：61-64.
[105] 金相灿，徐南妮，张雨国．沉积物污染化学[M]．北京：中国环境科学出版社，1992.
[106] 刘鸿亮，金相灿，荆一凤．重大工程[M]．北京：中国环境科学出版社，1999.
[107] 柳惠青．湖泊污染内源治理中的环保疏浚[J]．水运工程，2000（11）：21-27.
[108] 金相灿，荆一凤，刘文生．湖泊污染底泥疏浚工程技术——滇池草海底泥疏挖机处置[J]．环境科学研究，1999，12（5）：9-12.
[109] 喻龙，龙江平，李建军．生物修复技术研究进展及在滨海湿地中的应用[J]．海洋科学进展，2002，20（4）：99-108.
[110] 洪祖喜，何晶晶，邵立命．水体受污染底泥原地处理技术[J]．环境保护，2002（10）：15-17.
[111] 夏立江，李楠，沈德中．原位生物修复治理汞害的机制作用[J]．环境科学进展，1998，6（3）：48-52.
[112] 王一华，傅荣恕．中国生物修复的应用及进展[J]．山东师范大学学报，2003，18（2）：79-83.
[113] 牛明芬，崔玉珍．蚯蚓对垃圾和底泥中镉的富集现象[J]．农村生态环境，1997，13（3）：53-54.
[114] 尹澄清，邵霞，王星．白洋淀水陆交错带土壤对磷氮截留容量的初步研究[J]．生态学杂志，1999，18（5）：7-11.
[115] 张庆河，赵子丹．波浪作用下的底泥质量输移[J]．天津大学学报，1997，30（3）：274-280.
[116] 赵会明，罗固源．聚硅硫酸铝铁（PSAFS）除磷研究[J]．水处理技术，2006，32（11）：41-44.
[117] 董哲仁．水库多目标生态调度[J]．水利水电技术，2007，38（1）：28-32.
[118] 蔡其芬．充分考虑河流生态系统保护因素完善水库调度方式[J]．中国水利，2006，2：14-17.

[119] 王远坤，夏自强，王桂华. 水库调度的新阶段—生态调度[J]. 水文，2009，28（1）：7-9.

[120] Brian D Richter. How much water does a river need[J]. Freshwater Biology，1997，37：231-249.

[121] 王西琴，刘昌明，杨志峰. 生态及环境需水量研究进展与前瞻[J]. 水科学进展，2002，4：507-512.

[122] 于龙娟，夏自强，杜晓舜. 最小生态径流的内涵及计算方法研究[J]. 河海大学学报，2004，32（1）：18-22.

[123] 吕新华. 大型水利工程的生态调度[J]. 科技进步与对策，2006，7：129-131.

[124] 容致旋，译. 伏尔加河下游有利于生态的春季放水可行性研究[J]. 水利水电快报，1994，17：4-8.

[125] 钮新强，谭培伦. 三峡工程生态调度的若干探讨[J]. 中国水利，2006，14：9-12.

[126] 长江水利委员会. 三峡工程综合利用与水库调度研究[M]. 武汉：湖北科学技术出版社，1997.

[127] 三峡工程开始发挥生态调度作用[J]. 水利水电快报，2007，28（3）：8-9.

[128] 索丽生. 闸坝与生态[J]. 中国水利，2006，16：5-8.

[129] Marie-Jose Salenon a，Jean-Marc Thebault. Simulation model of a mesotrophic reservoir（Lac de Pareloup，France）：MELODIA，an ecosystem reservoir management model[J]. Ecological Modeling，1996，84：163-187.

[130] 金相灿，刘树坤，章宗涉，等. 中国湖泊环境（第一册）[M]. 北京：海洋出版社，1995.

[131] 乐林生，吴今明，高乃云，等. 太湖流域安全饮用水保障技术[M]. 北京：化学工业出版社，2007.

[132] 叶守泽，夏军，郭生练，等. 水库水环境模拟预测与评价[M]. 北京：中国水利水电出版社，1997.

[133] 高增文. 山区水库氮污染行为与控制技术研究[D]. 青岛：中国海洋大学，2007.

[134] Stewart W D P，Preston F R S T，Peterson H G，et al. Nitrogen cycling in eutrophic freshwaters[J]. Philosophical Transactions of the Royal Society of London. Series B，Biological Sciences，1982，296：491-509.

[135] 彭祖林，梅林，叶超. 网络系统集成工程项目投标与施工[M]. 北京国防工业出版社，2003.

[136] 田禹，张东来. 水质远程在线监测管理系统的开发研究[J]. 中国给水排水，2003，19（10）：6-9.

[137] 景雨，杜振军. 基于 GPRS 短信息的 GPS 汽车定位与防盗系统的研究[J]. 计算机工程与设计，2007，28（17）：4 315-4 318.

[138] 刘从新，曾维鲁，袁建伟，左希庆. GPRS 在水文监测和报警系统中的应用[J]. 水电自动化与大坝监测，2004，28（4）：77-80.

[139] 陈琦，丁天怀，李成，王鹏. 基于 GPRS/GSM 的低功耗无线远程测控终端设计[J].

清华大学学报，2009，49（2）：223-235.

[140] Michael Waltuch, Allan Lafram Boise. Exploring Arcobjects[M]. USA: ESRI Press, 2002.

[141] Keerthi S S, Shevade S K, Bhattacharyya C, et al. A Fast Iterative Nearest Point Algorithm for Support Vector Machine Classifier Design[J]. IEEE Transactions on Neural Networks, 2000, 11（1）: 124-136.

[142] 钟耳顺，王康弘，宋关福，等. GIS多源数据集成模式评述[C]. 1999年中国GIS年会论文集，1999，8.

[143] 童小华，邓愫愫，史文中. 数字地图合并的平差原理与方法[J]. 武汉大学学报（信息科学版），2007，32（7）：621-625.

[144] 汤国安. ArcGIS地理信息系统空间分析实验教程[M]. 科学出版社，2006，4.

[145] 党安荣. ArcGIS 8 Desktop地理信息系统应用指南[M]. 清华大学出版社，2003.

[146] 王家耀. 地图学原理与方法[M]. 科学出版社，2005，7.

[147] 穆荣，张永福，路星. 基于ArcGIS Geodatabase基础空间数据库设计[J]. 测绘与空间地理信息. 2007，30（3）：112-115.

[148] 管军. 支持向量机在水质监测信息融合与评价中的应用研究[D]. 河海大学，2006.

[149] 邓乃扬，田英杰. 数据挖掘中的新方法——支持向量机[M]. 北京：科学出版社，2006：59-221.

[150] 郑一华. 基于支持向量机的水质评价和预测研究[D]. 河海大学，2006.

[151] O Chpaelle, V Vapnik, O Bousuqet and S Mukherjee. Choosing kernel parameter for support vector machines[J]. Machine Learning, 2001: 131-160.

[152] 徐红敏. 基于支持向量机理论的水环境质量预测与评价方法研究[D]. 吉林大学，2007.

[153] 霍雨佳. 支持向量机分类算法的研究与应用[D]. 华北电力大学，2008

[154] 武国正. 支持向量机在湖泊富营养化评价及水质预测中的应用研究[D]. 内蒙古农业大学，2008.

[155] 董婷. 支持向量机分类算法在MATLAB环境下的实现[J]. 榆林学院学报，2008，18（4）：94-96.

[156] 周兆龙，汪西莉，曹艳龙. 基于GA优选参数的SVM水质评价方法研究[J]. 计算机工程与应用，2008，44（4）：190-193.

[157] 徐劲力. 支持向量机在水质评价中的应用[J]. 中国农村水利水电，2007，3：7-9.

[158] M Arun Kumar, M Gopal. Least squares twin support vector machines for pattern classification[J]. Expert Systems with Applications, 2009, 36: 7 535-7 543.

[159] Qi Wu. The forecasting model based on wavelet m-support vector machine[J]. Expert Systems with Applications, 2009, 36: 7 604-7 610.

[160] 管军，徐立中，石爱业. 基于支持向量机的水质监测数据处理及状况识别与评价方法[J]. 计算机应用研究，2006，9：36-38.

[161] 吴东杰，王金生. 地下水质量评价中两种确定指标权重方法的比较[J]. 工程勘察，

1997,(7):17-22
[162] 马玉杰,郑西来,李永霞,宋帅. 地下水质量模糊综合评判法的改进与应用[J]. 中国矿业大学学报,2009,5:745-750.
[163] 胡仁山. 生物膜法处理技术[M]. 北京:中国建筑工业出版社,2000.
[164] 任南琪,王爱杰. 厌氧生物技术原理与应用[M]. 北京:化学工业出版社,2004.
[165] 卢峰,杨殿海. 反硝化除磷工艺的研究开发进展[J]. 中国给水排水,2003,19(9):32-34.
[166] 吴海林,杨开,王弘宇. 废水除磷技术的研究与发展[J]. 环境污染治理技术与设备,2003,4(1):54-57.
[167] Murakami Jakao, Miyairi Atsushi, Tanaka Kazuhiro. Full scale study of biological phosphorus removal processes[J]. Water Science and Technology, 1984, 17(2):97-298.
[168] 赵建刚. 粉煤灰合成沸石固磷机制及固磷能力强化技术研究[D]. 上海:上海交通大学,2007.
[169] 韩耀霞,张格红. 浅析生态塘系统在污水处理中的应用[J]. 环境保护科学,2008,34(3):54-59.
[170] 彭进新,陈慧君. 水质富营养化与防治[M]. 北京:中国环境科学出版社,1998.
[171] 许春生,高艳玲,吕炳南. HRT对生物复合工艺处理效能的影响[J]. 环境科学与管理,2007,32(7):83-86.
[172] 王世和,王薇,俞燕. 水力条件对人工湿地处理效果的影响[J]. 东南大学学报,2003,33(3):359-362.
[173] 国家环境保护总局. 水和废水监测分析方法(第4版)[M]. 北京:中国环境科学出版社,2002.
[174] 北京林业大学. 土壤理化分析实验指导书[M]. 北京:北京林业大学出版社,2002:38-49.
[175] 朱广伟,高光,秦伯强,等. 浅水湖泊沉积物中磷的地球化学特征[J]. 水科学进展,2003,14(6):714-719.
[176] 徐骏. 杭州西湖底泥磷分级分布[J]. 湖泊科学,2001,13(3):247-254.
[177] 李剑超,王培英,谭远友,等. 污染底泥及其间隙水分层特性的模拟实验研究[J]. 环境污染与防治,2004,26(5):323-325.
[178] 顾君. 生态调水对温瑞塘河温州市区段水环境影响的研究[D]. 上海:华东师范大学,2012.
[179] 李剑超,王培英,谭远友,等. 污染底泥及其间隙水分层特性的模拟实验研究[J]. 环境污染与防治,2004,26(5):323-325.
[180] 柴蓓蓓. 水体沉积物中污染物释放及其多相界面过程研究[M]. 西安:西安建筑科技大学,2008.
[181] 北京林业大学. 土壤理化分析实验指导书[M]. 北京:北京林业大学出版社,2002:38-49.

[182] 朱广伟，高光，秦伯强，等．浅水湖泊沉积物中磷的地球化学特征［J］．水科学进展，2003，14（6）：714-719.

[183] 张新明，李华兴，刘远金．磷酸盐在土壤中吸附与解吸研究进展［J］．土壤与环境，2001，10（1）：77-80.

[184] Lee-hyung K, Euiso C, Michael K S. Sediment characteristics, phosphorus types and phosphorus release rates between river and lake sediments［J］. Chemosphere, 2003, 50: 53-61.

[185] 杨代贵，欧恒春，梁玉龙，等．聚硅硫酸铝铁（PSAFS）制备方法研究［J］．重庆工商大学学报（自然科学版），2005，22（1）：12-16.

[186] 潘阳秋，陈武，梅平，等．聚硅硫酸铝铁(PSAFS)制备及应用［J］．化学工程师，2007，147（12）：62-64.